AF499073

Ecole de Metz. Leçons et cours autographiés.
(Catalogue de M. Théod. Olivier, n° 528, § 8.

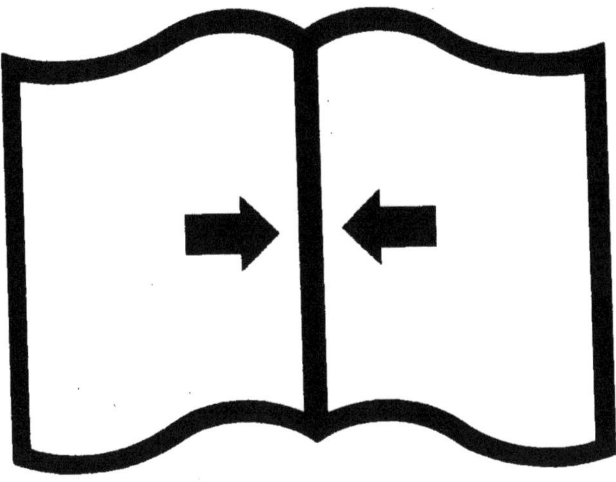

Reliure trop serrée

COURS

DE

STABILITÉ DES CONSTRUCTIONS,

à l'usage des Élèves de l'Ecole d'Application

DE

l'Artillerie et du Génie.

PAR N. PERSY,

Professeur.

4ème Edition.

A METZ.

Lithographie de l'Ecole d'Application.

Juillet 1834.

École d'Application de l'Art.ie et du Génie.

Cours de Stabilité des Constructions.

Avant-propos.

De la science des Constructions.

1. La science des Constructions, considérée dans toute son étendue, se fonde sur la plupart des sciences mathématiques et physiques et embrasse un grand nombre des arts qui se rattachent à leurs différentes branches.

De la théorie générale de leur stabilité.

2. Un de ses principaux objets consiste dans l'application de la mécanique soit à la solidité, soit à la stabilité des divers édifices et comprend plusieurs théories; savoir, la résistance des solides, la stabilité des voûtes, celles des constructions tant en bois qu'en fer, celle des murs de revêtement, des digues &c.a

De l'utilité de cette théorie.

3. Sans doute, les usages établis et l'exemple des ouvrages existants ou déjà exécutés, peuvent jusqu'à un certain point suppléer la théorie, du moins s'il ne s'agit que d'ouvrages semblables à ceux-là et qui n'en diffèrent ni dans les dimensions ni dans les poids non plus que dans la qualité des matériaux; mais en ce cas même, on ne connaît ni les efforts que les parties supportent ni les résistances qu'elles peuvent opposer: réduit à une routine aveugle, on s'interdit désormais tout perfectionnement, et s'il s'agit d'édifice d'un genre nouveau, sur lequel l'expérience n'ait rien appris, on est dans l'impuissance de l'exécuter ou de concilier l'économie avec la solidité. La théorie au contraire devance l'expérience, elle dirige les Ingénieurs dans l'établissement des constructions quelconques et détermine avec toute l'exactitude nécessaire le degré de résistance dont chaque partie doit être pourvue.

Invention de son principe fondamental par Coulomb.

4. Euler avait émis l'idée très-philosophique, qu'il n'est aucune cause naturelle dont l'effet envisagé sous un certain aspect ne soit un maximum ou un minimum; Coulomb, imbu de la même idée, a ramené à la méthode des maximum et minimum la plupart des théories dont il s'agit, et les a soustraites ainsi à l'arbitraire auquel elles avaient été jusqu'alors abandonnées. Le mémoire très-remarquable de ce célèbre Ingénieur a été publié en 1773, dans le tome 7 du recueil des ouvrages présentés à l'Académie, par les savants étrangers.

Nous développerons successivement ces théories d'après les principes de Coulomb et en mettant à profit les recherches des autres Géomètres qui se sont occupés de la même matière.

Théorie de la résistance des Solides.

Préliminaires.

De la théorie particulière de la résistance des solides.

5. On sait que dans un corps solide les molécules intégrantes sont continuellement sollicitées par deux forces contraires, qui les maintiennent à certaines distances les unes des autres; savoir, la force d'attraction qui leur est propre, laquelle tend à les rapprocher et la force répulsive du calorique, laquelle tend à les écarter. C'est dans la considération de ces forces, ainsi que de la nature, la forme, la grandeur, la situation et les distances respectives des molécules, qu'on trouve l'explication soit des différents états d'agrégation, soit des diverses propriétés des corps telles que la compressibilité, l'extensibilité, la flexibilité, l'élasticité &c. et qu'on devrait chercher la solution directe des questions relatives à la résistance des solides. Mais pour cela, il faudrait connaître exactement et les lois qui régissent ces forces et les circonstances qui influent sur leur action.

A défaut de cette connaissance, les Géomètres ont eu recours à des hypothèses secondaires, plus ou moins vraisemblables et telles que les résultats en fussent non seulement assez simples, mais encore assez conformes aux phénomènes réels, pour qu'on pût les appliquer avec facilité et avec confiance aux différents cas de la pratique.

Coup d'œil rapide sur ses commencements et ses progrès.

6. Galilée à qui l'on doit les premières recherches théoriques sur la résistance des solides et les solides d'égale résistance, a supposé que les fibres (ou rangées longitudinales de molécules) qui composent les corps étaient susceptibles de se rompre, sans extension, compression ni flexion sensibles.

Mariotte (Traité du mouvement des eaux, 5e partie) et Leibnitz (actes de Leipsick, année 1682) ont regardé les fibres des corps, comme extensibles et capables d'une résistance proportionnelle à leur extension, c'est-à-dire, comme parfaitement élastiques; faisant néanmoins abstraction de la compressibilité dont ces fibres peuvent être douées.

Jacques Bernouilli (Académie de Paris, année 1705), après avoir remarqué, comme Mariotte, qu'en général, dans la flexion des corps, partie des fibres s'étendent et partie se compriment, tandis que d'autres conservent une longueur invariable, proposa d'avoir égard aussi à la compression ; désapprouvant d'ailleurs et sans en prescrire d'autre, l'hypothèse de la résistance proportionnelle à l'extension ou à la compression, à cause de la conséquence absurde qu'une fibre pourrait être comprimée plus que de toute sa longueur. Mais il prit occasion de sa remarque pour déterminer la nature de la courbe qu'affecte une lame élastique en équilibre.

C'est sous le point de vue de Bernouilli que Coulomb a envisagé, dans le mémoire cité, la résistance des solides.

Ces recherches concernaient seulement la résistance qu'opposent à la rupture les corps tirés suivant leur longueur ou qui sont soumis à un effort transversal et sont assujettis de différentes manières ; Euler (Methodus inveniendi lineas curvas maximi minimive proprietate gaudentes ; appendix (*)) ayant perfectionné la théorie des courbes élastiques, qui fut encore approfondie dans la suite par Lagrange, (Académie de Berlin, 1769 ; de Turin, 1770 — 1773), en déduisit les moyens de déterminer la résistance qu'opposent à la flexion, les corps pressés suivant leur longueur et d'assigner leur élasticité absolue ou moment d'élasticité, en vertu duquel chaque corps résiste à son inflexion avec plus ou moins d'énergie et qui dépend tant de la nature que de l'épaisseur du corps.

Par rapport aux corps soumis à une action transversale on n'avait considéré que la résistance à la rupture et on avait négligé celle qu'ils opposent à la flexion : Mr. Girard jugeant que, dans ce cas comme dans celui des corps pressés suivant leur longueur, c'est principalement la résistance à la flexion qui intéresse l'art des constructions, a ramené aussi le premier de ces cas à la théorie de l'élastique. Son traité publié en 1798, et jusque-là le plus complet, renferme des expériences nombreuses et très-précises sur la force et l'élasticité des bois de chêne et de sapin, avec l'application de la théorie aux résultats que ces expériences ont fournis.

Mr. Duleau dans son essai théorique et expérimental sur la résistance du fer forgé, a développé la théorie de la résistance à

(*) Voyez aussi, Académie de Berlin, 1757 et Acta Petropolitana, 1778.

la flexion et celle de la résistance à la torsion, dont Coulomb s'était déjà occupé (Recherches théoriques et expérimentales sur force de torsion et sur l'élasticité des fils de métal, Académie 1784).

Enfin, Mr. Navier qui avait d'abord inséré des notes sur résistance des solides, dans le traité de la construction des po par Gauthey et dans la science des Ingénieurs, par Bélido a reproduit avec tous les accroissements qu'elle avait reçus, théorie de cette résistance, dans son ouvrage intitulé; applica de la mécanique à l'établissement des constructions et des machines. Cet ouvrage où la théorie a encore acquis un nouvea degré d'extension et a été appliquée à plusieurs appareils de charpente, contient les résultats les plus utiles des expériences faites tant en France qu'à l'Etranger, sur la résistance divers matériaux de construction.

Etablissement et discussion de ses principes. — Elasticité, flexibilité et extensibilité des corps solides en général.

7. Nous comprendrons dans ces préliminaires l'établissem et la discussion des principes fondamentaux de la théorie.

Tous les corps solides sont élastiques, mais non pas au mê degré : les uns reprennent complettement leur forme nature soit subitement, soit dans un temps plus ou moins long ; les autres ne se rétablissent jamais qu'en partie. L'élasticité impli deux autres propriétés, la flexibilité et l'extensibilité, qui qu que souvent imperceptibles comme elle, n'en existent pas moin dans tous les corps.

Ces propriétés deviennent apparentes quand le solide a une longueur assez grande par rapport à son épaisseur.

8. Dès qu'un solide, quelle que soit sa nature, a une lon gueur assez grande par rapport à son épaisseur, il fléchit tou d'une quantité sensible, avant de rompre, et cette flexion ent ne non seulement une extension, à la partie convexe, mais encore une compression, à la partie concave. Par exemple, une barre de fer forgé, qui donne à peine un indice de flexibili sur une longueur moindre que 12 à 15 fois l'épaisseur, est très-flexible, lorsque la première dimension surpasse 40 ou 50 fois la seconde ; pareillement une pièce de bois est d'auta plus flexible, que sa longueur surpasse davantage 6 à 7 fois son épaisseur ; il en est de même du verre, des pierres et de métaux fondus qui, à moins que la longueur n'excède pas beaucoup l'épaisseur, subissent avant leur rupture, une fle ion très-perceptible.

Explication de ce fait.

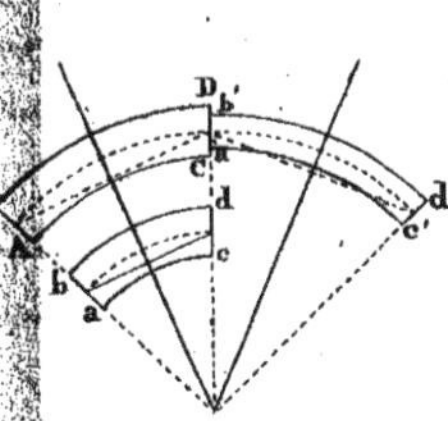

9. Ce fait s'explique facilement : considérons deux prismes de même matière qui, comme ABDC, abdc ayant des bases égales et des longueurs différentes, subissent des courbures semblables, ou qui, comme ABDC, a'b'd'c', ayant des bases semblables et la même longueur, subissent des courbures égales ; dans le premier cas, les flèches de courbure seront proportionnelles aux longueurs et les fibres homologues, c'est-à-dire, semblablement placées par rapport aux axes seront également allongées ou accourcies, mais quand aux fibres extrêmes, celles du prisme dont la longueur est moindre le seront davantage ; dans le second cas, les flèches de courbure seront égales et les fibres homologues, c'est-à-dire, qui répondent à des points homologues des bases seront inégalement allongées ou accourcies ; celles du prisme dont la base est plus grande le seront davantage. Il s'en suit qu'à égale grosseur le prisme le plus court, ou qu'à égale longueur, le prisme le plus gros rompra sous une moindre flèche de courbure, mais à la vérité sous un plus grand effort ; de sorte que dans la pression longitudinale, un solide s'écrasera, au lieu de fléchir, si sa longueur est assez petite, par rapport aux dimensions de sa base.

De la déperdition d'élasticité.

10. Un autre phénomène auquel il est essentiel de faire attention, c'est que, surtout dans certains corps, l'élasticité s'altère soit par l'augmentation de la force qui les fléchit et par conséquent de la flexion, soit seulement par la durée de l'action de cette force ; sans doute parce que les molécules intégrantes prennent peu à peu de nouvelles positions d'équilibre. L'expérience apprend que les flèches de courbure du bois, particulièrement du chêne, croissent d'abord dans le même rapport que celui des charges qui les produisent et bientôt dans un rapport de plus en plus grand. Ainsi, au-delà d'une certaine flèche de courbure, l'élasticité du bois diminue, quand la charge et parconséquent la courbure augmente encore ; mais à l'instant de la rupture, c'est toujours par leur force actuelle d'élasticité, égale à celle de leur cohésion, que les molécules résistent à leur séparation. On a souvent observé, qu'une pièce de charpente, qui d'abord supporte sa charge sans flexion bien sensible, se courbe à la longue de plus en plus, vers son milieu, jusque-là même qu'elle finit par se rompre. Il paraît donc que non seulement l'élasticité, mais aussi la force de cohésion ou la ténacité

des molécules diminuent par la durée de l'action de la charge. Les mêmes circonstances se manifestent, mais non pas au même degré, dans un barreau de fer forgé et généralement dans tous les corps solides.

Moyen d'y obvier.

11. Le constructeur, selon la nature des corps qu'il emploie, doit donc mettre entre leur longueur et les dimensions de leur base, un rapport tel qu'ils ne se rompraient que sous une flèche de courbure assez petite relativement à cette longueur; il doit aussi ne les soumettre qu'à un effort tel que la courbure qu'ils prendront n'altère pas leur élasticité, et ne puisse devenir dangereuse par la suite. Ces règles s'observent effectivement dans la pratique et il en résulte, comme on va le voir, que la théorie peut par le seul changement d'un coefficient, comprendre le cas extrême de la résistance à la rupture dans celui de la résistance à la simple flexion.

Des matériaux de construction et de leurs formes.

12. Les matériaux essentiels des constructions sont la pierre, le bois et le fer ou fondu ou forgé. Les principales formes sous lesquelles on les met en œuvre sont celles de prismes et de cylindres à axe rectiligne et quelquefois curviligne.

Des différents genres de résistance.

13. Suivant sa destination, un corps mis en œuvre doit résister soit à la compression ou à l'extension ou à la flexion ou enfin à la torsion, soit à la rupture provenant de l'une de ces actions (*).

Des forces d'élasticité et de ténacité.

14. La résistance d'un corps dépend et de sa force d'élasticité et de sa force de ténacité, qui consistent, quant à leur intensité, l'une dans l'effort capable d'accourcir ou d'allonger le corps d'une très-petite quantité, l'autre dans l'effort qu'il faut faire pour l'écraser en le comprimant ou pour le rompre en l'allongeant.

Données que l'expérience doit fournir à la théorie.

15. C'est à l'expérience de rechercher les valeurs de ces deux forces, relativement aux divers matériaux, valeurs dont la connaissance est nécessaire pour déterminer analytiquement soit la quantité dont un corps se comprime, s'allonge, se courbe ou se tord sous un effort donné, soit la limite des charges qu'un corps peut supporter sans se rompre. Une autre

(*) Les résistances à la rupture causée par l'extension, par la compression et par la pression transversale sont respectivement appelées dans les anciens ouvrages, résistance absolue positive, résistance absolue négative et résistance relative.

donnée non moins essentielle, pour l'application de la théorie, consiste dans la limite des efforts auxquels les solides peuvent être exposés, non pas sans qu'ils se rompent, mais sans que l'altération qu'ils éprouvent, vienne à augmenter avec le temps. Les fibres d'un solide mis en œuvre, sont accourcies ou allongées par l'action des forces qui les sollicitent et l'on peut prendre la proportion de cette variation de longueur, c'est-à-dire, le rapport de la variation absolue à la longueur totale pour la mesure du degré d'altération que les fibres subissent; si donc l'on sait quelle est dans les constructions d'une solidité bien constatée, la quantité relative d'accourcissement ou d'allongement des fibres les plus accourcies ou allongées, on pourra regarder cette quantité comme une limite qu'il est permis d'atteindre, mais qui ne peut être dépassée sans danger. En même temps, l'effort qui répond à cet accourcissement ou allongement extrême et qui le produirait directement par compression ou extension, devra être pris pour le plus grand que les fibres puissent supporter, et, en cas de constructions nouvelles, un solide sera censé près de rompre quand cet effort aura lieu. C'est ainsi qu'en substituant dans les formules relatives à la rupture une certaine partie de la tenacité au lieu de la tenacité entière, on les rendra propres au calcul des dimensions qui conviennent à un solide, selon sa destination.

Objet de la Théorie.

16 Les déterminations analytiques qui viennent d'être indiquées et qui dans leur généralité, renferment les lois mathématiques de la résistance, sont l'objet spécial de la théorie.

Hypothèses fondamentales sur la résistance 1° à la compression et à l'extension.

17. Puisque d'une part, la nature des matériaux, d'autre part, la forme et les dimensions sous lesquelles on les emploie, sont tels qu'on n'a jamais à considérer que de très-petites variations de longueur et des flexions assez peu grandes, il est permis de regarder leur élasticité comme parfaite et en conséquence de supposer, relativement à un solide pressé ou tiré suivant sa longueur, mais qui n'éprouve pas de flexion; 1° que, sous le même poids, les fibres non seulement s'accourcissent ou s'allongent toutes également et chacune uniformément, mais aussi que les quantités d'accourcissements et d'allongements sont égales; 2° qu'il y a constamment proportion entre les variations de longueur et les résistances respectives des fibres ou les

poids qui produisent ces variations, depuis les moindres poids jusqu'à celui qui produit enfin la rupture, et réciproquement, sauf à déterminer ce dernier par l'expérience, pour tenir compte au moins en partie, de l'altération de l'élasticité.

2° à la flexion.

18. La flexion peut provenir d'un effort dirigé perpendiculairement à la longueur du solide ou parallèlement ou obliquement

Dans le premier cas, à cause de la cohésion latérale, il existera évidemment des fibres qui conserveront leur longueur primitive et seront simplement pliées suivant une surface cylindrique, perpendiculaire au plan passant par l'axe du solide et par la direction de l'effort, tandis que les autres fibres seront non seulement pliées, mais encore allongées ou accourcies, et, d'après l'hypothèse d'une élasticité parfaite, le seront à proportion de leurs distances à cette surface cylindrique, du côté de la convexité ou du côté de la concavité.

Dans le second cas, d'abord les fibres, à cause de la direction de l'effort, seront toutes accourcies; ensuite, par l'effet de la flexion, cet accourcissement diminuera ou même se changera en allongement dans les unes, tandis qu'il augmentera dans les autres; de sorte qu'alors, il pourra bien ne pas exister de fibres qui conservent leur longueur primitive, ou du moins ces fibres auront une autre position dans le solide.

Mais afin de simplifier, nous supposerons que cet accourcissement commun, qui d'ailleurs sera toujours très-peu considérable, n'influe pas sur la courbe que le solide affecte, et ce qui a été établi dans le premier cas, pour les fibres neutres ou de longueur invariable, subsistera dans le cas présent.

Il en sera de même dans le troisième cas: l'effort décomposé parallèlement à la longueur du solide, produira dans les fibres un accourcissement ou un allongement commun, qui sera modifié soit par la flexion soit par la composante perpendiculaire de l'effort, et qui sera supposé aussi n'avoir pas d'influence sur la courbe de flexion du solide.

3° à la torsion.

19. Quant à la torsion, pareillement censée très-petite, il est naturel de supposer 1° que, dans chaque section transversale, l'angle de torsion est le même, pour toutes les molécules, et qu'il est proportionnel à la distance entre cette section et l'extrémité fixe du solide; 2° que de deux molécules prises sur une même fibre, à la distance 1 entre elles, celle

dont l'angle de torsion est plus grand, résiste à proportion de son déplacement par rapport à l'autre; déplacement qui est lui-même proportionnel et à la différence des angles de torsion des deux molécules, et à la distance de la fibre à l'axe de torsion du solide.

Élasticité et ténacité spécifiques ou coefficients d'élasticité et de ténacité

20. Ainsi donc la variation de la longueur d'un solide tiré ou pressé longitudinalement, sans que la flexion ait lieu, sera proportionnelle à cette longueur, et la valeur de l'élasticité spécifique sera le quotient obtenu, en divisant le poids qui a opéré une variation absolue ou sur la longueur totale par la fraction qui exprime la variation relative ou sur l'unité de longueur, et par l'aire de la section transversale du solide; ce qui revient, comme simple mesure, au poids nécessaire pour accourcir ou allonger d'une quantité égale à sa longueur primitive, un prisme de même nature que le solide et dont la section transversale serait l'unité superficielle. De même la ténacité spécifique aura pour valeur le poids sous lequel un pareil prisme s'écrase par compression ou se rompt par extension.

Car il est évident que les fibres d'un solide, quelles que soient leur élasticité et leur extensibilité, résistent soit à la compression ou à l'extension, soit à la rupture qui en provient, avec une force proportionnelle à leur nombre, c'est-à-dire, à l'aire de la section transversale du solide.

Nous nommerons respectivement coefficient d'élasticité et coefficient de ténacité les valeurs de l'élasticité et de la ténacité spécifiques.

Les hypothèses que nous admettons ici sont les plus simples et en même temps les moins éloignées de la vérité, puisqu'elles s'accordent avec l'expérience aussi bien que le permettent le défaut d'homogénéité des matériaux et les accidents de tout genre qui troublent leur constitution physique.

Dans chaque cas de résistance, nous ferons succéder l'expérience à la théorie, afin que l'une puisse au besoin suppléer l'autre et lui fournir immédiatement les éléments nécessaires aux applications.

Exposition de la théorie.

Résistance des Solides à la pression longitudinale et à la rupture qui en provient.

De la résistance des solides à la compression et à la rupture qui en provient.

21. Le rapport entre la longueur et l'épaisseur des solides est supposé tel que la rupture s'opèrerait sans flexion préalable.

Désignons par A le coefficient d'élasticité, lequel dépend de la nature du corps que l'on considère; par O l'aire de la section transversale; par l la longueur; par λ la variation absolue de cette longueur et par P, le poids qui l'a produite: il est clair que $\frac{\lambda}{l}$ sera la variation sur l'unité de longueur et $\frac{P}{O}$ la résistance par unité superficielle de la section transversale. Ainsi, nous aurons (N°. 20) $\frac{P}{O} : \frac{\lambda}{l} = A$, ce qui revient à dire que la résistance P est proportionnelle à la variation λ de longueur et d'où l'on tire

$$P = \frac{\lambda A O}{l} \quad \ldots\ldots\ldots \quad (1)$$

Quant à la résistance à la rupture, en appelant B le coefficient de ténacité, on aura simplement (N°. 20), $\frac{P}{O} = B$; d'où

$$P = BO \quad \ldots\ldots\ldots \quad (2)$$

Toutefois la loi exprimée par la première de ces formules ne s'appliquerait exactement qu'à des variations très-petites. Au reste les corps employés dans les constructions ne sont pas susceptibles de compression apparente, même sous l'effort capable de les écraser.

Mais en général les notions les plus utiles sur le cas de résistance dont il s'agit, consistent dans les résultats des principales expériences connues et qui ne concernent guère que la résistance à l'écrasement

Résultats des principales expériences sur la résistance des corps à l'écrasement. Pierre.

22. Les expériences les plus remarquables sur la résistance des pierres à l'écrasement ont été faites par Mr. Rondelet, d'abord au moyen d'un levier semblable à celui dont Mr. Gauthey s'était servi auparavant (Journal de physique, novembre, 1774) et auquel il a ensuite substitué une vis de pression, qui paraît préférable (Art de bâtir, tome 3, section 2e).

Elles lui ont fourni les indications générales suivantes: on ne peut juger certainement de la résistance des pierres, d'après leurs qualités physiques, telles que la dureté, la pesanteur spécifique, la couleur; on ne la connaît que par des expériences spéciales; mais pour des pierres de même nature, les parties les plus denses offrent plus de résistance. Il y a lieu de distinguer dans les pierres deux qualités principales, relativement à la manière dont elles cèdent à la pression : les pierres dures, dont le grain est fin, l'agrégation homogène et compacte, se divisent avec bruit en lames ou en aiguilles verticales, avant de se réduire en poussière ; les pierres tendres se divisent d'abord en pyramides, ensuite ces pyramides se partagent en petits prismes verticaux et enfin tombent aussi en poussière.

Quelques pierres, comme le granit, qui, dans les expériences, l'emportent sur d'autres par la résistance, peuvent éclater plus facilement dans une construction, si elles ne sont pas pressées bien également sur toute l'étendue du joint ; ce qui tient à la faiblesse du ciment qui unit entre elles les molécules intégrantes.

Les forces capables d'écraser des prismes de bases semblables sont proportionnelles à ces bases ; la force diminue quand l'aire de la base demeurant constante, le contour augmente ; elle est la plus grande quand la base est un carré ou un cercle.

Quant au rapport de la hauteur du prisme aux dimensions de la base, il influe sur la résistance de manière qu'elle est la plus grande pour la forme cubique et qu'elle diminue quand la forme devient plus plate ou plus haute. La résistance décroît encore davantage lorsque le prisme est partagé en plusieurs parties dans sa hauteur.

Le lieu que le prisme mis en expérience, occupait dans le bloc de pierre, influe aussi sur les résultats : les parties voisines des faces supérieure et inférieure résistent moins que les parties intérieures.

Principaux résultats des expériences de Mr. Rondelet, faites sur des cubes de 0,m05 de côté ou de 25 centimètres carrés de base (Tome 1er pages 208 et suivantes).

Tableau.

Indication des Pierres.	Pesanteur spécifique	Poids produisant l'écraseme
Pierres volcaniques.		
Basalte de Suède	3, 06	4780
Basalte d'Auvergne	2, 88	5194
Lave du Vésuve, dite Piperno, près de Pouzzol	2, 60	1480
Lave grise des environs de Rome, peu dure, dite Peperino	1, 97	570
Lave tendre de Naples	1, 72	401
Tuf de Rome	1, 22	144
Scorie de Volcan	0, 86	83
Pierre ponce	0, 60	86
Granites.		
Granit vert des Vosges	2, 85	1548
Granit gris de Bretagne	2, 74	1635
Granit de Normandie, dit Gatmos	2, 66	1755
Granit gris des Vosges	2, 64	1058
Grès.		
Grès très-dur, roussâtre	2, 52	2033
Grès blanc	2, 48	2308
Grès tendre	2, 49	9
Pierres Argileuses		
Pierre porc, ou puante	2, 66	1703
Pierre grise de florence, dont le grain est fin	2, 56	1055
Pierres Calcaires		
Marbre noir de flandre	2, 72	1971
Marbre blanc veiné	2, 70	7455
Marbre blanc statuaire	2, 69	8176
Marbre blanc turquin	2, 67	7695
Pierre de Caserte, près de Naples, qui reçoit le poli	2, 72	14865
Pierre noire de saint-Fortunat, employée à Lyon, très-dure et Coquilleuse	2, 65	15668
Liais de Bagneux, près de Paris, très-dur, d'un grain fin	2, 44	11113
Travertino de Rome, très-dur, d'un grain fin, persillé	2, 36	7449
Roche de Chatillon, près de Paris, dure, un peu coquilleuse	2, 29	4347
Roche douce de Chatillon	2, 08	3339
Roche d'Arcueil, près de Paris	2, 30	6334
Pierre de Saillancourt, près de Pontoise, 1re Qualité	2, 41	3536
id 2e Qualité	2, 29	2994
id 3e Qualité	2, 10	2304
Pierre ferme de Conflans, employée à Paris	2, 07	2245
Pierre tendre ou Lambourde de Conflans, 1re qualité	1, 82	1407
Pierre à plâtre de Montmartre, près de Paris	1, 92	1785
Vergelée, des environs de Paris, tendre, d'un grain grossier, résistant à l'eau	1, 83	1496
Lambourde de qualité inférieure, tendre, résistant mal à l'humidité	1, 56	575

Plâtre. 23. Mr Rondelet a trouvé (tome 1er page 309 que le poids sous lequel s'écrase un cube de 5 centimètres de côté est, pour le platre

gâché à l'eau 1239 Kg

id — au lait de chaux 1816

Mortier. 24 La résistance du mortier varie beaucoup, selon les matières employées et les procédés de fabrication. Le tableau suivant présente les résultats des expériences de Mr Rondelet

Indication des Mortiers.	Pesanteur Spécifique	Poids porté sur une base de 25 centim. carrés
Mortier de Chaux et sable de rivière	1,63	767 Kg
Le même, battu	1,89	1048
Mortier de chaux et sable de mine	1,59	1017
le même, battu	1,90	1406
Mortier de ciment, ou tuileaux pilés	1,46	1191
le même, battu	1,66	1633
Mortier en grès pilé	1,68	733
Mortier de pouzzolane de Naples et de Rome, mêlés	1,46	916
le même, battu	1,68	1333
Enduit d'une conserve antique des environs de Rome	1,55	1903
Enduit en ciment des démolitions de la bastille	1,49	1368

Les expériences ont été faites 18 mois après la fabrication des mortiers; elles ont été répétées 15 ans après et ont appris que la consistance avait augmenté d'environ $\frac{1}{8}$, pour les mortiers de chaux et sable, et $\frac{1}{4}$, pour les mortiers de ciment et de pouzzolane (Tome 1er page 305)

Bois; pression que le chêne peut supporter sans que sa surface se déprime. 25. Suivant les expériences de Mr Rondelet, la force nécessaire pour écraser un cube en bois de chêne est de 40 à 48 lb, par ligne carrée de la base (385 à 462 Kg par centimètre carré). Elle n'est pas sensiblement plus petite pour un prisme dont la hauteur n'excède pas sept à huit fois l'épaisseur et qui n'est pas susceptible de plier. Pour le bois de sapin, la résistance est de 462 à 538 Kg par centimètre carré, (Tome 4, page 67).

Mr Gauthey (Traité de la construction des Ponts, tome 2, page 44) a observé que l'effort supporté par une pièce de chêne, ne doit pas surpasser 160 à 200 Kg par centimètre carré, selon qu'il est dirigé perpendiculairement ou parallèlement aux fibres, si l'on veut que la surface du bois n'éprouve pas de dépression sensible.

Fer forgé. 26. D'après les expériences de Mr Rondelet (Tome 4, page 519)

un cube en fer forgé de 6 à 12 lig de côté, commence à se déprimer sous une pression moyenne de 513 lb par ligne carrée (4945 kg par centimètre carré). Le fer cède plutôt en pliant qu'en se déprimant quand la hauteur est triple de l'épaisseur.

Fer fondu.

27. Résultats principaux des expériences de Mr. G. Rennie (Annales de Chimie et de physique, septembre, 1818) sur l'écrasement du fer fondu.

Fer mis en expérience.	Pesanteur spécifique	Côté de la base carrée	hauteur	Poids produisant l'écrasement
		pouce anglais	pouce anglais	livres avoir du poids
Fer tiré du centre d'une large masse, dont les cristaux avaient la forme et l'apparence de ceux qu'on voit dans la rupture d'un canon, même métal	7,033	1/8	1/8	1440
Fer tiré d'une petite coulée, à grain serré, d'un gris terne	6,977	1/8	2/8	2116
			3/8	2363
			4/8	2005
			5/8	1407
			6/8	1743
			7/8	1594
			8/8	1439
Fer tiré de la première masse		1/4	1/4	9773
Cubes tirés de barres coulées horizontalement	7,113	1/4	1/4	10114
Cubes tirés de barres coulées verticalement	7,074	1/4	1/4	11137
Prismes de diverses hauteurs en fer coulé horizontalement		1/4	1/2	9449
			3/8	9006
			5/8	8845
			6/8	8362
			7/8	6430
			8/8	6321
Prismes, en fer coulé verticalement		1/4	3/8	932[illegible]
			5/8	838[illegible]
			6/8	789[illegible]
			7/8	701[illegible]
			8/8	643[illegible]

Autres Métaux.

28 Suivant les mêmes expériences, l'effort nécessaire pour écraser un cube en cuivre coulé de ... ¼ po. ang. de côté est . 7318 liv. av. du poids

Pour comprimer un cube pareil,

en cuivre jaune	de	1/10	3213
	de	1/2	10304
en cuivre battu,	de	1/16	3427
	de	1/8	6440
en étain coulé,	de	1/16	552
	de	1/8	966
en plomb coulé,	de	1/2	483

Ces nombres et ceux de la dernière colonne du tableau précédent, lorsque le côté de la base est ¼ pouce anglais doivent être multipliés par 1,125 pour donner en kilogrammes la résistance sur un centimètre carré.

Résistance des solides à l'extension et à la rupture qui en provient.

la résistance des solides à l'extension à la rupture qui en provient.

29. La formule (1) restreinte à de petites variations de longueur, renferme aussi la relation entre l'allongement des solides et l'effort qui le produit ou la résistance qui y répond; pareillement, la formule (2) détermine, en général, la résistance à la rupture provenant de l'extension; mais c'est encore par le moyen de l'expérience qu'il convient d'étudier le cas de résistance, dont il s'agit.

Il n'existe presque aucune expérience directe sur les allongements des corps, sous des efforts donnés; ces allongements, comme on le verra dans la suite, peuvent être conclus des expériences sur la flexion.

Quant à la résistance à la rupture causée par l'extension, elle a été l'objet d'expériences dont nous rapporterons ici les plus utiles

...ultats des principales expériences sur résistance des solides à la rupture ...usée par l'extension — Pierres

30. Suivant Coulomb (mémoire cité), la force nécessaire pour opérer la rupture sur une surface d'un pouce carré, a été pour une pierre blanche, d'un grain fin et homogène, de 14^{kg},4 par centimètre carré; pour la brique de provence, bien cuite et d'un grain très-uni, de 18^{kg},7 à 20^{kg} par centimètre carré.

Plâtre.

31. Mr. Rondelet (Tome 1er page 315) a trouvé que la force de cohésion du plâtre est de 60^{lb} par pouce carré (4^{kg} par centimètre carré). La force avec laquelle il adhère aux pierres et aux briques est environ les ⅔ de sa propre cohésion. Cette force est

plus grande pour la pierre meulière et la brique que pour les pierres calcaires. Elle diminue beaucoup avec le temps.

Mortier. 32. D'après le même auteur, la force de cohésion du mortier est environ 1/8 de la résistance à l'écrasement; elle est moins que la force avec laquelle il adhère aux pierres et aux briques.

Mr. Vicat (Recherches expérimentales sur les chaux, page 96) trouve la force de cohésion sur un centimètre carré,

pour les mortiers bien faits, à sable quartzeux et chaux éminemment hydraulique de . . . . 9^{kg},
Mortiers bien faits, à sable quartzeux et chaux hydraulique ordinaire 6,
Mortiers bien faits, à sables quartzeux et chaux communes ou grasses . . 3,
Mortiers mal faits, communément, au plus 1,

Bois. 33. D'après les expériences de Mr. Rondelet (Tome 4, page 65) la force de cohésion du bois de Chêne, tiré dans le sens des fibres, est de 102^{lb} par ligne carrée (981^{kg} par centimètre carré).

Des expériences rapportées par Mr. Navier, (ouvrage cité, page 16) et qui ont été faites sur des pièces d'environ $\frac{1}{3}$ de pouce de diamètre, ont donné ces résultats moyens, ramenés par le calcul, à exprimer la force nécessaire pour opérer la rupture sur un pouce carré Anglais;

Savoir:		
Sapin,	1°	12857 liv. avoir du poids
	2°	11549
Frêne,	1°	17207
	2°	16947
Hêtre		11467
Chêne	1°	9198
	2°	11580
Buis		19891
Poirier		9822

Selon les mêmes expériences, l'adhésion latérale des fibres dans le sapin, c'est-à-dire, l'effort nécessaire pour séparer deux parties d'une pièce, en les faisant glisser l'une sur l'autre parallèlement aux fibres, est de 592 liv. av. du poids, par pouce carré anglais.

D'autres expériences rapportées dans le même ouvrage, page 16, apprennent que la force de cohésion des bois tirés perpendiculairement à la direction des fibres, est, sur un pouce carré anglais,

pour le Chêne	2316 liv. avoir du poids
Peuplier	1782.
Larix	de 970 à 1700.

On trouvera en kilogrammes, la résistance sur un centimètre

carré, en multipliant les nombres précédents, par 0,07029.

Fer forgé.

34. Résultats des expériences de Mr. Perronet (voyez traité de la construction des Ponts par Gauthey, tome 2, page 154).

1°. Sur des verges de fer carré, tirées dans le sens de la longueur

Longueur des Fers	Equarrissage	Poids produisant la rupture.	Poids supportés par millimètre carré.
0m,650	12,97 millim	5972 kg	35kg,5
0,325		6887	39,8
0,162		5502	32,7
0,081		5972	35,5
0,650	9,02	2983	36,7
0,325		3113	38,3
0,650	6,77	2134	46,6
0,325		2369	51,7
0,162		2472	53,9
0,081		2487	54,3
0,650		2159	47,1
Poids moyen par millimètre carré			42,9

2°. Sur des verges de fer rond, tirées dans le sens de la longueur.

Longueur des Fers	Equarrissage	Poids produisant la rupture	Poids supportés par millimètre carré.
0m,650	10,15 millim	3020 kg	37kg,3
0,325		3074	38,0
0,162		3348	41,4
0,081	10,15	3368	41,6
0,650	7,88	2717	55,7
0,162		2748	56,3
0,081		2683	55,0
0,650	7,62	1463	32,1
0,325		1662	36,4
0,162		1721	37,7
0,081		1510	33,1
Poids moyen par millimètre carré			42,2

Mr. Rondelet (Tome 4, page 500) a fait avec Mr. Soufflot, sur des verges de fer, tirées dans le sens de leur longueur qui surpassait un peu 2m, des expériences dont les résultats sont indiqués dans le tableau ci-après.

Indication des Fers.	Largeur des Pièces	Epaisseur des Pièces	Poids produisant la rupture	Poids supporté par ligne carrée
Fer tout nerf	2 lig 2/3	2 lig 1/4	3542 liv.	590 liv.
idem	2 2/3	2 "	3374	633
Fer dont la cassure offre un peu de grain	6 "	2 1/2	6157	410
Fer dont la cassure offre les 2/3 de nerf	5 "	2 1/2	4874	390
Fer moitié nerf	5 1/2	3 "	5524	335
Fer tout nerf	6 "	3 "	15600	866
Fer offrant un tiers de grain	6 "	3 "	7800	433
Fer offrant plus de moitié en grain	6 "	3 "	5857	325
Fer offrant un peu de grain	3 "	2 "	3635	606
Fer tout nerf, de 3 lignes de diamètre	" "	" "	6600	933
Fer à gros grain, sans nerf	4 "	4 "	2991	187
Fer à grain moyen, sans nerf	4 "	4 "	3980	249
Fer à grain fin, sans nerf	4 "	4 "	5840	365
Fer d'un grain moyen, moitié nerf	4 "	4 "	7200	450
Fer tout nerf	4 "	4 "	10320	645
Fer à gros grain, moitié nerf	4 "	4 "	5840	365
Force de cohésion moyenne sur une ligne carrée	" "	" "	.....	486

Ainsi la résistance moyenne est de 46,kg8 par millimètre carré.

Résultats des expériences faites par Mr. Séguin, aîné, au moyen d'un levier, sur des pièces de fer forgé, tirées dans le sens de la longueur (Des ponts en fil de fer, 2e édition, page 48 et 400).

Indication des Fers.	Largeur des Pièces.	Epaisseur des Pièces	Poids produisant la rupture	Poids supporté par millimètre carré
Fer de Saint-Chamond, fait au laminoir	16,0 mil	8,0 mil	5611 kg.	43,8 kg
idem — idem	10,0	8,0	4133	51,7
idem — ayant 0,m01 de diamètre	.....	....	3743	48,0
Fer de Bourgogne	13,0	13,0	5226	30,4
idem, chauffé au rouge suant et refroidi lentement.	13,5	13,5	5435	29,7
idem, coupé au milieu, soudé bout à bout, sans étirer	13,3	13,3	5280	29,7
idem, coupé au milieu, soudé en sifflet, et étiré	10,15	10,15	5688	55,2
idem, plus étiré que la précédente, sans soudure	4,5	4,5	1238	61,0
Fer dit ruban, très-doux	20,3	1,7	1541	44,7

35 Buffon (Œuvres, partie expérimentale, 4e Mémoire) a rompu deux fils de fer dont le diamètre était de 2,26 millimètres, par une traction

de 236 et 242 kg; ce qui revient à 60 kg par millimètre carré.

Mr. Séguin, aîné, a fait des expériences sur la résistance du fil de fer, tiré suivant la longueur et dont il a calculé les diamètres d'après le poids d'une portion de fil d'un mètre de longueur, en supposant que le mètre cube pèse 7780 kg. (Des ponts en fil de fer, pages 83 et 100). Les résultats sont indiqués dans le tableau suivant.

Indication des Fils.	Diamètres	Poids produisant la rupture	Poids supporté par millimètre carré
	milli.	kg.	kg.
Fil de fer de Bourgogne, No. 8, recuit inégalement	1,172	41,3	38,2
idem No. 7, recuit exactement	1,062	31,4	36,1
idem No. 18, non recuit	3,366	505,6	56,8
idem No. 7, non recuit	1,062	65,5	73,7
Fil de l'aigle, employé pour la Carderie	0,2294	3,72	89,8
Passe-perle, assez doux	0,5917	23,6	85,7
Fil provenant d'une manufacture de Besançon, No. 1, doux	0,6188	25,96	86,1
Nos. 2, doux	0,7078	34,25	87,0
3, cassant	0,7327	34,12	80,8
4, cassant	0,838	42,3	76,6
5, très-cassant	0,9115	47,25	72,3
6, id	1,022	62,56	76,1
7. id	1,080	65,25	71,2
8, très-cassant	1,123	66,75	67,3
9. assez cassant	1,293	91,74	69,8
10, très-doux	1,435	105,00	64,8
11, id	1,476	100,25	58,6
12, id	1,691.	124,8	55,5
13, id	1,800	145,5	57,2
14, très-doux, sans ressort	2,072	166,5	49,3
15, id	2,226	202,0	51,9
16, très-doux	2,489	311,0	63,9
17, pailleux	2,695	389,0	68,1
18 id	3,087	617,0	84,0
19 id	3,492.	750,0	78,2
20 id	4,140	874,75	65,7
21 id	4,812	1138,0	62,5
22, très-cassant	5,449	1579,0	67,7
23 doux	5,942	1738,5	62,6

Fer fondu

36. Résultats des expériences du C^e. Brown, sur des barreaux carrés (Rapport et Mémoire sur les Ponts suspendus).

Equarrissage des Pièces		Poids produisant la rupture.	
po.	angl.	tonnes.	quint
1	1/4	11,	7
"	"	11,	5
"	"	14,	"
"	"	16,	"
1	"	11,	10

Le résultat moyen revient à $14^{kg},2$ pour un millimètre carré.

D'après les expériences faites par M^r. G. Rennie (Annales de chimie et de physique, septembre, 1818), sur des pièces carrées de $\frac{1}{4}$ pouce anglais de côté, la force de cohésion est, pour

le fer fondu horizontalement ——— 1166 liv. avoir du poids

——— id ——— verticalement ——— 1218

Divers métaux

37 D'après les mêmes expériences, toujours sur des pièces carrées de $\frac{1}{4}$ pouce anglais de côté, la force de cohésion est, pour le

Métal de canon, dur ——— 2273 liv. avoir du poids

Cuivre battu ——— 2212

Cuivre fondu ——— 1192

Cuivre jaune fin ——— 1123

Etain fondu ——— 296

Plomb fondu ——— 114

Cordages

38 Suivant Duhamel (Traité de l'art de la corderie), d étant en centimètres, le diamètre d'une corde, elle porte moyennement $400^{kg}\,d^2$.

Suivant Coulomb (Tome 10 des savants Etrangers, page 285) les cordes blanches portent jusqu'à 50 à 60^{kg} par fil de carret; mais on ne doit jamais les charger de plus de 40. Les cordes goudronnées portent $\frac{1}{2}$ ou $\frac{1}{3}$ moins que les cordes blanches.

Théorie générale de la Résistance des Solides à la flexion et à la rupture qui en provient.

Conditions générales de l'équilibre de résistance.

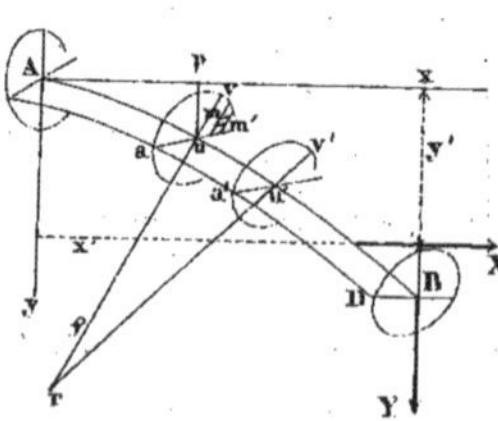

39 Considérons un solide cylindrique quelconque AB, fléchi par des forces tellement disposées que la flexion se soit opérée parallèlement à un plan xAy, dirigé suivant la longueur du solide, et auquel par conséquent la surface cylindrique ABC des fibres neutres n'aura pas cessé d'être perpendiculaire.

Ces forces que nous nommerons externes seront en général de

deux sortes; les unes passives, dues à des points fixes qui assujettissent le solide ou sur lesquels il s'appuie; les autres actives, telles que des poids dont il est chargé ou des pressions qu'il supporte: et ainsi, nous supposerons les unes et les autres situées primitivement ou susceptibles d'être ramenées dans le plan **xAy**, de manière que leurs résultantes respectives soient, chacune en particulier, comprises dans ce plan.

D'abord, l'équilibre absolu ou de situation exigera que ces deux résultantes particulières soient égales et directement opposées. Ensuite, si l'on conçoit deux plans infiniment voisins **auv**, **a'u'v'**, normaux à la courbe **Auu'B** du solide et qui en déterminent une tranche élémentaire quelconque; l'équilibre absolu permettra de regarder l'une des parties extrêmes, savoir, **Aauv**, comme parfaitement fixe, et l'autre, **Bauv**, comme un système particulier, de forme invariable, uniquement sollicité à tourner dans le sens **xBy**, autour de l'intersection **u** du plan **xAy** des forces externes, du plan normal **auv** et de la surface cylindrique **ABC**; puisque, pour le parallélisme de la flexion, ce plan **xAy** doit évidemment comprendre aussi la résultante des forces internes, c'est-à-dire, des forces de traction et de pression, que les forces actives produisent, par la flexion, dans les éléments de fibre dont la tranche est composée. Ainsi, l'équilibre relatif ou de résistance exigera que la résultante de toutes les formes auxquelles le système particulier se trouve soumis; 1.° soit dans le plan **xAy** qui d'ailleurs leur est parallèle et, par hypothèse, contient déjà les deux résultantes particulières des formes externes; 2.° passe par le centre de rotation **u**: par conséquent, que la somme des moments de toutes les forces, relativement à l'axe **au** et des seules forces internes, relativement à l'axe **uv**, soit égale à zéro.

C'est de cette manière qu'un corps résiste soit à la flexion soit à la rupture qui en provient et que l'équilibre s'établit entre la résistance et les forces opposées.

Les conditions générales de cet équilibre sont indépendantes de la loi de la résistance des fibres à l'extension et à la compression; mais comme cette loi particularise leur expression analytique et les enoncées des résultats qui s'en déduisent, il est nécessaire de la fixer; c'est à quoi doivent servir les hypothèses posées précédemment (N.os 17 et 18).

Equation générale sans équilibre.

40. Nous rapporterons la courbe de flexion, c'est-à-dire, la courbe Auu'B suivant laquelle la surface cylindrique ABC des fibres neutres est coupée par le plan xAy, à deux axes pris dans ce plan, qui auront leur origine en un point quelconque A de la courbe, et qui supposés l'un parallèle, l'autre perpendiculaire à la longueur du solide considéré dans son état naturel, seront respectivement les axes des x et des y.

Les points de la section normale auv du solide seront rapportés à l'axe au, suivant lequel le plan auv coupe la surface cylindrique ABC, et à un autre axe mené dans ce plan par l'origine a, perpendiculairement à au ou parallèlement à uv, intersection des plans xAy et auv. Le premier de ces axes sera celui des abscisses u, le second sera celui des ordonnées v.

Maintenant, désignons

par A et B, comme précédemment, les coefficients d'élasticité et de ténacité (N.° 20);

ρ, le rayon de courbure ur de la courbe de flexion, au point u, par lequel est mené le plan normal auv;

x et y, les coordonnées de ce point;

s, l'arc Au de la courbe de flexion;

X, Y, les résultantes des forces externes, appliquées à la partie Ba'u'v' du solide et décomposées parallèlement aux x et aux y (on suppose que les forces X, Y tendent à allonger les coordonnées auxquelles elles sont parallèles et on les regarde comme positives);

y', x', les distances de ces résultantes aux axes des x et des y;

U, U', les fonctions de u qui expriment l'ordonnée du contour de la section normale auv, du côté de l'axe au, où les fibres sont allongées, et du côté où elles sont accourcies;

a, la dimension du solide suivant l'axe au;

V, la plus grande valeur de U ou de U', c'est-à-dire, la distance à l'axe au, de la fibre la plus allongée ou la plus accourcie, lorsque le solide est près de se rompre;

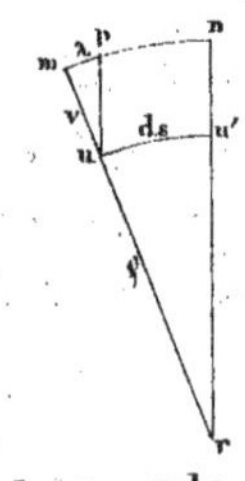

$\rho : v :: ds : \lambda = \frac{v\,ds}{\rho}$

Cela posé, un élément quelconque de fibre, pris dans la tranche et dont la base est l'élément rectangulaire mm' = dvdu de la section normale auv, avait primitivement la longueur uu' = ds, puisque (N.° 18) on fait abstraction de l'allongement ou accourcissement commun; mais cette longueur ayant varié de la quantité $\frac{v\,ds}{\rho}$, la résistance de l'élément, d'après la formule du N.° 21, s'exprimera par

$$\frac{A}{\varrho}\, v\,dv\,du \ldots\ldots\ldots\ldots (1)$$

et son moment relatif à l'axe au, par

$$\frac{A}{\varrho}\, v^2 dv\,du \ldots\ldots\ldots\ldots (2)$$

donc, parce que $\int_0^{U} v^2 dv = \frac{1}{3} U^3$, $\int_0^{U'} v^2 dv = \frac{1}{3} U'^3$, la somme algébrique des moments, par rapport à l'axe au, des résistances dues aux extensions et contractions des éléments de fibre, dont la tranche est formée, sera

$$\frac{A}{3\varrho}\left(\int_0^{a} U^3 du + \int_0^{a} U'^3 du\right) \ldots (3)$$

puisque ces forces tendent à faire tourner dans le même sens autour de cet axe.

Ainsi, l'équation des moments par rapport à cet axe, sera

$$\frac{A}{3\varrho}\left(\int_0^{a} U^3 du + \int_0^{a} U'^3 du\right) = (x'-x)Y - (y'-y)X \ldots\ldots (4)$$

L'axe autour duquel la flexion s'opère dans chaque section normale du solide, passe par le centre de gravité de cette section.

41. Le premier membre de cette équation ou l'expression (3), lorsqu'on y fait $\varrho = 1$, a pour chaque corps individuel une valeur particulière qui dépend non seulement de la nature de ce corps, de la figure et des dimensions de sa section transversale auv, mais encore de la position de l'axe au dans cette section. Or, comme la résistance d'un solide à la flexion est, toutes choses d'ailleurs égales, proportionnelle à cette valeur de l'expression (3), il est clair que parmi tous les axes menés dans la section auv, perpendiculairement au plan xAy, c'est autour de celui pour lequel la valeur dont il s'agit est un minimum, que la flexion doit naturellement s'opérer. Mais si l'on observe que l'expression (2) dégagée du facteur $\frac{A}{\varrho}$ n'est autre chose que l'élément superficiel $dvdu$ multiplié par le carré v^2 de sa distance à l'axe au, on verra que l'expression (3), dégagée du même facteur, n'est autre chose, non plus, que le moment d'inertie de toute la section auv, pris par rapport à l'axe au, abstraction faite toutefois de la densité supposée uniforme.

Ainsi l'axe autour duquel la flexion s'opère naturellement dans chaque section, et qui, parce qu'on suppose cette flexion opérée parallèlement au plan xAy, est déjà l'un de ceux qui sont perpendiculaires à ce plan, doit, par la propriété connue des moments d'inertie, être de tous ces axes parallèles celui qui passe par le centre de gravité de la section.

Equations qui en déterminent la position.

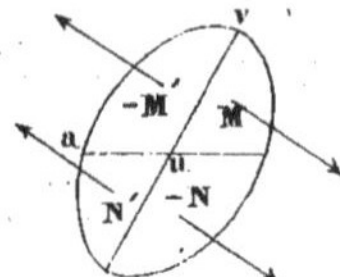

42. En second lieu, pour former l'équation des moments relativement à l'axe uv, c'est-à-dire, pour exprimer qu'il n'y a pas tendance à la flexion autour de cet axe, ou que la résultante des forces internes, lesquelles sont parallèles entre elles et au plan xAy, est effectivement comprise dans ce plan il suffira, comme nous l'avons dit, d'égaler à zéro, la somme des moments de ces forces, pris par rapport au plan xAy ou à l'axe uv. Désignant donc par $M, -M'$ les moments, l'un positif l'autre négatif, des forces de traction, placées de part et d'autre de l'axe uv, et de même par $-N, N'$, ceux des forces de pression, on aura

$$M + N' = M' + N \ldots\ldots (5)$$

Ainsi, par la nature du centre de gravité, la position qu'aura dans la section auv, l'axe autour duquel la flexion s'opère, devra satisfaire en général à l'équation

$$\int v\,dm = 0 \ldots\ldots (a)$$

dans laquelle dm remplace $dvdu$.

Et comme les moments $M, M'; N, N'$, ne sont autre chose que l'expression (1), multipliée par u et intégrée, ou que l'intégrale $\frac{A}{g}\int uv\,dm$, restreinte à chacune des quatre parties dans lesquelles les axes au et uv divisent la section auv, l'équation (5), en supposant que le centre de gravité soit l'origine, revient à

$$\int uv\,dm = 0 \ldots\ldots (b)$$

autre condition à laquelle doit encore satisfaire la position de l'axe au.

Il est un des axes principaux d'inertie; passant par le centre de gravité de la section.

43 La coexistence des équations (a) et (b), selon la théorie des moments d'inertie, signifie que la ligne au est l'un des deux axes principaux d'inertie répondant au centre de gravité de la section.

L'autre axe principal est la trace du plan des forces sur la section; axe et moment d'élasticité.

44. Tout ce qu'on peut conclure, quant à la ligne uv, c'est seulement qu'elle est parallèle à l'autre axe principal; car soit $u' = u + \omega$, il viendra $\int u'v\,dm = \int uv\,dm + \omega\int v\,dm$, quantité nulle, en vertu de (a) et de (b). Or, si P, T sont les résultantes particulières des forces de pression et de traction, et p, t, les distances de ces résultantes au plan xAy, l'équation (5) ou l'équation (b) reviendra à $Pp - Tt = 0$; il faudra donc que quel que soit ω, cette équation subsiste, quand on y remplacera p et t par $p + \omega$ et $t + \omega$; d'où résulte $P = T$ et $p = t$; c'est-à-dire que les forces P et T forment un couple parallèle au plan xAy

La mécanique rationnelle laisse la distance p ou t indéterminée ; mais en réfléchissant à la construction physique des corps, on aperçoit que le couple auquel se réduisent les forces internes, dues à des extensions et contractions ordonnées comme on le suppose, c'est-à-dire, les mêmes à égales distances de l'axe au et proportionnelles à ces distances, couple qui est déjà équivalent, contraire et parallèle à celui auquel les forces actives sont réductibles, ne peut être que directement opposé à ce dernier, par lequel il est produit, en d'autres termes ne peut être que dans un même plan avec lui ; d'où il suit que les deux résultantes particulières P, T, des forces internes sont comprises l'une et l'autre dans le plan xAy, ou qu'on a encore

$$M = M', \quad N = N' \ldots\ldots\ldots (6)$$

savoir en plaçant l'origine en a et désignant par $a', -a''$, les deux parties de la dimension a,

$$\int_{-a''}^{a'} U^2 u\,du = 0, \quad \int_{-a''}^{a'} U'^2 u\,du = 0, \ldots\ldots\ldots (c)$$

équations qui comportent la précédente (b), laquelle parconséquent les rend compatibles l'une avec l'autre.

Nous appellerons axe d'élasticité, celui que déterminent les équations (a) et (c), c'est-à-dire, l'un quelconque des deux axes principaux d'inertie, passant par le centre de gravité de la section transversale du solide, et moment d'élasticité, la valeur correspondante, toujours pour $\rho = 1$, de l'expression (3), valeur qui n'est autre chose que le moment d'inertie, multiplié par le coefficient d'élasticité. Pour abréger, nous représenterons par δ, cette valeur que l'on nomme aussi quelquefois élasticité absolue.

Expression du moment d'élasticité ; équation abrégée de l'équilibre de résistance à la flexion.

45. Ainsi, à cause de

$$\delta = \frac{A}{3}\left(\int_0^a U^3 du + \int_0^a U'^3 du\right) \ldots\ldots\ldots (A)$$

l'équation (4) deviendra simplement

$$\frac{\delta}{\rho} = (x'-x)Y - (y'-y)X \ldots\ldots\ldots (B)$$

cette équation qui exprime les conditions de l'équilibre de résistance à la flexion est celle de la courbe connue sous le nom d'élastique (*).

Expression du moment de rupture ; équation particulière de l'équilibre de résistance à la rupture.

46. Si le corps était sur le point de se rompre, la résistance de l'élément de fibre, le plus allongé ou le plus accourci et qui est à la distance V de l'axe au d'élasticité, serait $B\,dv\,du$;

(*) L'application du principe de Coulomb, faite ici, a conduit fort simplement aux théorèmes sur la position et la nature des axes au et uv, théorèmes qui n'étaient pas connus et a rendu l'équation (a) déjà donnée dans la première édition de ces leçons, mais à la manière de M^r. Navier. Il en résulte l'identité des axes et moments d'inertie, restreints aux figures planes, avec ceux d'élasticité, qui acquièrent ainsi toutes les propriétés des premiers.

parconséquent, la résistance de l'élément placé à la distance v sera $\frac{B}{V}$ v d v d u et son moment $\frac{B}{V}$ $v^2 dv du$; car le premier élément résiste par sa cohésion, à laquelle est égale sa force actuelle d'élasticité; le second résiste par sa force d'élasticité et (N.os 17 et 2.) les deux forces d'élasticité sont comme les distances à l'axe au.

D'après cela, la quantité (A) prend une autre valeur qu'on appelle moment de rupture; désignons cette valeur par β, nous aurons

$$\beta=\frac{B}{3V}\left(\int_0^a U^3 du+\int_0^a U'^3 du\right)\ldots\ldots\ldots(A')$$

En égalant ce moment de rupture à la somme des moments des forces opposées, on aura l'équation,

$$\beta=(x'-x)Y-(y'-y)X\ldots\ldots\ldots(B')$$

qui exprime les conditions de l'équilibre de résistance à la rupture causée par la flexion; pourvu qu'on entende par x, y les coordonnées du point où la rupture doit s'effectuer, c'est-à-dire, qui font acquérir au second membre, la plus grande valeur dans toute la partie du solide, à laquelle l'équation s'applique.

Relation entre les expressions des deux moments.

47. En comparant l'expression du moment de rupture β, avec celle du moment d'élasticité δ, on reconnaît que l'une se déduit de l'autre par la substitution de $\frac{B}{V}$ à la place de A.

Les constantes A et B se déterminent par le calcul et l'expérience, comme nous l'expliquerons dans la suite.

Distinction de trois cas dans la question générale de l'équilibre de résistance.

48. Nous avons déjà remarqué (N.° 18) que la question générale présente trois cas particuliers, selon que les forces actives qui tiennent le corps fléchi sont dirigées perpendiculairement à la longueur de ce corps ou parallèlement ou obliquement.

Des moments d'élasticité et de rupture des principales sections transversales.

Détermination des moments d'élasticité et de rupture des principales sections transversales.

49. Mais avant de développer chacun de ces cas, nous déterminerons les moments d'élasticité et de rupture des différentes figures qu'on a coutume de donner à la section transversale des solides, ou qui offriraient le plus d'avantage dans les constructions.

1.° Rectangle: lois particulières.

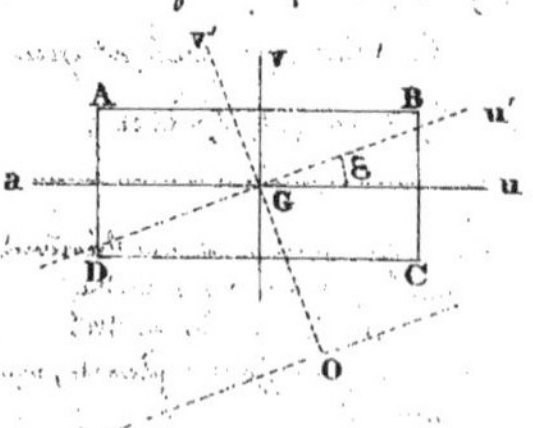

50. Qu'il s'agisse d'abord de déterminer les moments d'un rectangle ABCD: il est clair que des deux perpendiculaires Gu, Gv, menées aux côtés par le centre de gravité G, l'une sera l'axe d'élasticité et l'autre la trace du plan des forces. Désignons par a et b les côtés AB et BC; l'équation de AB sera $U=\frac{1}{2}b$ et il viendra $\frac{2}{3}\int U^3 du=D=\frac{1}{12}ab^3$; d'où

$$\delta=\frac{1}{12}Aab^3\ldots\ldots(1).\quad \beta=\frac{1}{6}Bab^2\ldots\ldots(2)$$

Ces formules prouvent qu'un prisme rectangulaire, fléchi parallèlement à une face, résiste à la flexion proportionnellement à sa largeur et au cube de sa hauteur, tandis que la résistance à la rupture est proportionnelle à la largeur et au carré de la hauteur.

Relation entre les moments relatifs à deux axes parallèles dont l'un passe par le centre de gravité.

51. Le moment par rapport à l'axe Gv serait évidemment $C = \frac{1}{12} a^3 b$; or, les formules par lesquelles on passe d'un système d'axes rectangulaires à un autre de même origine, donnent $v' = v \cos \varepsilon - u \sin \varepsilon$; substituant pour v cette valeur, on a ... $\int v'^2 dm = \mathcal{Q} = C \sin^2 \varepsilon + D \cos^2 \varepsilon$, c'est-à-dire,

$$\mathcal{Q} = \frac{1}{12} ab(a^2 \sin^2 \varepsilon + b^2 \cos^2 \varepsilon) \ldots\ldots\ldots (3)$$

Mais, par la théorie des moments d'inertie, le moment $\mathcal{Q}'$ relatif à un axe parallèle à Gu' et placé à la distance $GO = q$, sera

$$\mathcal{Q}' = \mathcal{Q} + abq^2 \ldots\ldots\ldots (4)$$

Donc entre des axes parallèles, celui-là pour lequel le moment est un minimum, passe par le centre de gravité.

D'ailleurs la condition du maximum de $\mathcal{Q}$ est $(a^2 - b^2) \sin \varepsilon \cos \varepsilon = 0$, d'où $\varepsilon = 0$ ou $\varepsilon = \frac{\pi}{2}$.

Si $b = a$, ε est indéterminé; donc le moment du carré est le même quelle que soit la direction de l'axe Gu.

2°. Carré: propriétés de ses moments.

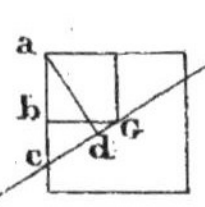

$bc = \frac{1}{2} a \, tang \, \varepsilon$.
$ac = \frac{1}{2} \omega + \frac{1}{2} a \, tang \, \varepsilon$,
$ac \cos \varepsilon = V = \omega^2$.

52 Pour le carré on a $b = a$: les formules (1) et (2) deviennent

$$\alpha = \frac{1}{12} A a^4 \ldots (5) \qquad \beta = \frac{1}{6} B a^3 \ldots\ldots (6)$$

et la formule (3) fait voir que le moment d'élasticité de cette figure est en effet indépendant de la direction de l'axe Gu'.

Il n'en est pas de même du moment de rupture; sa valeur générale, qui, à cause de $V = \frac{1}{2} a (\sin \varepsilon + \cos \varepsilon)$, est $\frac{1}{6} B \frac{a^3}{\sin \varepsilon + \cos \varepsilon}$, se réduit, quand $\varepsilon = \frac{1}{2} \cdot \frac{\pi}{2}$, à

$$\beta = \frac{1}{6\sqrt{2}} B a^3 \ldots\ldots\ldots\ldots (7)$$

Les moments de rupture du carré relativement à la diagonale et à l'axe parallèle à un côté sont donc dans le rapport de 1 à $\sqrt{2}$, c'est-à-dire, dans le rapport inverse de ces lignes.

3°. Cercle; comparaison avec le rectangle circonscrit.

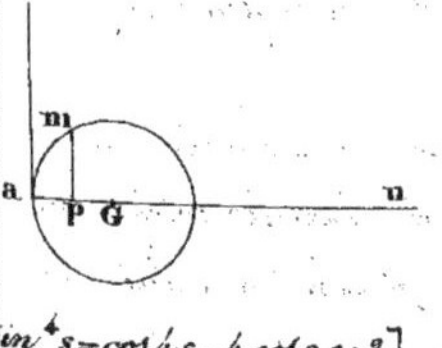

[$\sin^4 s = \cos 4s - 4 \cos 2s + 3$].

53. Proposons-nous maintenant de trouver les moments d'un cercle par rapport à son diamètre. Soient r le rayon et s l'arc variable, mesuré sur la circonférence dont le rayon est l'unité; nous aurons $U = r \sin s$ et $r - u = r \cos s$; d'où $du = r \sin s . ds$; d'après cela, $\frac{1}{3} \int_0^a U^3 du = \frac{2}{3} r^4 \int_0^{\frac{\pi}{2}} \sin^4 s . ds = \frac{r^4}{3} \int_0^{\frac{\pi}{2}} \left(\frac{1}{4} \cos 4s - \cos 2s + \frac{3}{4} \right) ds = \frac{1}{8} \pi r^4$ (Lacroix, No. 220); donc

$$\alpha = \frac{1}{4} A \pi r^4 \ldots (8) \qquad \beta = \frac{1}{4} B \pi r^3 \ldots\ldots (9)$$

On voit que les moments d'élasticité et ceux de rupture du cercle et du carré circonscrit sont dans le rapport de $\frac{3\pi}{16}$ à 1.

Rectangle inscrit dont la résistance est un maximum.

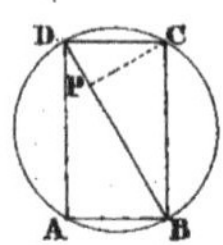

54. Au moyen de la relation $a^2+b^2=4r^2$, on trouve aisément que de tous les rectangles inscrits, celui qui oppose le plus de résistance à la rupture ou à la flexion, est déterminé par la condition $b^2=2a^2$ ou $b^2=3a^2$. Pour le construire, il suffit de diviser le diamètre en 3 ou en 4 parties égales ; les extrémités de ce diamètre et de l'ordonnée répondant au premier ou au dernier point de division déterminent les deux côtés du rectangle.

Des couronnes rectangulaire ou circulaire et du double T.

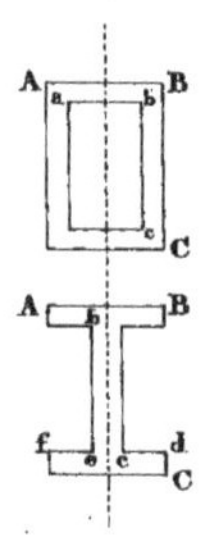

55. Les moments d'une couronne rectangulaire ou d'un double T et d'une couronne circulaire se concluent de ceux du rectangle et du cercle, et la comparaison des uns avec les autres fait connaître le rapport des résistances à égalité de surface, ou le rapport des surfaces à égalité de résistances.

L'aire d'une section rectangulaire demeurant la même, la résistance à la rupture croît en raison de la hauteur ; mais en augmentant cette dimension, on ne peut diminuer l'autre que jusqu'à une certaine limite au-delà de laquelle le solide manquerait de stabilité et ne présenterait pas assez de résistance dans le sens horizontal. Les trois formes précédentes, surtout les deux premières, sont préférables à celle du rectangle plein, malgré la difficulté d'éviter les imperfections dans la fabrication des tuyaux en fer fondu.

De la demi-couronne rectangulaire et du T simple.

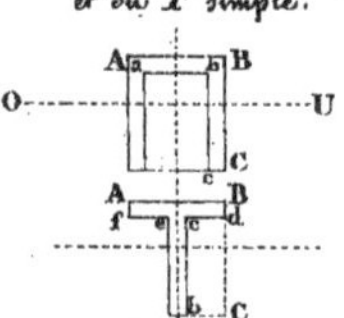

56. Dans la demi-couronne rectangulaire et le T simple, l'axe d'élasticité est évidemment la parallèle à AB, menée par le centre de gravité. On donne l'une ou l'autre figure, et plus fréquemment la seconde, à la section transversale des pièces inclinées, soumises à une pression longitudinale qui, comme dans les piliers-boutants, doit s'exercer près d'une face.

Des figures dont le moment d'élasticité est indépendant de la direction de l'axe.

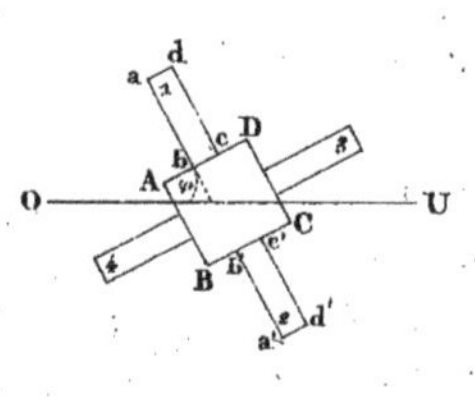

57 Lorsqu'un solide, tel que les arbres horizontaux, dans les machines de rotation, doit présenter successivement ses différentes faces à un effort dirigé perpendiculairement à sa longueur, il convient que la section transversale soit capable, dans tous les sens, de la même résistance à la flexion. Un cercle plein et une couronne circulaire ont évidemment cette propriété ; une figure carrée et par conséquent une couronne de cette figure en jouissent également.

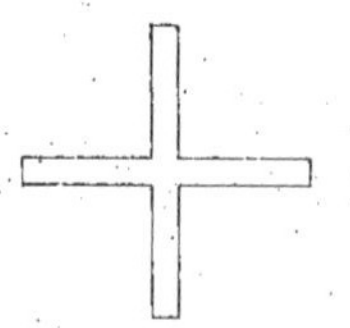

Il en est de même de la figure composée d'un carré et de quatre rectangles, construits symétriquement sur les côtés. On connaît le moment du carré ABCD ; on obtiendra celui des deux rectangles opposés abcd, a'b'c'd', en observant qu'il est égal à la différence des moments des rectangles aa'd'd, bb'c'c, moments que l'on connaît aussi.

Passons maintenant à la discussion des trois cas particuliers de résistance, que nous avons distingués.

De la résistance des solides à la flexion et à la rupture produites par un effort perpendiculaire à la longueur.

Premier cas de la résistance à la flexion et à la rupture qui en provient.

58 Lorsque la résultante des forces extrenes appliquées à la portion de solide que l'on considère est dirigée perpendiculairement à l'axe du solide, la composante X est nulle et les équations générales (B), (B') se réduisent à

$$\frac{\varepsilon}{\rho}=Y(x'-x)\ldots\text{(d)},\qquad \beta=Y(x'-x)\ldots\ldots\text{(e)}$$

pourvu que dans cette dernière on emploie le maximum du moment $Y(x'-x)$.

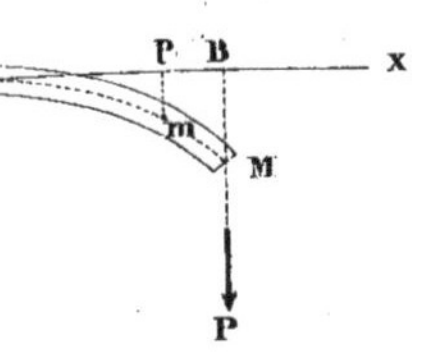

Solide encastré horizontalement par une des extrémités et chargé à l'autre, d'un poids quelconque.

59 Considérons un solide encastré horizontalement à une extrémité A et chargé d'un poids P, à l'autre extrémité M. Désignons par c la distance horizontale AB des deux extrémités ; par f l'ordonnée extrême BM ; par s la longueur de la courbe AmM du solide ; par ω l'angle que fait avec l'horizon la tangente à l'extrémité M. Puisque, par hypothèse, la flexion demeure toujours très petite, même jusqu'au degré qui répond à la rupture, il est permis de négliger le carré de $\frac{dy}{dx}$ dans l'expression $\frac{\left(1+\frac{dy^2}{dx^2}\right)^{\frac{3}{2}}}{\frac{d^2y}{dx^2}}$ de ρ ; en conséquence, et parce que $Y=P$, $x'=c$, l'équation (d) devient $\varepsilon\frac{d^2y}{dx^2}=P(c-x)$; d'où l'on tire

$$\varepsilon\frac{dy}{dx}=P\left(cx-\tfrac{1}{2}x^2\right),\quad \varepsilon y=P\left(\tfrac{1}{2}cx^2-\tfrac{1}{6}x^3\right)$$

et

$$f=P\frac{c^3}{3\varepsilon},\quad \text{tang}\,\omega=P\frac{c^2}{2\varepsilon}=\frac{3f}{2c},\quad s=c+\frac{3f^2}{5c}\ldots\ldots(1)$$

en ne retenant que les deux premiers termes du développement du radical $dx\sqrt{\left(1+\frac{dy^2}{dx^2}\right)}=ds$; d'où l'on tire réciproquement $c=s\left(1-\frac{3f^2}{5s^2}\right)$, pourvu qu'on mette dans le second terme de l'expression de s au lieu de c, sa valeur approchée s.

Donc la flèche f est proportionnelle au poids P et au cube de la distance c.

Mais parce que la rupture tend à se faire suivant la section A, pour laquelle $x=0$, et $P(c-x)=$ maximum, l'équation (e) donnera

$$P=\frac{\beta}{c}\ldots\ldots\ldots\ldots(2)$$

ou, en admettant que l'équation de la courbe du solide à

l'instant de la rupture est encore $\partial \frac{d^2y}{dx^2} = P(c-x)$,

$$P = \frac{\beta}{8 - \frac{3f^2}{5c}} \quad \ldots\ldots\ldots\ldots (3)$$

expression dans le dénominateur de laquelle on pourra aussi changer c en 8; de sorte qu'on aura

$$P = \frac{\beta}{8\left(1 - \frac{3f^2}{5S^2}\right)}.$$

Le poids est supposé réparti uniformément sur la longueur du solide.

60 Supposons le solide chargé de manière que des poids égaux répondent à des parties égales de l'axe Ax, ou ce qui reviendra au même, de l'arc AmM, pourvu que la flexion soit comme nulle. Les coordonnées du point m par lequel passe le plan normal étant toujours x et y, soient u l'abscisse d'un point quelconque, pris entre m et M et p le poids qui répond à l'unité de longueur de l'axe Ax; il est clair que p du sera le poids supporté par l'élément dont la projection sur cet axe est du, et $p(u-x)du$ le moment de ce poids par rapport au point m. On aura donc $\partial \frac{d^2y}{dx^2} = \int_x^c p(u-x)du = p\left(\frac{1}{2}c^2 - cx + \frac{1}{2}x^2\right)$, intégrale qui se réduit à $cp.\frac{1}{2}c$, quand $x=0$, ou que le point m coïncide avec le point A. Ainsi il viendra d'abord $\partial \frac{dy}{dx} = p\left(\frac{1}{2}c^2x - \frac{1}{2}cx^2 + \frac{1}{6}x^3\right)$, $\partial y = p\left(\frac{1}{4}c^2x^2 - \frac{1}{6}cx^3 + \frac{1}{24}x^4\right)$ et

$$f = cp\frac{c^3}{8\partial}, \qquad tang\,\omega = cp\frac{c^2}{6\partial} = \frac{4f}{3c} \quad \ldots\ldots (4)$$

puis

$$\beta = cp.\frac{1}{2}c, \qquad cp = \frac{2\beta}{c} \quad \ldots\ldots\ldots\ldots (5)$$

expressions dans lesquelles cp est le poids total réparti sur la longueur du solide.

Il suit de la comparaison des valeurs (1) et (4) de f, que si le poids total cp était appliqué en M, l'abaissement f serait plus grand dans le rapport de 8 à 3; et de la comparaison des valeurs (2) et (5) de P et de cp, que le solide serait également rompu par un poids distribué uniformément sur sa longueur, et par un poids moitié moindre, suspendu à l'extrémité M.

Manière d'avoir égard au poids du solide.

61. Si le solide étant chargé d'un poids P à l'extrémité M, on veut tenir compte de son propre poids $\Pi = cp$, il suffira d'observer que les valeurs actuelles de $\partial \frac{d^2y}{dx^2}$ et par conséquent de f, tang ω et β, sont respectivement les sommes des valeurs (1), (4) et (2), (5) relatives aux charges séparées P et cp ou Π, pourvu que l'on emploie les valeurs immédiates de tang ω; de sorte qu'on a

$$f = \frac{c^3}{\partial}\left(\frac{1}{3}P + \frac{1}{8}\Pi\right), \quad \beta = c\left(P + \frac{1}{2}\Pi\right), \quad tang\,\omega = \frac{3P+\Pi}{8P+3\Pi}.\frac{4f}{c} \quad \ldots\ldots (6)$$

olide posé horizontalement sur deux appuis et chargé au milieu.

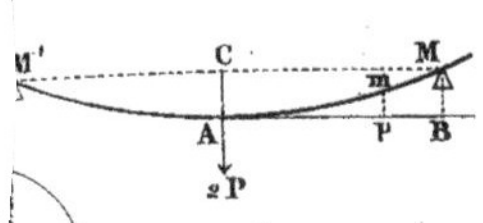

62. Quand le solide, posé librement sur deux appuis **M**, **M'** de niveau, est chargé dans son milieu **A**, les équations du N.° 59 s'appliquent à chaque moitié **AM**, **AM'** de la courbe qu'il affecte, parce qu'on peut le regarder comme encastré horizontalement en **A**. Ainsi en nommant **2P** la charge **2c**, la distance **MM'** des appuis, **2s** la longueur de la courbe entre ces appuis, **f** la flèche **AC** de cette courbe et ω l'inclinaison de la tangente en **M** ou **M'**, on aura pour **f**, tang ω, **s** et β les mêmes expressions qu'au N.° cité.

Ces expressions impliquent que la résistance des appuis est dirigée verticalement, tandis qu'abstraction faite du frottement, elle est normale à la courbe du solide : on verra dans la discussion du troisième cas de résistance, comment on pourrait, pour la flexion, avoir égard à cette circonstance. Quant à la rupture, si l'on observe que la résistance $\frac{P}{\cos\omega}$, supposée normale à la courbe **MAM'**, se décompose en deux forces **P** et **P** tang ω, respectivement parallèles aux **y** et aux **x**, la formule (**B'**) donnera

$$\beta = P(c + f \operatorname{tang}\omega) \text{ ou } \beta = cP\left(1 + \frac{3f^2}{2c^2}\right) \quad \ldots\ldots\ldots (7).$$

en admettant que la courbe du solide est élastique du N.° 59.

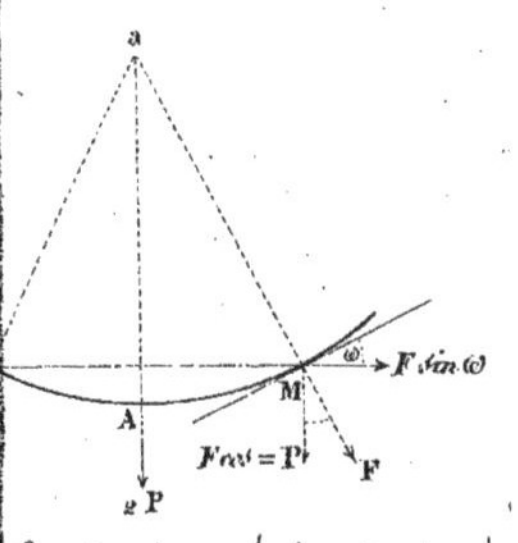

Le poids est supposé réparti uniformément sur la longueur.

63. Que le poids au lieu d'être concentré dans le milieu **A**, soit distribué uniformément sur toute la longueur du solide, chaque moitié sera dans le même état que si étant encastrée horizontalement au point **A**, elle était fléchie en même temps par le poids **cp** appliqué en **M** ou **M'**, et par une force contraire, égale au poids **p** pour chaque unité de longueur. Par conséquent, on aura $\delta \frac{d^2y}{dx^2} = cp(c-x) - p(\frac{1}{2}c^2 - cx + \frac{1}{2}x^2)$. Les valeurs de **f**, tang. ω et β sont donc les différences des valeurs immédiates (1), (4) et (2), (5), substitution faite de **cp** à **P**; d'où

$$f = cp . \frac{5c^3}{24\delta}, \quad \operatorname{tang}\omega = \frac{8f}{5c}, \quad \beta = cp . \frac{1}{2}c \quad \ldots\ldots\ldots (8)$$

Donc 1.° la flèche produite par le poids **2cp** suspendu au milieu du solide, serait plus grande dans le rapport de 8 à 5, que celle qu'il produit étant réparti uniformément sur la longueur ; 2.° le solide serait également rompu par un poids distribué uniformément sur la longueur et par un poids moitié moindre placé au milieu.

Les expressions (8) supposent la résistance de chaque appui, dirigée parallèlement aux **y**. Pour tenir compte de l'obliquité, quant à la rupture, on remarquera que cette résistance se décompose dans les forces cp et cp tang ω, parallèles aux y et aux x, de sorte que par la formule (B′), on aura

$\beta = cp.c + cpf\,tang\,\omega - cp.\frac{c}{2} = cp\left(\frac{1}{2}c + f\,tang\,\omega\right) = cp.\frac{1}{2}c\left(1 + \frac{16f^2}{5c}\right)$

d'où

$$2cp = \frac{4\beta}{c + 2f\,tang\,\omega} \text{ ou } 2cp = \frac{4\beta}{c\left(1 + \frac{16f^2}{5c^2}\right)} \cdots\cdots (9)$$

en admettant que la courbe est celle de l'équation qui a donné les expressions (8).

Ce dernier résultat revient au précédent, pourvu qu'on néglige le carré de $\frac{f}{c}$.

Manière d'avoir égard au poids du solide.

64. Lorsque le solide sera chargé à la fois d'un poids 2P au milieu et de son propre poids $2cp = 2\pi$, on trouvera, (Nos 62 et 63) en négligeant la considération de la courbure, $\lambda\frac{d^2y}{dx^2} = \cdots\cdots\cdots$ $(P+\pi)(c-x) - p\left(\frac{1}{2}c^2 - cx + \frac{1}{2}x^2\right)$.

Les valeurs de f, tang ω et β seront donc les différences des valeurs (1), (4) et (2), (5), substitution faite de P + π à P, ou plus simplement seront ce que deviennent les valeurs (6) quand on y change π en −π et P en P+π ; d'où

$$f = (8P + 5\pi)\frac{c^3}{24\lambda},\quad tang\,\omega = \frac{3P + 2\pi}{8P + 5\pi}.\frac{4f}{c},\quad \beta = (2P + \pi)\frac{c}{2} \cdots (10)$$

Mais si par rapport à la rupture, on veut considérer cette circonstance, on aura

$$\beta = (P + \pi)(c + f\,tang\,\omega) - \pi.\frac{1}{2}c;\quad 2P = \frac{2\beta - \pi(c + 2f\,tang\,\omega)}{c + f\,tang\,\omega} \cdots (11)$$

expressions dans lesquelles on pourra remplacer tang ω par la valeur (10) de cette quantité.

Des cas où la charge ne répond pas au milieu de la longueur du solide, où elle est distribuée uniformément sur une portion de cette longueur et où elle est disposée d'une manière quelconque.

65 Si le poids était suspendu à un point quelconque de la longueur du solide, toujours posé librement par ses extrémités sur deux appuis de niveau, ce point diviserait la courbe de flexion en deux parties dont chacune, soumise à la loi de continuité, aurait son équation propre et pour point de rupture, le point de suspension lui-même puisque la valeur de $\lambda\frac{d^2y}{dx^2}$, ou la courbure y serait un maximum. Regardant l'une et l'autre partie comme encastrée au point de rupture et observant qu'abstraction faite de la courbure et du frottement, les résistances des appuis équivalent aux composantes verticales du poids, on formera aisément les équations différentielles des deux courbes partielles et l'on déterminera les constantes d'intégration par les conditions qu'au point de rupture l'ordonnée et l'inclinaison de la tangente aient les mêmes valeurs pour les deux courbes.

Lorsque le solide sera chargé uniformément sur une partie donnée de sa longueur, le milieu de cette portion sera le point de rupture commun des deux parties de la courbe de flexion, lesquelles pourront être regardées l'une et l'autre comme encastrées en ce point et l'on obtiendra leurs équations particulières en suivant la marche indiquée ci-dessus.

En général, quelle que soit la disposition de la charge sur la longueur du solide, on assignera d'abord la résistance de chaque point d'appui et la position du point de rupture, lequel répond au maximum relatif de $\varepsilon \frac{d^2y}{dx^2}$ et se trouve dans la verticale passant par le centre de gravité de la charge; on formera ensuite autant d'équations différentes qu'il y aura de parties de chaque côté du point de rupture, pour lesquelles les conditions de la flexion ne pourront avoir la même expression. Les constantes introduites par l'intégration se détermineront de manière que l'ordonnée et l'inclinaison de la tangente aient les mêmes valeurs pour le point commun à deux parties consécutives.

La figure de la courbe que le solide affecte étant connue, on exprimera généralement les conditions de l'équilibre de résistance à la rupture, en égalant le moment de rupture β, à la valeur que prend $\varepsilon \frac{d^2y}{dx^2}$ pour le point de rupture, c'est-à-dire, au moment relatif à ce point, des forces qui sollicitent l'une ou l'autre des deux parties séparées par ce même point.

Solide horizontal, encastré à une des extrémités, appuyé par l'autre et chargé d'un poids.

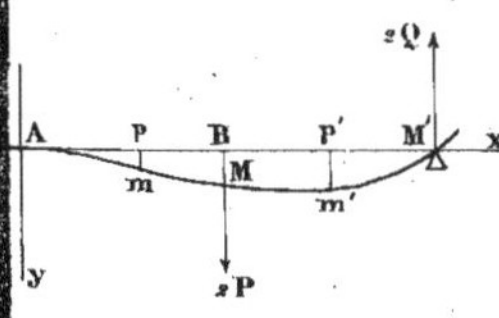

66. Considérons un solide AMM', encastré horizontalement à l'extrémité A, posé librement par l'extrémité M' sur un appui au même niveau que le point A et chargé au milieu M d'un poids 2P.

Désignons par c, 2c les distances AB, AM' et par 2Q la force égale et contraire à l'effort exercé sur l'appui M', effort qu'on ne peut trouver à priori, parce que le poids 2P est soutenu en partie par la résistance à la flexion; nous aurons premièrement pour la partie AM de la courbe du solide, $\varepsilon \frac{d^2y}{dx^2} = 2P(c-x) - 2Q(2c-x)$ et en intégrant

$$\varepsilon \frac{dy}{dx} = 2P\left(cx - \frac{x^2}{2}\right) - 2Q\left(2cx - \frac{x^2}{2}\right);\ \varepsilon y = P\left(cx^2 - \frac{x^3}{3}\right) - Q\left(2cx^2 - \frac{x^3}{3}\right).$$

Nous aurons en second lieu, pour la partie MM', $\varepsilon \frac{d^2y}{dx^2} = -2Q(2c-x)$, la force 2Q devant être affectée du signe $-$, parce qu'elle tend à diminuer les y; d'où en intégrant et déterminant les constantes par la condition que, pour $x = c$, les valeurs de $\frac{dy}{dx}$ et de y soient égales à celles qui résulteraient des équations précédentes,

$$\varepsilon \frac{dy}{dx} = Pc^2 - Q(4cx - x^2),\ \varepsilon y = P\left(c^2x - \frac{c^3}{3}\right) - Q\left(2cx^2 - \frac{x^3}{3}\right).$$

De ce que cette dernière équation doit donner $y=0$, pour $x=2c$, on conclut

$$2Q=\frac{5}{8}P,$$

c'est la valeur de l'effort exercé sur le point d'appui M'. Sa substitution dans la même équation et dans l'expression de $\frac{dy}{dx}$ égalée à zéro, fait connaître la valeur de l'abscisse e du point dont l'ordonnée est la plus grande et la valeur de cette ordonnée ou de la flèche f de la courbure, valeurs qui sont

$$e=2c\left(1-\frac{1}{\sqrt{5}}\right),\quad f=\frac{P}{\varepsilon}\,\frac{c^3}{3\sqrt{5}}\;\ldots\ldots\;(1)$$

et dans la première desquelles le radical est pris avec le signe $-$, parce que e est moindre que $2c$.

Au point A, on a $\varepsilon\frac{d^2y}{dx^2}=c\frac{6F}{8}$ et au point M, $\varepsilon\frac{d^2y}{dx^2}=c\frac{5P}{8}$. c'est au premier de ces points que la courbure est la plus grande ou que le solide tend à se rompre; ainsi l'équation de l'équilibre de résistance à la rupture est

$$\beta=P\frac{3c}{4};\quad P=\frac{4\beta}{3c}\;\ldots\ldots\ldots\;(2)$$

La comparaison de la valeur de f avec celle du No. 62, montre que, pour un même poids, les flèches de courbure, quand le solide est encastré à une extrémité ou posé librement sur deux appuis, sont dans le rapport de 1 à $\sqrt{5}$. L'ordonnée du milieu de la longueur, où le poids se trouve, est $y'=\frac{P}{\varepsilon}\,\frac{7c^3}{48}$, c'est-à-dire les $\frac{7}{16}$ de ce qu'elle était (No. 62).

La formule (2) prouve qu'à force égale, le solide peut supporter un poids plus grand dans le rapport de 4 à 3, que si chacune de ses extrémités posait librement sur un appui (No. 62).

Solide encastré par les deux extrémités et chargé d'un poids en son milieu.

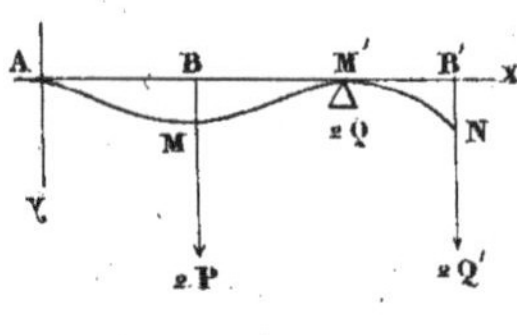

67. Que le solide, chargé au milieu M d'un poids $2P$, soit encastré horizontalement par ses deux extrémités A et M'; on pourra, sans changer son état d'équilibre, supposer qu'il porte librement sur un appui par l'extrémité M', et que prolongé au-delà, jusqu'à un point quelconque N, il soutient en ce point une charge telle que la tangente en M' à la courbe qu'il affecte est horizontale. Désignant donc par c, $2c$, γ les distances AB, AM', AB'; par $2Q$ la force égale et contraire à l'effort exercé sur l'appui M' et par $2Q'$ le poids suspendu en N; nous aurons d'abord, pour la portion AM de la courbe du solide, $\varepsilon\frac{d^2y}{dx^2}=2P(c-x)-2Q(2c-x)+2Q'(\gamma-x)$, et en intégrant,

$$\varepsilon\frac{dy}{dx}=P(2cx-x^2)-Q(4cx-x^2)+Q'(2\gamma.x-x^2),\quad \varepsilon y=P(cx^2-\tfrac{1}{3}x^3)-Q(2cx^2-\tfrac{1}{3}x^3)+Q'(\gamma x^2-\tfrac{1}{3}x^3)\;\ldots(1)$$

Nous aurons ensuite pour la portion MM' de la courbe, $\varepsilon\frac{d^2y}{dx^2}=-2Q(2c-x)+2Q'(\gamma-x)$, et en déterminant les constantes d'intégration de manière que, pour $x=c$, les valeurs de $\frac{dy}{dx}$ et y

soient égales à celles qui résulteraient des équations précédentes (1).

$$\varepsilon\frac{dy}{dx}=Pc^2-Q(4cx-x^2)+Q'(2\gamma x-x^2),\ \varepsilon y=P(c^2x-\tfrac{1}{3}c^3)-Q(2cx^2-\tfrac{1}{3}x^3)+Q'(\gamma x^2-\tfrac{1}{3}x^3)\ldots\ (2)$$

Or, le coefficient $\frac{dy}{dx}$ et l'ordonnée y doivent être nuls au point M', qui répond à $x=2c$; d'où l'on conclut.....

$$Pc-4Qc+4Q'(\gamma-c)=0,\quad 5Pc-16Qc+4Q'(3\gamma-2c)=0,\ \text{et}$$

$$Q=P\frac{2\gamma-3c}{4(\gamma-2c)};\quad Q'=P\frac{c}{4(\gamma-2c)};$$

valeurs dont la substitution dans les équations (1) et (2) fera connaître la figure du solide, indépendamment de γ qui disparaîtra de lui-même.

Substituant dans la 2e équation (1), on a, pour la première moitié de la courbe,

$$\varepsilon y=P\left(\frac{cx^2}{4}-\frac{x^3}{6}\right)$$

et l'on trouve que, par les mêmes substitutions, la 2e équation donne, pour la seconde moitié, une figure symétrique de celle de la première.

L'ordonnée du milieu de la courbe ou la flèche de courbure, est

$$f=\frac{P}{\varepsilon}\,\frac{c^3}{12}\ \ldots\ldots\ (3)$$

c'est-à-dire, le quart de celle qu'on a trouvée (N.° 62), quand le solide était posé librement sur deux appuis.

Dans cette hypothèse sur la position du poids $2P$, la courbure est la plus grande aux deux extrémités et au milieu du solide, qui tend à se rompre en même temps à ces trois points; par conséquent l'équation de l'équilibre de résistance à la rupture est

$$\beta=P\frac{c}{2};\ \text{d'où}\ P=\frac{2\beta}{c}\ \ldots\ldots\ (4).$$

Ainsi le poids supporté par le solide encastré à ses deux extrémités, est double de celui que ce solide supporte (N.° 62), lorsqu'il est simplement appuyé.

olide supporté par trois ou par un plus rand nombre de points d'appui.

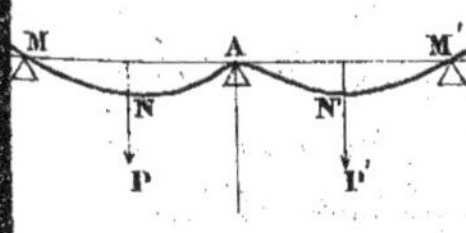

68. On sait que si une ligne inflexible, chargée de poids, s'appuie sur plus de deux points, les pressions que les points d'appui peuvent supporter sont indéterminées, mais entre des limites assignables par les principes de la statique; il n'en est pas de même lorsque la ligne est élastique: alors l'indétermination cesse tout-à-fait. Nous nous proposerons une des plus simples questions de ce genre.

Un solide posé horizontalement sur trois points d'appui, qui répondent au milieu A et aux extrémités M, M' de sa longueur, supporte des poids P, P' dans les milieux N, N' de ses deux moitiés; il s'agit de déterminer les pressions que les appuis souffrent et la figure que le solide affecte. Désignons par c la demi-longueur AM ou AM'; par p, q, q' les résistances des appuis A, M, M' et par ω l'angle que fait avec l'axe Ax, la tangente à la courbe au point A.

L'équilibre absolu ou de situation (N.° 39) exige 1.° que la somme des forces tant actives que passives se réduise à zéro; 2.° que la somme des moments de ces forces par rapport à un point quelconque, savoir: le point A, soit nulle; ce qui donne

$$P+P'=p+q+q'; \quad P-P'=2(q-q') \ldots\ldots\ldots (1)$$

Regardant ensuite le solide comme encastré en A, on formera aisément les équations distinctes des parties AN, NM, et quant à celle-ci, on déterminera les constantes d'intégration, par la condition que les valeurs de $\frac{dy}{dx}$ et y, relatives à $x=\frac{c}{2}$ soient égales pour les deux parties.

De ces équations, on déduira celles des parties AN', N'M', par la substitution de P' à P, de q' à q et le changement du signe de tang ω, et si l'on pose simultanément $y=0$, $x=c$, dans les équations finies des parties NM, N'M, on aura, entre les quantités tang ω, q et q', deux équations qui, avec les deux précédentes, détermineront ces trois quantités et la quatrième p, lesquelles, excepté la première, seront indépendantes de δ ou de la flexibilité du solide.

C'est au point A que la courbure sera la plus grande ou que le solide tendra à se rompre; de là l'équation de l'équilibre de résistance à la rupture.

En faisant P'=P, on retombera sur les résultats du N.° 66.

Usage des formules obtenues

69. Les formules qui viennent d'être exposées serviront à déterminer la résistance qu'opposent à la flexion ou à la rupture, les corps horizontaux, appuyés ou encastrés par leurs extrémités et sollicités par des forces perpendiculaires à leur longueur.

Pour appliquer ces formules à un solide proposé, il faudra y substituer à la place de δ ou de β, les expressions du moment d'élasticité et du moment de rupture, convenables à la figure de la section transversale du solide. On attribuera ensuite aux constantes A et B, c'est-à-dire, aux coefficients d'élasticité et de rupture, qui entrent dans ces expressions, les valeurs propres à la nature du solide et qui doivent être déterminées par l'expérience. On appréciera ainsi, soit le degré de flexion sous une charge donnée, soit la charge qui pourrait causer la rupture.

De la détermination des coefficients d'élasticité et de ténacité ; formules.

70. Les expériences les plus propres à la détermination des coefficients A et B, consistent à placer horizontalement un solide prismatique sur deux appuis, à le charger au milieu par des poids de plus en plus grands et à observer ou la flèche de courbure produite par chaque poids ou seulement le poids et la flèche de courbure, sous lesquels la rupture est près de s'opérer.

Lorsque la section transversale sera un rectangle d'une largeur a et d'une hauteur b, on aura (N.° 50) $\alpha = A\frac{ab^3}{12}$, $\beta = B\frac{ab^2}{6}$; puis par la théorie de la résistance, et abstraction faite du poids du solide, $f = 2P\frac{(2c)^3}{48\alpha}$, $\beta = cP\left(1+\frac{3f^2}{2c^2}\right)$; d'où résulte, quant à la flexion,

Eu égard non au poids — non à la courbure … flexion

$$A = 2P\frac{(2c)^3}{4ab^3f} \quad \text{. . . . . (1)}$$

et quant à la rupture,

à la courbure … rupture

$$B = 2P\frac{3c}{ab^2}\left(1+\frac{3f^2}{2c^2}\right) \quad \text{. . . . . (2)}$$

$2c$ étant l'intervalle des appuis et $2P$ le poids posé sur le milieu de longueur du solide.

Si l'on veut avoir égard au poids 2π du solide, il faut, suivant ce qu'on a vu (N.° 64), ajouter $\frac{5}{8}\cdot 2\pi$ à $2P$ dans la formule (1) et employer l'expression (11) de β, donnée dans le N.° cité, on aura ainsi, pour la flexion.

Eu égard au poids — non à la courbure … flexion

$$A = \left(2P + \frac{5}{8}\cdot 2\pi\right)\frac{(2c)^3}{4ab^3f} \quad \text{. . . . . (3)}$$

et pour la rupture,

à la courbure … rupture

$$\text{tang}\,\omega = \frac{3P+2\pi}{8P+5\pi}\,\frac{4f}{c}, \quad B = \frac{(2P+2\pi)(c+f\,\text{tang}\,\omega) - c\pi}{\frac{1}{3}ab^2} \quad \text{. . . (4)}$$

Quand les solides auront peu de longueur ou ne prendront qu'une petite flèche de courbure à l'instant de la rupture, on pourra négliger dans l'expression (2) de B et dans celle qui provient de l'élimination de $\text{tang}\,\omega$, entre les formules (4), le terme du second ordre $\frac{f^2}{c^2}$, introduit par la considération de cette courbure, ce qui revient à faire $\text{tang}\,\omega = 0$ dans l'expression (4) de B. On aura donc, selon qu'on fera ou non abstraction du poids du solide, pour la rupture

A part la courbure — et le poids

$$B = 2P\,\frac{3c}{ab^2} \quad \text{. . . . . (5)}$$

ou non le poids

$$B = (2P+\pi)\,\frac{3c}{ab^2} \quad \text{. . . . . (6)}$$

Ainsi qu'on le trouverait directement (N.os 61 et 64).

Résultats des principales expériences sur la résistance des corps pressés transversalement ; 1.° à la flexion.

71. Nous rapporterons d'abord les résultats des expériences concernant la flexion, qui doivent servir à déterminer les valeurs du coefficient A, relativement à divers corps. Pour obtenir ces valeurs avec précision, il faut que la flexion ait été fort petite ; car dès que l'extension ou la compression des fibres, approche du terme

de la rupture, la résistance de ces fibres peut cesser d'être exactement proportionnelle à leur allongement ou leur accourcissement, comme on l'a supposé (Nos 17 et 18); ce qu'on exprime en disant que l'élasticité est altérée.

Bois. 72. Résultats des expériences de Duhamel (Académie des sciences, 1764), concernant la flexion de pièces de Chêne, posées horizontalement sur deux appuis et chargées au milieu de la longueur. La distance des appuis est 23pi et la charge 7591lb.

Largeur des Pièces	hauteur des Pièces	Flèche de Courbure
pouces 10	pouces 9 . „	3pou ½
10	11 ½	2 ½
12	13 .	1 .

En employant la formule (3) du No. 70, on conclut de ces expériences, que la valeur moyenne du coefficient A, pour le bois de chêne est

$$A = 1\,012\,000\,000^{kg} \quad \ldots\ldots\ldots \quad (1)$$

le mètre et le kilogramme étant les unités de longueur et de poids.

Il en résulte qu'une pièce de chêne, supportant une tension longitudinale de 1^{kg} sur chaque millimètre carré, s'allonge de $\frac{1}{1012}$.

Résultats moyens des expériences faites par Mr. Ch. Dupin, (Journal de l'École Polytechnique, 17e cahier), sur diverses espèces de bois. L'intervalle des appuis était de 1m.

Bois soumis à l'expérience	Largeur des Pièces	hauteur des Pièces	Charge au milieu	Flèche de Courbure
	mètre	pièces	kilogr.	mètre
Chêne de démolition, 25 ans de coupe	0, 03	0, 03	4, „	0, 00585
Cyprès, un an de coupe	0, 03	0, 03	4, „	0, 0072
hêtre, un an de coupe	0, 03	0, 03	4, „	0, 0089
Sapin de démolition, 25 ans de coupe	0, 03	0, 02	2, „	0, 016
	0, 02	0, 03	2, „	0, 0072
	0, 02	0, 01	0, 5	0, 047
	0, 01	0, 02	0, 5	0, 0112
	0, 03	0, 01	1, „	0, 0801
	0, 01	0, 03	1, „	0, 007
	0, 05	0, 02	10, „	0, 0305
	0, 02	0, 05	10, „	0, 005

La première expérience, sur le bois de chêne donna pour le coefficient A, la valeur

$$A = 1\,688\,000\,000^{kg} \ldots\ldots\ldots\ldots (2).$$

Les expériences sur le bois de sapin donnent moyennement,

$$A = 1\,029\,000\,000^{kg} \ldots\ldots\ldots\ldots (3).$$

Résultats moyens des expériences faites sur des pièces de bois de Chêne et de sapin, par M.r Rondelet (Tome 4, page 514). L'équarrissage était de 1.po

Bois soumis à l'expérience	Intervalle des appuis	Charge au milieu	Flèche de Courbure
	pouces	livres	lignes
Chêne . . .	42 .	100	11, 5
Sapin . . .	42	100	11, „ .

Il suit de ces expériences que la valeur moyenne du coefficient A, pour le chêne et pour le sapin, est environ

$$A = 1\,300\,000\,000^{kg} \ldots\ldots\ldots\ldots (4)$$

Fer forgé.

73. Le tableau suivant est formé d'après les expériences faites par M.r Duleau (Essai théorique &c.a) sur des pièces de fer forgé, posées horizontalement et chargées au milieu. Les résultats sont ramenés par le calcul à la charge constante de 10.kg

Pièces soumises à l'expérience	Intervalle des appuis	Largeur des Pièces	hauteur des Pièces	Flèche de Courbure.
	mètres	millimètres	millimet.	millimet.
Fer du Périgord. La section transversale est un triangle équilatéral, de 0,m038 de côté	3, . . .	. . . . .	. . . . .	. 7, 6
(La flèche est la même en posant la pièce sur une face ou une arête)				
Fer du Périgord	1, . . .	61, . .	5, 5 .	12, 57
Même pièce	0, 5 . .	61, . .	5, 5	1, 71
Fer d'Angleterre, tel qu'il sort des grosses forges	3, 035	34, . .	8, 56	136, . .
Même pièce	3, 075	8, 56	34, . .	13, 5
Fer du Périgord	2, . . .	30, . .	11, . .	24, . .
Même pièce	1, . . .	30, . .	11, . .	3, . .
Fer du Périgord, doux (destiné pour des fers de chevaux)	2, . . .	70, . .	11, 2	9, 5
Fer du Périgord	1, . . .	68, . .	11, .	1, 5
id (tel qu'on l'a trouvé dans la forge)	2, . . .	45, . .	12, .	12, .
Fer du Périgord	2, . . .	40, . .	11, 5	21, . .
Même pièce	1, . . .	40, . .	11, 5	2, 5 .
Même pièce	2, . . .	11, 5	40, .	1, 67

Fer du Périgord (tel qu'on l'a trouvé dans la forge)	3, . . .	77, . .	14, . .	14, . .
Fer d'Angleterre, marqué B (tel qu'on l'a trouvé dans la forge)	1, 5 . .	67, 8.	14, 7.	2, . .
Fer de Périgord	3, . . .	25, . .	15, . .	37, . .
Même pièce	3, . . .	15, . .	25, . .	14, . .
Fer du Périgord	1, . . .	58, . .	16, 3.	0, 57
— id	3, . . .	39, . .	19, 6	10, 8.
Même pièce	3, . . .	19, 6.	39, . .	2, 8
Fer du Périgord	2, . . .	60, . .	20, . .	2, . .
— id	3, . . .	60, . .	20, . .	6, 6.
Même pièce	3, . . .	20, . .	60, . .	0, 75
Fer du Périgord	5, . .	120, . .	20, . .	15, . .
Fer des Landes	2, . .	120, . .	21, . .	1, . .
Fer du Périgord	3, . .	39, . .	24, 5.	6, . .
Même pièce	3, . .	24, 5	39, . .	2, 33
Fer du Périgord (tel qu'on l'a trouvé dans la forge)	3, . .	67, . .	26, . .	2, 3.
Fer du Périgord	5, . .	108, . .	30, . .	4, 75
Même pièce	5, . .	30, . .	108, . .	0, 4.
Fer du Périgord	2, 92	31, . .	31, . .	3, . .
La même pièce posée sur une arête	. . . . .	. . . . .	. . . . .	3, 35
		Diamètre en millimètre		
Fer rond de l'Arriège; (tel qu'il sort des grosses forges)	3, 69	21, 49		48, 25
— id	2, 99	21, 51		27, 5
Fer rond, Anglais — id	2, 935	23, 52		18, . .
Fer rond de l'Arriège — id	2, 92.	26, 82		10, . .
Fer rond de Bilbao, très-doux	2, 92.	31, 8		5, . .

Il résulte généralement de ces expériences (page 54 de l'ouvrage cité) que la valeur moyenne du coefficient A, qui convient au fer forgé est

$$A = 20\,000\,000\,000^{kg} \ldots\ldots\ldots (1)$$

le mètre et le kilogramme étant toujours les unités de longueur et de poids.

Si avec cette donnée on calcule par la formule (3) du N°. 70, les flèches de courbure; les plus grandes différences entre le calcul et l'expérience ne dépassent pas $\frac{1}{4}$ en plus ou en moins.

On conclut du résultat général (1) qu'une pièce de fer forgé, supportant une tension de 1^{kg} sur chaque millimètre carré de la section transversale s'allonge de $\frac{1}{20000}$.

Aciers. 74. Résultats moyens des expériences du même Auteur, sur des pièces d'acier, posées horizontalement et chargées au milieu.

Les flèches de courbure répondent, comme dans le tableau précédent, à une charge de 10 Kilogrammes.

Pièces soumises à l'expérience.	Intervalle des Appuis	Longueur des Pièces	hauteur des Pièces	Flèche de Courbure
	mètre	millim.	millim.	millim.
Acier fondu d'Angleterre, marqué huntsman	0,98	13,3	5,9	32,05
Même pièce	0,98	5,9	13,3	8,4
Acier de cémentation, d'Allemagne, marqué Fortsman, pour des rasoirs	0,68	14,5	7,8	8,0
Même pièce	0,68	7,8	14,5	2,1
Acier de même espèce	1,845	25,7	21,6	2,8
Même pièce	1,845	21,6	25,7	2,2
Acier de même espèce	1,845	28,5	21,9	2,6
Même pièce	1,845	21,9	28,5	1,8
Acier de même espèce	1,35	54,8	25,5	0,55
Même pièce	1,35	25,5	54,8	0,27
Acier de même espèce	1,35	52,0	26,6	0,5
Même pièce	1,35	26,6	52,0	0,3

Selon ces expériences, la résistance de l'acier à la flexion est moindre que celle du fer et les résultats offrent moins de régularité.

Fer fondu.

75. Résultats moyens des expériences faites par Mr. Rondelet (tom. IV, page 514), sur des barres de fer fondu, posées horizontalement et chargées au milieu. Toutes ces barres ont 1P°. d'équarrissage.

Pièces soumises à l'expérience	Intervalle des Appuis	Charge au milieu	Flèche de courbure
	pouces	livres	lignes
Fonte grise	42	312	5,5..
Fonte douce	42	312	4,6..
Fonte grise	21	450	1,0
Fonte douce	21	450	0,875

La valeur moyenne du coefficient A, résultante des expériences sur la fonte grise, est

$$A = 9\,009\,000\,000^{kg} \ldots\ldots\ldots (1)$$

et celle qui résulte des expériences sur la fonte douce est

$$A = 10\,653\,000\,000^{kg} \ldots\ldots\ldots (2)$$

...ltats des principales expériences sur ...istance des corps chargés transversa-...t; 2°. à la rupture — Bois

76. Exposons maintenant les résultats des expériences qui concernent la rupture des corps pressés perpendiculairement à leur longueur et au moyen desquelles on peut déterminer les valeurs du coefficient **B**.

Le tableau suivant présente les résultats moyens des expérienc de Buffon (histoire naturelle, partie expérimentale, 11e Mémoire) sur le bois de chêne nouvellement abattu. L'intervalle des appuis, que nous avons désigné dans la théorie par 2c était moindre de $\frac{1}{12}$ qu les longueurs des pièces.

Equarrissage des Pièces	Longueur des Pièces	Poids des Pièces	Charge au milieu, qui a rompu	Flèche à l'instant de la rupture	
pou.	pieds	liv.	liv.	po	lig.
4	7	58	5312	4	0
	8	66	4550	4	2
	9	74	4025	5	2
	10	83	3612	6	2
	12	99	2987	7	0
5	7	92	11525	2	6
	8	101	9787	2	9
	9	116	8308	3	3
	10	130	7125	3	10
	12	155	6075	5	8
	14	177	5300	8	1
	16	207	4350	8	1
	18	232	3700	8	1
	20	261	3225	9	5
	22	281	2975	11	3
	24	309	2162	12	3
	28	362	1775	20	0
6	7	127	18950	..	..
	8	148	15525	2	5
	9	165	13150	2	8
	10	187	11250	3	3
	12	223	9100	4	1
	14	255	7475	4	4
	16	293	6362	5	8
	18	333	5562	7	11
	20	376	4950	9	2
7	8	203	26050	2	8
	9	226	22350	3	0
	10	253	19475	2	10
	12	302	16175	3	2
	14	351	13225	3	11
	16	405	11000	5	0
	18	452	9245	5	8
	20	503	8375	8	2
8	10	331	27750	2	8
	12	396	23450	3	0
	14	460	19775	3	6
	16	526	16375	4	6
	18	594	13200	4	8
	20	662	11487	6	3

En calculant la valeur de **B** par la formule (4) du N°. 70, au moyen des données de l'expérience sur une pièce de 6^{po} d'équarrissage et de 10^{pi} de longueur, on trouve

$$B = 5\,862\,000^{kg} \quad \ldots\ldots \quad (1).$$

Les valeurs de **B** résultant de toutes ces expériences ne présentent que des différences qui peuvent être attribuées à la diversité des qualités de bois, ou aux erreurs des observations. Il n'en serait pas de même, si l'on négligeait le poids des pièces et la considération de la courbure.

Expériences de Bélidor (Science des Ingénieurs, page 318) sur des barreaux de bois de Chêne.

Largeur des Pièces	Epaisseur	Distance des appuis	Charge au milieu, qui rompt	Observations.
1 pouce	1 pouce	18 pou.	406 liv.	Non encastrée aux extrémités.
1	1	18	608	Encastrée aux deux extrémités
2	1	18	805	Non encastrée
1	2	18	1580	id
1	1	36	187	id
1	1	36	283	id
2	2	36	1585	id
20 lignes	28 lignes	36	1660	id

Expériences faites par M^r. Rondelet (Tome 4, page 71 et 514), sur des barreaux en bois de chêne et de sapin.

Indication des Bois	Largeur des Pièces	Epaisseur des Pièces	Intervalle des appuis	Charge au milieu, qui rompt	Flèche à l'instant de la rupture
Chêne	2 pou.	2 pou.	24 pou.	2304 liv.	lignes "
	2	2	18	3105	"
	2	3	24	5123	"
	3	2	24	3475	"
	1	1	42	312	22
	1	1	21	585	7
Sapin	1	1	42	281	22

77. Résultats moyens des expériences faites au Creusot, par Ramus, (Sidérotechnie d'Hassenfratz, tome 1, page 47). Les barreaux ont 0^m,0812 d'équarrissage. Ils sont encastrés à une extrémité. Le poids qui cause la rupture a un bras de levier de 2^m,11

Fonte mise en expérience.	Charge qui rompt
	Kilog
Fonte blanche du creusot, 1ère fusion	586
Fonte grise du creusot, 1ère fusion	895
Résultat moyen donné par des fontes grises de divers pays, 2ème fusion	873
Fonte grise du creusot, 2ème fusion	911

La formule (6) du N.° 70, c'est-à-dire,

$$B=(2P+\Pi)\frac{3c}{ab^2};$$

appliquée au résultat moyen des expériences sur les fontes grises, donnera

$$B=22\ 460\ 000^{Kg} \ldots\ldots (1)$$

Mais cette valeur est un peu incertaine, parce que les expériences ne font pas connaître avec précision la longueur du bras de levier et parce qu'on néglige l'effet de la courbure de la pièce.

Résultats des diverses expériences faites à l'Ecole des Ponts et Chaussées, et rapportées par M.r Gauthey (Traité de la construction des Ponts, tome 2, page 150).

Equarrissage des Pièces	Intervalle des Appuis	Charge au milieu, qui rompt	Nombre proportionnel à la résistance
mèt.	mèt.	Kilog	
0,0271	0,122	3143	19,3
0,0271	0,244	1943	23,9
0,0541	0,244	9178	14,1
0,0541	0,353	5752	12,8
0,0541	0,244	13006	20,0
0,0541	0,487	7250	22,2

Les nombres de la dernière colonne, multipliés par 1 500 000 donneront les valeurs du coefficient B, dont la moyenne est

$$B=28\ 100\ 000^{Kg} \ldots\ldots (2)$$

Expériences faites par M.r Rondelet (tome IV, page 314). Les barreaux ont 1.po d'équarrissage.

Fonte mise en expérience	Distance des appuis	Charge au milieu, qui rompt	Charge moyenne	Flèche à l'instant de la rupture
Fonte grise	42 pou.	450 liv.	450 liv.	6,25 lig.
id	. .	450		6,75
Fonte douce	42	650	656	15,75
id	. .	1062		14,..
id	. .	350		4,25
id	. .	561		10,5
Fonte grise	21	540	795	1,..
id	. .	1050		2,..
Fonte douce	21	1650	1461	5,25
id	. .	1272		2,..

La valeur du coefficient B, déduite du résultat moyen des expériences sur la fonte grise, est

$$B = 17\,973\,000^{Kg} \ldots\ldots\ (3)$$

et sur la fonte douce

$$B = 29\,420\,000^{Kg} \ldots\ldots\ (4)$$

On peut juger par ces résultats que la résistance du fer fondu à la rupture est environ quatre fois plus grande que celle du bois de chêne.

Il n'existe pas d'expériences concluantes sur la résistance du fer forgé à la rupture causée par un effort dirigé perpendiculairement à la longueur des pièces.

On trouve dans le Journal de Physique, année 1774, quelques expériences de Mr. Gauthey, sur la résistance de la pierre et de la brique à la rupture produite par un effort qui s'exerce perpendiculairement à la longueur des solides, et dans les recherches de Mr. Vicat, sur les chaux de construction, de semblables expériences concernant diverses espèces de mortier.

Les Annales de Physique et de Chimie (Tome IX, septembre, 1818) offrent aussi les résultats d'un grand nombre d'expériences faites en Angleterre, par Mr. G. Rennie, sur les différents genres de résistance des corps de diverses natures.

Remarques sur la théorie de la Résistance à la rupture.

78. La théorie de la résistance des solides à la rupture sous un effort dirigé transversalement, est fondée (Nos. 17 et 18) sur l'hypothèse que les résistances des fibres, à l'instant de la rupture, sont encore proportionnelles aux extensions ou contractions de ces fibres, et égales pour des extensions et contractions égales.

Alors la position de l'axe d'élasticité, suivant lequel le plan de la section coupe la surface cylindrique des fibres de longueur invariable, est déterminée par les formules (a) et (b) du N.º 42; en sorte que cet axe répond au milieu de la hauteur de la section, quand il en partage la figure en deux parties symétriques, comme dans le rectangle et le cercle.

Si cette hypothèse s'accordait exactement avec les phénomènes réels, les valeurs du coefficient B, trouvées dans les deux N.ºs précédents, ne différeraient point des résultats obtenus par les expériences directes sur la rupture des corps, produite par extension ou par écrasement. La différence, lorsqu'il en existe une, doit être attribuée à ce que les fibres des corps n'opposant pas, dans le moment de la rupture, à l'extension et à la compression, des résistances égales, l'axe d'élasticité change de position, et l'expression du moment de rupture ne s'accorde pas avec le véritable état du solide.

Une expérience remarquable, imaginée par Duhamel, manifeste cette circonstance: elle consiste à scier transversalement une pièce de bois, du côté de la face qui devient concave dans la flexion et à remplir le trait de scie par une cale de matière dure. La force de la pièce augmente un peu, quand le trait de scie pénètre jusqu'à $\frac{1}{3}$ de l'épaisseur; elle est la même, quand il pénètre jusqu'à $\frac{1}{2}$ environ et elle est un peu diminuée quand il pénètre jusqu'à $\frac{3}{4}$.

Quoi qu'il en soit, les principaux résultats de la théorie subsistent pleinement; c'est-à-dire, que les résistances des bases rectangulaires sont proportionnelles à la largeur et au carré de l'épaisseur et que les résistances des bases de figures semblables le sont au cube des dimensions homologues. Mais pour des bases de figures diverses, les rapports des résistances seraient changés. Au reste, on n'a pas à calculer, dans les applications, les résistances respectives des corps considérés à l'état voisin de la rupture; on les considère plutôt à un état de flexion légère, qui n'a point altéré leur élasticité et alors les résultats théoriques conviennent sensiblement à la manière dont la résistance s'exerce.

De la résistance des Solides posés verticalement et chargés sur l'extrémité supérieure.

Cas de la résistance des solides à la xion et à la rupture qui en provient; ide posé verticalement et chargé n l'extrémité supérieure.

79. Lorsqu'un solide d'une certaine longueur relativement aux dimensions de la section transversale est pressé suivant son axe, on observe qu'il fléchit avant de rompre, si la pression est suffisante. Pour exprimer en ce cas, les conditions de l'équilibre de résistance à la flexion et à la rupture qui en provient, nous ferons $Y=0$, $Y'=0$ et, pourvu que la flexion soit petite, $\frac{dy^2}{dx^2}=0$, dans les équations générales (B) et (B') qui se réduiront à

$$\alpha\frac{d^2y}{dx^2}=Xy\ldots\ldots(f),\qquad \beta=Xy\ldots\ldots(g).$$

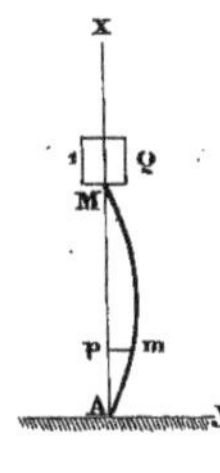

Considérons un solide appuyé par l'extrémité inférieure A sur un plan horizontal inébranlable, et chargé d'un poids Q sur l'extrémité supérieure M, laquelle se trouve avec l'autre dans la même verticale AM: nous aurons $X=-Q$, et parce que les signes de y et de l'expression du rayon de courbure doivent être changés

$$-\alpha\frac{d^2y}{dx^2}=Qy,\qquad \beta=Qy.$$

Multipliant la première de ces équations par $2dy$ et intégrant, on trouve d'abord $-\alpha\frac{dy^2}{dx^2}=Qy^2+C$. Soit f la valeur de y, qui répond à $\frac{dy}{dx}=0$, c'est-à-dire, la plus grande ordonnée de la courbe, ou la flèche de courbure; il viendra $\frac{dy}{\sqrt{f^2-y^2}}=dx\sqrt{\frac{Q}{\alpha}}$; intégrant de nouveau et observant que $x=0$, $y=0$ simultanément, on obtient l'équation

$$y=f\sin.x\sqrt{\frac{Q}{\alpha}}.$$

Désignons par c la distance AM et par K un nombre entier quelconque; comme on doit avoir $y=0$ pour $x=c$, il faudra, si f n'est pas nul, que la relation $c\sqrt{\frac{Q}{\alpha}}=K\pi$, soit satisfaite; d'où

$$Q=K^2\pi^2\frac{\alpha}{c^2}\ldots\ldots(1),\qquad y=f\sin.K\pi\frac{x}{c}\ldots\ldots(2)$$

Appelant s la longueur donnée de la courbe AmM, cherchons l'expression f en fonction de s et des autres données; nous aurons $s=\int dx\sqrt{1+\frac{dy^2}{dx^2}}=\int dx\left(1+\frac{1}{2}\frac{dy^2}{dx^2}-\&c^a\right)$; or, l'équation (2) donne

$$\frac{dy}{dx}=K\pi\frac{f}{c}\cos.K\pi\frac{x}{c},\ \text{ou}\ \frac{dy^2}{dx^2}=K^2\pi^2\frac{f^2}{2c^2}\left[1+\cos.2K\frac{x}{c}\right];$$ donc

en négligeant les puissances de $\frac{dy}{dx}$, supérieures à la seconde, intégrant depuis $x=0$ jusqu'à $x=c$ et remarquant que $\sin 2K\pi=0$, quel que soit le nombre entier K, on aura cette seconde relation

$$s=c\left[1+\left(K\pi\frac{f}{2c}\right)^2\right].\ \ldots\ldots(3)$$

de laquelle, en négligeant la quatrième puissance de $\frac{f}{2c}$, on tire $\frac{s^2}{c^2} = 1 + K^2\pi^2 \frac{f^2}{2c^2}$; d'où

$$f^2 = \frac{2s^2}{K^2\pi^2}\left(1 - \frac{c^2}{s^2}\right) \ldots\ldots (4)$$

ou, en substituant pour c^2 la valeur tirée de la relation (1),

$$f^2 = \frac{2s^2}{K^2\pi^2}\left(1 - \frac{\alpha K^2\pi^2}{Q s^2}\right) \ldots\ldots (5).$$

Or, 1° la moindre valeur dont K soit susceptible est l'unité ainsi, tant qu'on aura $Q < \frac{\alpha\pi^2}{s^2}$, la valeur de f sera imaginaire, c'est-à-dire que le solide ne pourra être maintenu courbé et reviendra à la forme rectiligne. On est donc condu à cette conséquence singulière que la force ou le poids Q doit surpasser la quantité $\frac{\alpha\pi^2}{s^2}$ pour que le corps, considéré phys quement, puisse subir une flexion aussi petite qu'on voudra.

Limite des poids qu'un solide vertical peut supporter sans fléchir.

80. Cette quantité

$$\frac{\alpha\pi^2}{s^2} \ldots\ldots (C)$$

qui constitue la limite des poids qu'un corps peut supporter san fléchir est en raison directe du moment d'élasticité et inverse du carré de la longueur; loi remarquable qui s'accorde par faitement avec l'observation (*)

Quand le poids Q excédera un peu la limite dont il s'ag le corps pourra être maintenu courbé: on aura $Q > \frac{\alpha\pi^2}{s^2}$; $1 > \alpha\frac{\pi^2}{Q s^2}$; $1 - \alpha\frac{\pi^2}{Q s^2} = \delta^2$, δ étant une quantité réelle et très petite; on satisfait à l'équation (5) par les valeurs simultané

$$K = 1,\ f = \frac{s\sqrt{2}}{\pi}\delta \ldots\ldots (6)$$

et l'équation (2) de la courbe devient

$$y = \frac{s\sqrt{2}}{\pi}\delta \sin.\frac{\pi}{c}x \ldots\ldots (7)$$

A mesure que Q et par conséquent δ croîtront, la flexion du corps augmentera; en sorte que la véritable courbe diffé rera de plus en plus de celle qu'exprime l'équation (7) q n'est qu'approchée et qui suppose la flexion très-petite.

2° Dès que Q sera devenu un peu plus grand que la quantité $4\frac{\alpha\pi^2}{s^2}$, ou qu'on aura $1 - 4\frac{\alpha\pi^2}{Q s^2} = \delta'^2$, δ' étant u quantité réelle et très-petite, on satisfera encore à l'équat (5) en prenant simultanément,

$$K = 2,\ f = \frac{s\sqrt{2}}{2\pi}\delta' \ldots\ldots (8)$$

(*) Si l'on multiplie membre à membre, l'équation (1) en f (N°. 61) l'équation $Q = \frac{\alpha\pi^2}{4c^2}$, dans laquelle s est remplacé par la distance AM= on trouve $Q = \frac{\pi^2}{24}\cdot\frac{2P}{f}c = 0,41.\frac{2P}{f}c$. Ainsi la limite Q sera donnée au moyen du rapport constant $\frac{2P}{f}$, qui s'obtient bien plus facilement par l'expérien

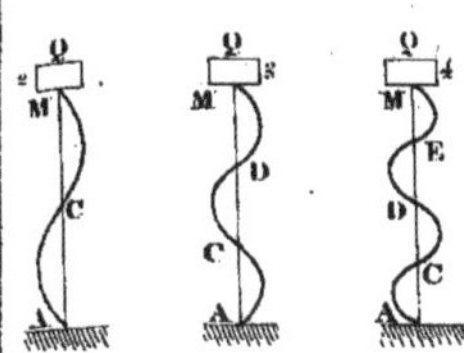

ce qui suppose aussi la valeur de f très-petite, et par la substitution dans (2), il viendra

$$y = \frac{S\sqrt{2}}{2\pi}\,\delta'\sin.\frac{2\pi}{c}x \quad \ldots\ldots (9)$$

pour l'équation de la courbe.

La valeur de y s'évanouit quand $x = \frac{1}{2}c$; ainsi la courbe passe par le milieu de AM et a la forme indiquée dans la figure 2.

En général, lorsque Q surpassera d'une petite quantité la limite $K^2\frac{\alpha\pi^2}{S^2}$, on satisfera à l'équation (5) par une valeur réelle et très-petite de f; on pourra supposer à la courbe une forme qui s'écarte peu de l'axe AM, qu'elle coupera en un nombre $K-1$ de points, non compris les deux A et M (*), comme dans les figures 3, 4 &c.

Mais quand le poids Q excédera la limite $\frac{\alpha\pi^2}{S^2}$, la courbe prendra-t-elle effectivement ces nouvelles formes ou bien une autre qui suppose une flexion considérable et qui échappe à notre approximation? c'est ce qui ne peut être décidé que par la solution rigoureuse de la question. Toujours est-il qu'un corps affecterait quelqu'une de ces formes, si le point C ou les points C, D &c. étaient maintenus dans la verticale qui en contient les deux extrémités, et que la charge excedât un peu l'une des valeurs comprises dans la formule $K^2\frac{\alpha\pi^2}{S^2}$.

Si le solide est susceptible de se rompre sous un poids qui surpasse peu la limite $\frac{\alpha\pi^2}{S^2}$, en sorte que f et δ demeurent très-petits; les équations (6) et (7) subsisteront jusqu'au terme de la rupture; remplaçant donc y, dans l'équation $\beta = Qy$, par la valeur (6) de f et observant que $\delta = \sqrt{1 - \frac{\alpha\pi^2}{QS^2}}$, on aura

$$\beta = \sqrt{2\alpha Q\left(\frac{QS^2}{\alpha\pi^2} - 1\right)} \quad \ldots\ldots (10)$$

Résultats des principales expériences sur la résistance des solides chargés de bout — Bois.

81 Maintenant nous avons à rapporter les résultats des principales expériences sur la résistance des solides chargés verticalement.

Résultats principaux des expériences de Mr. Girard (Traité, page 138, table I) sur des pièces de bois de Chêne, posées verticalement et chargées sur l'extrémité supérieure.

(*) Voyez Mémoire de Lagrange, Miscellanea Taurinensia, 1770 — 1773, et Mécanique de Mr. Poisson, tome 1, page 212.

Longueur des pièces	Largeur des pièces	Épaisseur des pièces	Première flèche de courbure observée	Charge qui a causé la 1ère inflex.	Charge qui a causé la rupture.
mèt. 2,6	mèt. 0,158	mèt. 0,128	mèt. 0,0068	Kg. 17321	Kg.
2,6	0,162	0,106	0,0056	11994	42514
2,6	0,158	0,102		11992	
2,6	0,133	0,099	0,0079	11993	
2,6	0,131	0,106	0,0068	11997	22931
2,27	0,156	0,131	0,0028	22939	
2,27	0,158	0,129		17317	
2,27	0,156	0,104	0,0062	17320	33120
2,27	0,158	0,102	0,0068	17322	28626
2,27	0,126	0,102	0,0079	11999	
1,95	0,156	0,133	0,0879	17322	
1,95	0,158	0,102	0,0056	17321	
1,95	0,16	0,102	0,0045	11974	32997
1,95	0,133	0,106	0,0056	17295	
1,95	0,129	0,108	0,0056	11998	
2,27	0,158	0,108	0,0029	11999	
2,6	0,158	0,135	0,0051	11999	37305
2,6	0,158	0,131	0,0045	11997	
2,6	0,187	0,158	0,0023	11998	
2,6	0,189	0,158	0,0023	11998	

Les pièces se courbent généralement sur les deux faces : on a inscrit dans le tableau la plus grande des deux premières flèches de courbure observées.

82. Résultats moyens des expériences faites par Mr. Lamandé (traité de Gauthy, tome II, page 48) sur des pièces de Chêne de Champagne, assez sec, posées verticalement et chargées sur l'extrémité supérieure.

Tableau.

Longueur des Pièces	Equarrissage des Pièces	Première flèche de courbure observée	Charge qui a causé la 1ère flexion	Charge qui a causé la rupture
mèt.	mèt.	mèt.	Kg	Kg.
0,649	0,054	0,0017	5369	8861
1,298	0,054	0,0037	2863	5693
1,948	0,054	0,0045	1325	3359
0,649	0,081	0,0015	18129	23163
1,298	0,081	0,005	9246	16465
1,948	0,081	0,0042	4793	11619
0,649	0,108	0,0014	27211	40921
1,298	0,108	0,0015	21488	40495
1,948	0,108	0,005	9663	27629

83. Résultats moyens des expériences faites par Mr. Rondelet (Tome IV, page 68), sur des pièces posées verticalement et chargées de bout. Ces pièces avaient toutes 1 pouce d'équarrissage.

Espèces de Bois	Longueur des Pièces	Charge qui a causé la rupture
Chêne	1 pou.	6346 liv.
	12	5310
	24	2911
	36	2163
Sapin	1	7490
	12	6355
	24	3429
	36	2575

L'auteur conclut de ces expériences la règle suivante: prenant pour unité la force capable d'écraser un cube, laquelle est (No. 25) de 44 lb par ligne carrée de la section transversale pour le chêne et 52 lb pour le sapin, la force capable de rompre une pièce dont la hauteur est 12 fois l'épaisseur, sera $\frac{5}{6}$

24 ——— $\frac{1}{2}$

36 ——— $\frac{1}{3}$

48 ——— $\frac{1}{6}$

60 ——— $\frac{1}{12}$

72 ——— $\frac{1}{24}$

Selon le même auteur, une pièce de bois, chargée verticalement est susceptible de plier dès que la longueur surpasse 10 fois l'équarrissage.

Fer forgé.

84. Expériences faites à l'École des Ponts et Chaussées (Traité de Gauthey, tome II, page 125) sur des pièces de fer forgé, posées verticalement et chargées sur l'extrémité supérieure.

Longueur des Pièces	Largeur des Pièces	Épaisseur des Pièces	Charge qui a causé la rupture.
mèt.	millimèt.	millimèt.	Kg.
0,244	20,3	20,3	10426
0,325	20,3	20,3	8454
0,258	20,3	20,3	10216
0,325	13,5	13,5	3951

85. D'après un très grand nombre d'expériences faites par M. Rondelet (Tome IV, page 522) sur des pièces ayant de 6 à 12 lig. d'équarrissage et de 1 po. ½ à 20 po. de longueur; cet Auteur établit qu'un cube de fer forgé se comprimant sous une charge de 512 lb par ligne carrée de la section transversale (N°. 26), la charge nécessaire pour faire plier et rompre une barre dont la longueur est égale à 27, 54, 81, 108, 135, 162, 189, 216, 243 fois l'équarrissage, est 256, 128, 64, 32, 16, 8, 4, 2, 1 lb par ligne carrée de la section transversale.

86. Expériences faites par Mr Duleau (Essai, page 26) sur des pièces de fer forgé, pressées parallèlement à leur longueur.

Pièces soumises à l'expérience.	Longueur des Pièces	Largeurs des Pièces	Épaisseurs des Pièces	Charge qui a causé la flexion.
	mèt.	millim.	millim.	Kg.
Fer du Périgord. La section est un triangle équilatéral, de 0m,038 de côté	3,02			860
——— id.	2,01	30	11,.	190
——— id. doux (destiné pour les fers des Chevaux)	2,01	70	11,2	520
Même pièce, fixée au milieu				1945
Fer du Périgord (tel qu'on l'a trouvé dans la forge)	2,01	45	12,.	400
Fer du Périgord	2,01	40	11,5	260
Même pièce, fixée au milieu				900
Fer du Périgord (tel qu'on l'a trouvé dans la forge)	2,01	58	15,.	1000
——— id.	3,02	25	15.	180
——— id.	3,02	39	19,6	780
——— id.	2,01	60	20,.	2400
——— id.	3,02	60	20,.	1200
——— id.	3,02	39	24,5	1320
——— id.	3,02	31	31,.	2000
Fer rond, de Bilbao, ayant 0m,0318 de diamètre	3,02			1285

Il résulte généralement de ces dernières expériences qu'en calculant les charges qui causent la flexion, par la formule (C), du N.º 80, dans laquelle on remplace ε par $A\frac{ab^3}{12}$, pour une pièce rectangulaire ou par $A\frac{\pi r^4}{4}$, pour une pièce cylindrique, et A par 20 000 000 000.^{kg} on trouve des valeurs moindres que celles qui résultent de l'expérience, dans le rapport de 7 à 8 environ (Essai, page 24). L'auteur attribue cette différence en partie au frottement du levier au moyen duquel la pression est transmise.

Fer fondu.

87. On peut consulter sur ce sujet les expériences de M.r G. Rennie, rapportées précédemment (N.º 27).

Causes qui peuvent faire différer les résultats de l'expérience de ceux de la théorie.

88. La théorie de la résistance des solides pressés parallèlement à leur longueur, suppose essentiellement la pression Q, dirigée suivant l'axe même du solide, ou du moins dans le plan mené par cet axe, et perpendiculairement auquel la flexion s'effectue. Dans la réalité le poids dont un solide est chargé verticalement, se répartit ordinairement sur toute l'étendue de la section transversale; il faudrait donc, pour que l'expérience s'accordât exactement avec la théorie, que les solides fussent terminés aux extrémités par une pointe ou par une arête. La recherche de la résistance, quand le poids est réparti sur toute l'étendue de la section transversale, dépend de considérations d'un autre ordre.

Dans la théorie, on a regardé le sens de la flexion du solide comme déterminé et l'on a désigné par ε la valeur respective du moment d'élasticité. Lorsqu'un solide est chargé sur l'extrémité supérieure, le sens de la flexion, en général, n'est pas déterminé: il est naturel d'admettre que le solide fléchira du côté pour lequel la valeur du moment d'élasticité est la moindre possible. Si la section transversale est carrée ou circulaire, cette valeur est la même pour tous les côtés et si la section est rectangulaire, la moindre valeur du moment d'élasticité répond à la flexion du côté de la plus petite dimension. Dans les expériences, les solides à base carrée fléchissent indifféremment dans le sens de la diagonale ou des côtés; les solides à base rectangulaire mêmes, à moins que les deux côtés ne soient très-différents, ne fléchissent pas toujours exactement dans le sens du plus petit côté; la direction de la flexion étant le plus souvent déterminée par quelque défaut d'homogénéité du solide, ou par la manière dont la pression s'exerce aux extrémités.

Ces remarques expliquent pourquoi les expériences connues ne donnent pas toujours pour le poids capable de faire fléchir un solide à base rectangulaire, chargé verticalement, la même valeur qu'on obtiendrait de la formule (C), en supposant la flexion dirigée dans le sens du petit côté de la section transversale. Mais si l'on prend les précautions convenables pour accorder les circonstances de l'expérience avec les hypothèses sur lesquelles les formules sont fondées, alors ces formules représentent exactement les résultats de l'expérience.

De la résistance des Solides chargés obliquement.

3.e Cas de la résistance des solides à la flexion ; solide incliné, encastré à l'extrémité inférieure et chargé d'un poids à l'extrémité supérieure.

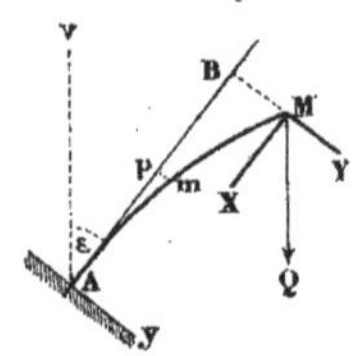

89. Soit un solide AM encastré obliquement, par son extrémité inférieure A et chargé d'un poids Q à son extrémité supérieure M. Désignons par ε l'angle que forme avec la verticale la direction primitive AX du solide, et par c, f les coordonnées AB, BM de l'extrémité M ; l'équation générale (B), à cause de $\frac{1}{\rho} = \frac{d^2y}{dx^2}$, $x' = c$, $y' = f$ et de $X = -Q \cos \varepsilon$, $Y = Q \sin \varepsilon$, deviendra d'abord

$$\delta \frac{d^2y}{dx^2} = (c-x)\, Q \sin \varepsilon + (f-y)\, Q \cos \varepsilon \; \ldots\ldots (h),$$

et si pour abréger, l'on fait $\frac{Q \sin \varepsilon}{\delta} = p^2$, $\frac{Q \cos \varepsilon}{\delta} = q^2$, $c - x = u$, $f - y = v$, elle se réduira à

$$d^2v + q^2 v\, du^2 = -p^2 u\, du^2,$$

équation du premier degré et du second ordre, dont l'intégrale (Voyez Lacroix, page 449) est $v = C \sin qu + C' \cos qu - \frac{p^2}{q^2} u$, c'est-à-dire,

$$f - y = E \sin q(x+F) - \frac{p^2}{q^2}(c-x) \; \ldots\ldots\ldots (1)$$

Or, on doit avoir, au point A, $x = 0$, $y = 0$, $\frac{dy}{dx} = 0$; et au point M, $x = c$, $y = f$; d'où $f = E \sin qF - \frac{p^2 c}{q^2}$, $0 = qE \cos qF + \frac{p^2}{q^2}$, $0 = E \sin q(c+F)$; ainsi, il vient par là $\sin qF = \sin qc$, $\cos qF = -\cos qc$, $E = \frac{p^2}{q^3 \cos qc}$ et conséquemment

$$f = \frac{p^2}{q^3}(\operatorname{tang} qc - qc) \ldots (2), \quad y = \frac{p^2}{q^3}\left(\frac{\sin qc - \sin q(c-x)}{\cos qc} - qx\right) \ldots (3)$$

Comme le rapport $\frac{f}{c}$, dont la valeur est $\operatorname{tang} \varepsilon \left[\frac{\operatorname{tang} qc}{qc} - 1\right]$, doit demeurer fort petit, il faudra que le rapport $\frac{\operatorname{tang} qc}{qc}$ surpasse très-peu l'unité. Soit donc $0, \beta, \beta', \beta''$ &c la suite des arcs respectivement de même longueur que leurs tangentes (Euler, introduction à l'analyse infinitésimale, tome 2, page 323) on ne pourra attribuer à qc que des valeurs qui ne surpassent pas beaucoup $0, \beta, \beta' \ldots$ ou à q^2, c'est-à-dire, à $\frac{Q \cos \varepsilon}{\delta}$ que des valeurs qui n'excèdent pas beaucoup les nombres $0, \frac{\delta^2}{c^2}, \frac{\delta'^2}{c^2}, \frac{\delta''^2}{c^2}$ &c.ª Si l'on adopte la première de ces valeurs, le solide affectera la courbe représentée dans la figure. Les courbes relatives aux autres valeurs, auraient un nombre de plus en plus grand de points d'inflexion, mais ne se produiraient qu'autant que les points correspondants du solide seraient maintenus fixement dans la direction **AB**.

Lorsque tous les points de **A** en **B** sont libres, les poids **Q** que le solide peut supporter, doivent donc satisfaire à la condition que la quantité $c\sqrt{\frac{Q\cos\varepsilon}{\delta}}$ soit comprise entre 0 et δ, et que la valeur précédente de **f**, qui exprimera le déplacement du point **M**, en vertu de l'action du poids **Q**, soit fort petite.

De la résistance des Solides à la torsion et à la rupture qui en provient.

Equations générales de l'équilibre de résistance à la torsion et à la rupture qui en provient.

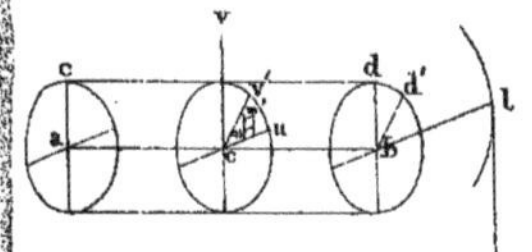

90. Considérons un solide cylindrique **ab** encastré horizontalement par l'extrémité **a** et maintenu à un certain degré de torsion, par une force **P** agissant à l'autre extrémité **b**, au moyen d'un levier **bl**. Soit **e** le point d'une section transversale quelconque **uev**, autour duquel la torsion s'est naturellement opérée. Supposons que par l'effet de cette torsion, les rayons **ev** et **bd** de la section quelconque **e** et de la section extrême **b**, qui tous deux répondent au rayon fixe **ac** de l'extrémité encastrée, aient été amenés l'un en **ev'**, l'autre en **bd'**: suivant les hypothèses établies (N.º 19) 1.º les angles de torsion **vev'**, **dbd'** sont proportionnels aux distances **ae**, **ab**; 2.º la résistance d'un élément **mm'** de la section **e** est en raison directe tant de la différence entre les angles de torsion de cette section et d'une section antérieure quelconque, que la distance de l'élément au pôle **e** et en raison inverse de la distance des deux sections. Désignons par **c**, la longueur **ab**; par θ, l'arc qui mesure l'angle de torsion **dbd'** dans le cercle dont le rayon est l'unité linéaire; par **u** et **v** les coordonnées rectangulaires des points de la section **e**; par **V**, la plus grande distance de ces points au pôle **e**, c'est-à-dire, la distance à ce pôle, de la molécule la plus tordue, lorsque le solide est près de se rompre; par **L**, le bras de levier **bl**; par **A'**, le poids constant qui, pour chaque genre de corps, mesure la résistance spécifique à la torsion et par **B'**, la résistance rapportée à l'unité superficielle, qu'un élément de fibre oppose à la rupture

quand la torsion est près de s'opérer (ce poids A' représente la résistance rapportée à l'unité superficielle qu'un élément quelconque de fibre, opposerait à la torsion, si son déplacement par rapport à l'élément antérieur placé à la distance 1 sur la même fibre, était égal aussi à l'unité linéaire).

Cela posé, $\frac{\theta}{c}$ étant l'arc effectif qu'un élément dm de la section uev, pris à la distance 1 du pôle de cette section, a décrit par rapport à l'élément antérieur, placé à la distance 1 sur la même fibre; et $\frac{r}{dm}$ étant le poids rapporté à l'unité superficielle, auquel équivaut la résistance r de cet élément dm, on a $\frac{r}{dm} = A'\frac{\theta}{c}$; donc si l'élément dm est à la distance $\sqrt{u^2+v^2}$ du pôle de la section, sa résistance s'exprime par $A'\frac{\theta}{c}\sqrt{u^2+v^2}.dm$, et le moment de cette résistance relativement au pôle e, par $A'\frac{\theta}{c}(u^2+v^2)\,dm$.

Lorsque, par l'effet de la torsion, l'élément dm, placé à la distance V du pôle e, sera près de se rompre, $B'dm$, sera la résistance de cet élément à la rupture; donc la résistance de l'élément placé à la distance $\sqrt{u^2+v^2}$, s'exprimera par $\frac{B'}{V}\sqrt{u^2+v^2}.dm$, et le moment de cette résistance, par $\frac{B'}{V}(u^2+v^2)\,dm$.

Ainsi, les équations de l'équilibre de résistance à la torsion et à la rupture qui en provient sont respectivement

$$A'\frac{\theta}{c}\int(u^2+v^2)\,dm = LP \dots (1) \qquad \frac{B'}{V}\int(u^2+v^2)\,dm = LP \dots (2)$$

Du pôle d'élasticité et des moments polaires d'élasticité et de rupture.

91. La quantité $A'\frac{\theta}{c}\int(u^2+v^2)\,dm$ prend, pour $\frac{\theta}{c}=1$ et pour chaque corps individuel une valeur particulière qui dépend, entre autres choses, de la position du point e dans la section auv, et comme la résistance à la torsion est, toutes choses d'ailleurs égales, proportionnelle à l'intégrale $\int(u^2+v^2)\,dm$, il s'en suit que le point de la section, autour duquel la torsion s'opère naturellement, est celui pour lequel l'intégrale dont il s'agit est un minimum; or, par la propriété des moments d'inertie, le point cherché est précisément le centre de gravité de la section (No. 93).

Nous nommerons pôle d'élasticité ce point autour duquel la torsion s'effectue et moments polaires d'élasticité et de rupture, les valeurs correspondantes de l'intégrale $\int(u^2+v^2)\,dm$ multipliée respectivement par A' et $\frac{B'}{V}$, moments que nous représenterons, pour abréger, par α' et β'; de sorte que nous aurons

$$\alpha' = A'\int(u^2+v^2)\,dm \dots (i), \qquad \beta' = \frac{B'}{V}\int(u^2+v^2)\,dm \dots (K)$$

ce qui réduira les équations (1) et (2) à

$$\alpha'\frac{\text{o}}{\text{c}}=\text{LP}\ldots\ldots(\text{i}') \qquad \beta'=\text{LP}\ldots\ldots(\text{K}')$$

la valeur de P dans (K') étant la dernière de celles dont cette variable est susceptible dans (i').

Relation entre les expressions de ces deux moments.

92. En comparant les expressions de α' et de β', on reconnaît que la seconde se déduit de la première par la simple substitution de $\frac{\text{B}'}{\text{V}}$ à A'. En outre, la valeur du moment α conduit, comme on va le voir, à celle du moment α'.

Théorie de ces moments.

93. Supposons l'origine au centre de gravité de la figure ou qu'on ait $\int \text{u}\,\text{dm}=0$, $\int \text{v}\,\text{dm}=0$; les formules par lesquelles on transporte les axes parallèlement à eux-mêmes donnent $\text{u}'=\text{u}-\text{p}$, $\text{v}'=\text{v}-\text{q}$; donc, si l'on représente $\int(\text{u}^2+\text{v}^2)\,\text{dm}$ par E et $\int(\text{u}'^2+\text{v}'^2)\,\text{dm}$ par E', il viendra

$$E'=E+(\text{p}^2+\text{q}^2)\,\text{m}$$

Donc le moment polaire, relatif au centre de gravité, est un minimun, et par conséquent ce centre est effectivement le pôle d'élasticité.

Quelle que soit l'origine, on a l'identité

$$\int(\text{u}^2+\text{v}^2)\,\text{dm}=\int\text{u}^2\text{dm}+\int\text{v}^2\text{dm}.$$

Donc, en général, le moment polaire est égal à la somme des moments relatifs à deux axes rectangulaires quelconques, passant par le pôle.

Ce théorème donne immédiatement les moments polaires d'élasticité et de rupture de toute figure dont on connaît les moments par rapport à deux axes rectangulaires, menés par le centre de gravité.

Application au rectangle, au carré, au cercle et à un polygone régulier quelconque.

94. On trouve ainsi, pour le

Rectangle . . . $\alpha'=A'\frac{\text{ab}}{12}(\text{a}^2+\text{b}^2)$ . . . $\beta'=B'\frac{\text{ab}}{6}\sqrt{\text{a}^2+\text{b}^2}$ . . . . (3)

Carré . . . . . . $\alpha'=A'\frac{\text{a}^4}{6}$ . . . . . . $\beta'=B'\frac{\text{a}^3}{3\sqrt{2}}$ . . . . (4)

Cercle . . . . . . $\alpha'=A'\frac{\pi\text{r}^4}{2}$ . . . . . . $\beta'=B'\frac{\pi\text{r}^3}{2}$ . . . . (5)

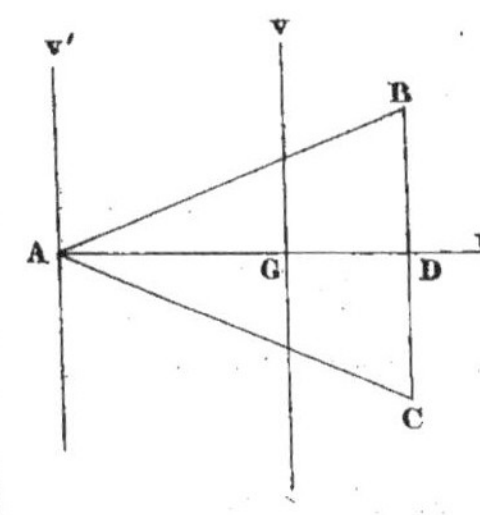

Donc les moments polaires d'élasticité du carré et du cercle inscrit sont dans le rapport de 1 à $\frac{3\pi}{16}$ et ceux de rupture dans le rapport de 1 à $\frac{3\pi}{8\sqrt{2}}$.

Maintenant, considérons un polygone régulier quelconque dont i soit le demi-angle au centre; h, l'apothème; a et n la grandeur et le nombre des côtés: si ABC est l'un des triangles au centre, on aura d'abord

$$\text{i}=\frac{\pi}{\text{n}}\ldots\ldots\ldots(6)$$

ensuite, l'équation de AB relativement aux axes Gu, Gv, étant $\text{v}=\frac{\text{a}}{2\text{h}}\left(\text{u}+\frac{2\text{h}}{3}\right)$, on trouvera

$$C = \frac{ah^3}{36}, \qquad D = \frac{a^3 h}{48};$$

mais, à cause de $AG = \frac{2}{3}h$, $ABC = \frac{ah}{2}$, le moment par rapport à l'axe Av' sera

$$C' = \frac{ah}{4}.$$

Ainsi, on aura, pour le triangle,

$$E' = \frac{ah}{48}(a^2 + 12h^2)$$

De là et de ce que $h = \frac{1}{2} a \cot i$, il viendra, pour le polygone,

$$\alpha' = A' \frac{na^4 \cot i}{96}\left(1 + 3\cot^2 i\right), \qquad \beta' = B' \frac{na^3 \cot i}{48}\left(1 + 3\cot^2 i\right) \ldots (7)$$

On obtient, en appliquant ces formules générales

Au carré . . . . . . Les expressions (4)

À l'exagone . . . . $\alpha' = A' \frac{5\sqrt{3}}{8} a^4$ . . . . . $\beta' = B' \frac{5\sqrt{3}}{8} a^3$ . . . . (8)

À l'octogone . . . . $\alpha' = A' \frac{11 + 8\sqrt{2}}{6} a^4$ . . . $\beta' = B' \frac{11 + 8\sqrt{2}}{3\sqrt{4 + 2\sqrt{2}}} a^3$ . . . (9)

&c.

Accord de la théorie précédente avec les recherches de Coulomb, sur la torsion des fils métalliques.

95. On aura donc, pour un solide cylindrique, $LP = A' \frac{\pi \theta r^4}{2c}$; ainsi le moment de la force de torsion est en raison directe de l'angle de torsion, de la quatrième puissance du rayon et en raison inverse de la longueur du solide ; ce qui s'accorde parfaitement avec les résultats des recherches expérimentales de Coulomb, sur la force de torsion et l'élasticité des fils métaliques et avec ceux de sa théorie du mouvement oscillatoire de ces fils, fondée sur la supposition que la force de torsion est proportionnelle à l'angle de torsion, supposition conforme à l'expérience, tant que cet angle n'a pas une trop grande amplitude.

Usage des formules obtenues.

96. Les formules trouvées serviront à calculer soit l'angle de torsion, affecté par un solide sous un effort donné, soit l'effort capable d'opérer la rupture de ce solide, lorsque les valeurs des coefficients A' et B' auront été déterminées par des expériences préalables.

De la détermination des coefficients d'élasticité et de rupture, relatifs à la torsion.

97 Ces expériences consistent à observer simultanément l'angle de torsion d'un solide donné, le poids qui produit cette torsion et le bras de levier de ce poids. Quand il s'agit de la rupture, on n'a besoin de connaître que le poids qui l'opère et son bras de levier.

Selon que la section transversale du solide sera un cercle ou un carré, les valeurs de A' et B', résultant des formules (5) et (4), combinées avec les équations (i') et (K'), seront

$$A' = P \frac{2cL}{\pi r^4 \theta} \ldots (10), \qquad A' = P \frac{6cL}{a^4 \theta} \ldots (11)$$

et

$$B' = P \frac{2L}{\pi r^3} \ldots (12) \qquad B' = \frac{3L\sqrt{2}}{a^3} P \ldots (13)$$

Résultats des principales expériences sur la résistance à la torsion, et à la rupture qui en provient.

98 Le fer forgé et le fer fondu sont presque les seuls corps sur lesquels il ait été fait des expériences propres à la détermination des valeurs de A' et B'.

1° Résultats des expériences faites par Mr. Duleau (ouvrage cité, page 50 et suivantes) sur la résistance du fer forgé à la torsion. Le poids qui produit la torsion est 10 Kg et son bras de levier 0m,32.

Désignation des Fers.	Longueur	Grosseur	Angle de Torsion	Nombres proportionnels à la résistance.
	met	mètre diamètre	degrés sexag.	
Fer rond du Périgord	2, 81	0, 0152	13, 4	12, 57
id	3, 17	0, 0196	6, .	11, 47
Fer rond Anglais, marqué Bowlais	2, 40	0, 0198	4	12, 41
Fer rond de l'Ariège	3, 57	0, 0215	4, 8	11, 16
id	2, 89	0, 0215	4, 5	9, 6
Fer rond du Périgord	3, 19	0, 0221	3, 32	11, 99
id	2, 89	0, 0230	3, . .	10, 96
Fer rond Anglais	3, 24	0, 0235	2, 34	14, 48
Fer rond du Périgord	2, 94	0, 0265	1, 82	10, 48
id	3, 35	0, 0267	1, 87	11, 23
id	2, 92	0, 0357	0, 625	9, 19
Fer rond de l'Ariège	2, 77	0, 0268	1, 65	10, 39
		côtés		
Fer carré Anglais, marqué C2	4, 12	0, 0200	6, 5	17, 46
id	2, 52	0, 0200	4, . .	17, 36
Fer carré du Périgord	2, 52	0, 0204	3, 08	15, 27
id	3, 39	0, 0326	0, 62	15, 40
Fer plat, Anglais	2, 91	{0, 0340 / 0, 0086}	11, 4	
id	1, 55	{0, 0340 / 0, 0086}	5, 62	
Fer plat du Périgord	2, 91	{0, 0340 / 0, 0105}	7, 2	
Fer plat, Anglais, marqué B.	1, 45	{0, 0678 / 0, 0147}	0, 85	

Les nombres de la dernière colonne, relatifs aux expériences sur les fers ronds, doivent être multipliés par 583 610 000 (★) pour donner les valeurs de la constante A′, qui résultent de ces expériences ; le mètre et le Kilogramme étant les unités de longueur et de poids. La moyenne entre ces nombre est 11,33 et la valeur de A′, qui y répond,

$$A' = 6\,612\,300\,000^{\text{kg}}$$

Les nombres de la dernière colonne, relatifs aux expériences sur les fers carrés, doivent être multipliés par 343 775 000, pour donner les valeurs de A′. La moyenne entre ces nombres est 16,0 et la valeur de A′ qui y répond

$$A' = 5\,510\,713\,250.^{\text{kg}}$$

La différence des deux résultats tient sans doute, en grande partie, à la diversité des qualités des fers ; mais peut-être pour quelque chose à ce que les formules précédentes, relatives aux corps carrés, ne représentent pas aussi exactement les phénomènes naturels que celles qui se rapportent aux corps ronds ; les fibres extérieures au cylindre inscrit participant et à la résistance de celles de ce cylindre et à la résistance d'un corps élastique, encastré par un bout et chargé à l'autre.

2° Le tableau suivant présente les résultats des expériences sur la torsion du fer fondu et de divers autres métaux, faites par Mr. G. Rennie (Annales de Chimie et de physique, septembre, 1818). Le bras de levier des poids était de 21 pi anglais.

(★) Soit G l'angle qui répond à l'arc θ ; on aura $\theta = \frac{\pi}{180} G$: Mr. Duleau a calculé ses nombres proportionnels à la résistance, par la formule $H = P \frac{CL}{D^4 G}$, dans laquelle $D = 2r$; ainsi, il a $H = \frac{\pi}{32} \cdot \frac{\pi}{180} A'$, et, comme il prend d'ailleurs le millimètre pour l'unité linéaire, nous avons $A' = \frac{1\,000\,000\,H}{\frac{\pi}{32} \cdot \frac{\pi}{180}}$; c'est-à-dire, que nous devons multiplier ces nombres par 583 610 000.

Mr. Navier prend aussi G au lieu de θ ; il a, en conséquence $A' = \frac{1\,000\,000\,H}{\frac{\pi}{32}} = 10\,186\,000\,H$.

Tableau.

Indication des Corps soumis à la Torsion.	Longueur des Pièces	Equarrissage	Poids moyen produisant la rupture.	
			livres avoir du poids	
	pouces angl.	pouces angl.	livres.	onces.
Fer coulé horizontalement	0	1/4	9	15
Fer coulé verticalement	0	1/4	10	10
Fer coulé horizontalement	1/2	1/4	7	3
id	3/4	1/4	8	1
id	1	1/4	8	8
Fer coulé verticalement	1/2	1/4	10	1
id	3/4	1/4	8	9
id	1	1/4	8	5
id	6	1/4	9	12
Fer coulé horizontalement	0	1/2	93	12
id	0	1/2	74	0
id	10	1/2	52	0
Acier	0	1/4	17	1
Fer forgé d'Angleterre	0	1/4	10	2
Fer forgé de Suède	0	1/4	9	8
Métal de Canon dur	0	1/4	5	0
Fonte Jaune, fine	0	1/4	4	11
Cuivre coulé	0	1/4	4	5
Etain	0	1/4	1	7
Plomb	0	1/4	1	0

Le résultat moyen des expériences sur le fer fondu donne la valeur

$$B' = 41\,360\,000^{kg}$$

Des Solides d'égale résistance.

Notions préliminaires.

99. En général, lorsqu'un solide prismatique est soumis à un effort qui tend à le fléchir, il existe dans sa longueur un point où la rupture est plus facile qu'en tout autre point, et si la résistance est suffisante en ce point-là, elle est excessive partout ailleurs. On peut donc se proposer de donner à ce solide une figure telle qu'il ait en chaque point de sa longueur, précisément la force nécessaire. On appelle solides d'égale résistance ceux dont la figure satisfait à cette condition.

Les recherches de ce genre ne présentant point de difficulté, il suffira de quelques exemples simples.

Solide encastré horizontalement par une des extrémités.

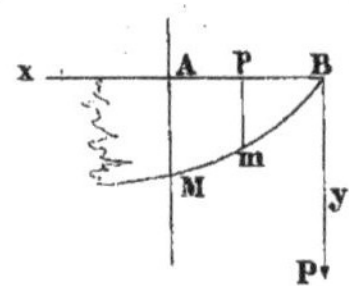

100. Un solide **ABM** encastré perpendiculairement par l'extrémité **A** et chargé d'un poids **P** à l'autre extrémité **B**, à sa face supérieure dans un plan horizontal et ses deux faces latérales dans des plans verticaux parallèles, il s'agit de déterminer sa face inférieure.

Désignons par **a** la largeur ou la dimension perpendiculaire au plan **ABM**; par **b** la hauteur **AM** à l'extrémité encastrée; par **c** la longueur **AB** et par **x**, **y** l'abscisse **Bp** et l'ordonnée **pm** du profil **BM** de la face inférieure.

D'abord la hauteur **b** sera déterminée (N.os 50 et 59) par l'équation $B\frac{ab^2}{6} = cP$; d'où

$$b = \sqrt{\frac{6cP}{Ba}} \quad \text{.......... (1)}$$

ensuite, la courbe **BmM** sera déterminée par l'équation $B\frac{ay^2}{6} = Px$, ou

$$y^2 = \frac{b^2x}{c},$$

qui exprime une parabole dont l'axe est **BA**.

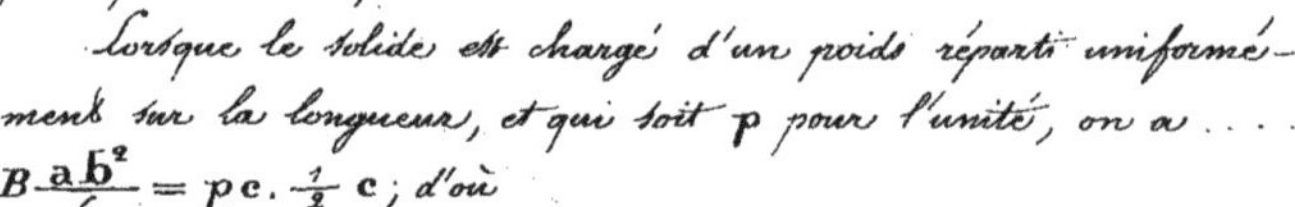

Lorsque le solide est chargé d'un poids réparti uniformément sur la longueur, et qui soit **p** pour l'unité, on a $B\frac{ab^2}{6} = pc.\frac{1}{2}c$; d'où

$$b = c\sqrt{\frac{3p}{Ba}} \quad \text{.......... (2)}$$

puis $B\frac{ay^2}{6} = px.\frac{1}{2}x$; d'où

$$y = \frac{bx}{c},$$

équation d'une droite passant par les points **B** et **M**.

Des plus grands efforts auxquels les Matériaux puissent être soumis avec sécurité dans les Constructions.

Complément des données nécessaires à l'application de la théorie.

101. La théorie que nous avons exposée, fait connaître les lois de la flexion, de la torsion et de la rupture des corps, c'est-à-dire, les degrés de courbure et de torsion qu'un solide affecte sous un effort donné et l'effort capable de rompre ce solide. Cette connaissance ne met pas encore à même de régler les dimensions des corps employés dans les constructions: il faut en effet pouvoir s'assurer, non seulement que les efforts auxquels chaque solide sera soumis, n'en causeront point immédiatement la rupture; mais aussi que la permanence ou la répétition fréquente de ces efforts, ne produira point dans les parties de l'édifice des altérations qui puissent augmenter par la suite et en amener la destruction.

En général, on doit disposer les constructions, de manière à n'y laisser d'autres causes de dépérissement que celles qui dépendent des altérations chimiques des corps, et s'efforcer de prévenir ces altérations par des procédés d'entretien. La détermination des plus grands efforts auxquels les matériaux peuvent être soumis avec sécurité, dans les constructions, n'est pas susceptible d'une précision rigoureuse; nous allons exposer les principaux résultats que l'expérience et le calcul ont fournis sur ce sujet.

Limites des efforts, relatives à l'écrasement et à l'extension — Pierre;

102. Les petits cubes de pierre soumis à l'expérience commencent à se fendiller sous des poids un peu plus grands que la moitié de ceux qui sont indiqués dans les tables comme ayant produit l'écrasement. D'ailleurs, une force moindre peut (Rondelet. tome III, page 101) opérer l'écrasement, lorsque son action s'exerce pendant longtemps. Mr. Rondelet, (Tome III, page 74) donne l'indication suivante des pressions exercées sur une surface de 25 centimètres carrés, dans les constructions regardées comme les plus hardies;

	kg
Piliers du Dôme de St Pierre de Rome	409
Piliers du Dôme de St Paul de Londres	484
Piliers du Dôme des Invalides	369
Piliers du Dôme de Ste Geneviève	736
Colonnes de St Paul, hors des murs à Rome	494
Piliers de la tour de l'Eglise de St Méry	735
Colonnes de l'Eglise de Toussaint d'Angers (*)	1107

Les assises inférieures des piles du pont de Neuilly, qui sont construites en pierre de Saillancourt, supportent une pression de 3611 ℔ par pied carré. Un cube de cette pierre, dont le côté a 2 po, exige, pour être écrasé, un effort de plus de 16000 ℔.

D'après l'expérience des constructions, on ne doit pas exposer les pierres à une plus grande pression que $\frac{1}{10}$ de celle qui produit l'écrasement dans les essais faits sur de petits cubes; et même cette détermination ne donne une entière sécurité que si les pierres sont taillées et posées de manière que la pression se distribue uniformément sur toute la surface des joints, et si, par leur qualité, elles ne sont pas sujettes à se fendre et à s'éclater; autrement, il faudrait réduire l'effort.

Bois.

103. Il suit des expériences sur l'action longitudinale (Nos 25 et 33) que

(*) Elles sont construites avec une pierre calcaire d'un gris roussâtre, coquilleuse et très-dure. Un cube de 0m,05 de côté s'écrase sous 10940 kg.

les résistances opposées à l'écrasement et à l'extension par les fibres du bois, diffèrent beaucoup entre elles ; la première n'étant pas la moitié de la seconde. Cette circonstance s'accorde avec les remarques sur l'expérience de Duhamel (N.º 78). Pour le bois de chêne ou de sapin, on peut évaluer à environ 3^{kg} par millimètre carré de la section transversale, la résistance à l'écrasement, et à environ 8^{kg} la force de cohésion. Les pièces employées dans les constructions ne doivent pas être exposées à des pressions plus grandes que $\frac{1}{5}$ de celles qui causeraient l'écrasement. Cette règle peut servir à déterminer les dimensions et l'espacement des pieux de fondation : elle s'accorde avec les préceptes de Perronet, (Œuvres, Mémoire sur les pieux et pilots) fondés sur l'expérience, suivant lesquels, des pieux de 0^{m},25 et de 0^{m},32 de diamètre ne doivent pas être chargés de plus de 25 000^{kg} et de 50 000^{kg}

Fer forgé. 104. Les expériences sur l'extension (N.º 34) apprennent que les barres de fer forgé, tirées suivant leur longueur sont rompues par un effort moyen de 40,^{kg} par millimètre carré de la section transversale. Un examen attentif des résultats des expériences et l'exemple des constructions font voir que ces barres ne doivent pas être soumises à une charge permanente plus grande que 6 à 7,^{kg} par millimètre carré, et à une charge totale, composée d'une partie permanente et d'une partie accidentelle, plus grande que 8 à 10,^{kg} par millimètre carré.

Fer fondu. 105 Les pièces de fer fondu, qui sont trop courtes pour pouvoir plier, offrent une grande résistance à l'écrasement. Il résulte des expériences rapportées (N.º 27) que la force capable d'opérer l'écrasement est environ 100^{kg} par millimètre carré. On ne connaît pas d'expériences d'après lesquelles on puisse apprécier exactement la limite des charges que les pièces peuvent supporter dans les constructions : mais il est très-vraisemblable que ces charges peuvent être portées à $\frac{1}{4}$ de celles qui produiraient l'écrasement.

Selon les expériences (N.º 36), la force de cohésion du fer fondu est de 13 à 14,^{kg} par millimètre carré, beaucoup moindre que la résistance à l'écrasement. Les charges peuvent pareillement être portées, dans les constructions, à $\frac{1}{4}$ de celles qui causeraient la rupture. Mais des pièces de fer fondu, employées de cette manière, présenteraient peu de sécurité, si la construction était exposée à de fortes secousses.

Séparation des cas de la résistance à l'écrasement et de la résistance à la flexion.

106. Les solides destinés dans les constructions à supporter une pression dirigée parallèlement à leur longueur, sont ordinairement trop courts comparativement à leur grosseur pour qu'ils puissent céder en offrant le genre de flexion, auquel s'applique la théorie de la résistance des corps chargés de bout. La résistance de ces solides doit être déterminée par d'autres considérations. En effet, le moindre poids qui peut maintenir fléchi, un solide rectangulaire chargé verticalement est exprimé d'après cette théorie, par $Q = A\frac{\pi^2 ab^3}{12\,s^2}$, c'est-à-dire, que le moindre poids dont on puisse charger l'unité superficielle de la section transversale, est

$$A\frac{\pi^2}{12}\cdot\frac{b^2}{s^2}.$$

Or, en supposant $A = 1\,000\,000\,000^{kg}$ pour le bois de chêne, et $A = 20\,000\,000\,000^{kg}$ pour le fer forgé ; et comparant les résultats donnés par la formule précédente, avec ceux des expériences de Mr. Rondelet, sur le fer et le bois chargés de bout, (N.° 83 et 85) on trouvera que les premiers sont plus grands que les seconds, tant que l'épaisseur b surpasse $\frac{1}{20}$ environ de la longueur s. Par conséquent, pour les pièces dont la longueur est au-dessous de 20 fois l'épaisseur, c'est-à-dire, dans la plupart des cas de la pratique, la résistance ne doit pas être déterminée par la formule précédente, mais par la considération du poids qui pourrait écraser la pièce.

Le poids capable d'écraser ou de comprimer une pièce dont la longueur est égale à une ou deux fois l'épaisseur, peut être évalué, sur chaque millimètre carré de la section transversale, à

3^{kg} pour le bois de Chêne et de sapin,
40 . . . . fer forgé,
100 . . . . . . fer fondu.

On conclut des expériences sur le bois et le fer chargés de bout, (N.° 83 et suivants) que, quant à la flexion,

1.° Pour les bois, l'évaluation ci-dessus doit être réduite aux $\frac{5}{6}$, lorsque la longueur de la pièce est égale à 12 fois l'épaisseur, et à moitié, quand cette longueur est égale à 24 fois l'épaisseur ;

2.° pour le fer forgé, l'évaluation ci-dessus doit être réduite aux $\frac{5}{8}$, quand la longueur est égale à 12 fois l'épaisseur, et à moitié, quand la longueur est égale à 24 fois l'épaisseur ;

3.° pour le fer fondu, l'évaluation ci-dessus doit être réduite aux $\frac{2}{3}$ à peu près, quand la longueur est égale à 4 fois l'épaisseur ; à moitié environ, quand la longueur est égale à 8 fois l'épaisseur et à $\frac{1}{15}$, lorsque la longueur est égale à 36 fois l'épaisseur.

Les expériences connues ne fournissent pas le moyen d'évaluer avec exactitude la résistance dans les cas intermédiaires différents de ceux qu'on vient de spécifier.

Quant aux pièces dont la longueur surpasserait 20 fois environ l'épaisseur, on peut en évaluer la résistance par les formules de la théorie pour les corps chargés de bout et qui subissent une flexion (N.° 80) avec la certitude que cette évaluation n'excèdera pas les résultats donnés par les expériences.

Lorsque dans les applications on aura évalué conformément aux principes précédents, la résistance à l'écrasement, dont un solide chargé verticalement est susceptible, on pourra pour en conclure le plus grand poids dont ce solide puisse être chargé avec sécurité dans les constructions, réduire les résultats à $\frac{1}{10}$ environ, pour le bois, à $\frac{1}{4}$ pour le fer forgé ou fondu.

Moyen d'assigner la limite des efforts relativement à la flexion transversale.

107. La limite des efforts auxquels un solide susceptible de fléchir peut être exposé dans les constructions, doit être déterminée par la condition que la flexion produite par ces efforts et les allongements ou accourcissements des fibres, qui en résultent, ne soient pas capables d'altérer la constitution physique du solide; en sorte que ce solide, reprenne sa figure naturelle, étant déchargé et que sa courbure n'augmente pas avec le temps.

Nous désignerons par **B**′ le plus grand effort que l'on doive faire supporter aux fibres d'un corps, sur l'unité superficielle et par λ′ l'allongement ou l'accourcissement des fibres, qui répond à cet effort, la proportion $1 : \lambda' :: \mathbf{A} : \mathbf{B}'$, donnera $\mathbf{B}' = \mathbf{A}$

Bois.

108. Il n'existe pas d'expériences spéciales qui fassent connaître avec certitude, pour le bois, la limite dont il s'agit. D'après les expériences sur la résistance des corps chargés transversalement (N.° 76), la valeur moyenne de la constante **B**, pour le bois de chêne, est à peu près $\mathbf{B} = 6\,000\,000^{kg}$. L'expérience des constructions apprend que l'on ne doit pas faire supporter aux bois des charges qui surpassent $\frac{1}{10}$ de celles qui causeraient la rupture (Rondelet, tome IV, page 83), on aura donc, pour le bois de chêne, $\mathbf{B}' = 600\,000^{kg}$. On calculera dans chaque cas, les plus grandes charges auxquelles une pièce puisse être exposée, en mettant cette valeur de **B**′ au lieu de celle de **B**, dans les formules (N.os 59 et 68) relatives à la rupture.

Si conformément aux expériences sur la flexion produite par un effort perpendiculaire à longueur du solide (N.° 72), on suppose $\mathbf{A} = 1\,000\,000\,000,^{Kg}$ pour le bois de chêne, une charge de $600\,000.^{Kg}$ produira dans la longueur des fibres une variation $\lambda' = 0,0006$, et cette variation devrait être regardée comme la plus grande qu'il fût possible de produire, sans altérer l'élasticité naturelle de ce bois.

La force du sapin jaune ou rouge est au moins égale à celle du chêne: celle du sapin blanc est un peu moindre.

Fer forgé.

109. En supposant conformément à ce qui a été dit sur l'allongement du fer forgé, (N.° 104), que la limite des flexions qu'on laissera prendre aux pièces de fer forgé est déterminée par la condition que l'extension des fibres soit due seulement à une charge de $10,^{Kg}$ par millimètre carré, on devra prendre, pour le fer forgé, $\mathbf{B}' = 10\,000\,000$ et calculer les plus grandes charges à faire supporter aux pièces, par les formules (N.os 59 à 68) relatives à la rupture, en mettant à la place de $\mathbf{B}$, cette valeur de $\mathbf{B}'$.

On a pour le fer forgé, $\mathbf{A} = 20\,000\,000\,000,^{Kg}$ (N.° 73); par conséquent la charge de $10\,000\,000,^{Kg}$ occasionne dans les fibres une variation λ' de longueur, exprimée par 0,0005 que l'on regarde ici comme la limite de celles que l'on peut produire, sans altérer la constitution du fer. M.r Bisleau (Essai, page 79) a pris $\lambda' = 0,0003$, qui répond aux moindres valeurs indiquées par ses expériences, valeurs dont la moyenne est à-peu-près 0,000 65. Ce dernier allongement serait produit par une charge de 13^{Kg} par millimètre carré, égale à $\frac{1}{3}$ de celle qui causerait la rupture (N.° 104)

Fer fondu.

110. Suivant les expériences sur le fer fondu (N.° 77), la valeur de $\mathbf{B}$, qui convient à la fonte de bonne qualité est moyennement $\mathbf{B} = 28\,000\,000.^{Kg}$ On peut charger les pièces jusqu'à $\frac{1}{4}$ du poids qui causerait la rupture, ou prendre $\mathbf{B}' = 7\,000\,000.^{Kg}$ Les plus grandes charges auxquelles il soit possible de soumettre les pièces en fer fondu, se calculeront pareillement par les formules (N.os 59 à 68) relatives à la rupture et dans lesquelles on remplacera $\mathbf{B}$, par cette valeur de $\mathbf{B}'$.

Supposé que l'on ait, pour la fonte douce, conformément aux expériences sur cette fonte (N.° 75), $\mathbf{A} = 11\,000\,000\,000,^{Kg}$ une tension de $7\,000\,000,^{Kg}$ répondra à un allongement $\lambda' = 0,000\,64$, que l'on regarde ici comme la limite de ceux auxquels on peut exposer le fer fondu sans en altérer la constitution.

Expression analytique de la limite des efforts: 1° quand leur direction est perpendiculaire à la longueur du solide supposé appuyé librement par ses deux extrémités.

111. Le solide étant posé horizontalement sur deux appuis et chargé au milieu, l'équation de l'équilibre de résistance à la rupture (N.° 59) est $\beta = c\mathbf{P}$. Supposons que la section transversale soit rectangulaire, nous aurons $\beta = \mathbf{B}\frac{ab^2}{6}$ et l'équation d'équilibre donnera $2\mathbf{P} = \mathbf{B}\frac{ab^2}{3c}$; maintenant, si l'on substitue $\mathbf{B}'$ ou $\mathbf{A}\lambda'$ à $\mathbf{B}$, il viendra

$$2\mathbf{P} = \mathbf{A}\frac{\lambda' a b^2}{3c} \quad \ldots\ldots\ldots\ldots (1)$$

c'est l'expression de la limite des poids dont on peut charger le solide, sans que son élasticité soit altérée.

En prenant avec M.r Duleau, pour le fer forgé, $\mathbf{A} = 20\ 000\ 000\ 000$, $\lambda' = 0,0003$, on trouve

$$2\mathbf{P} = 2\ 000\ 000\,\frac{ab^2}{c} \quad \ldots\ldots\ldots\ldots (2)$$

résultat qui coïncide avec celui que cet Auteur a donné (Essai Théorique &c.a page 79).

2° Quand ils sont dirigés en tout ou en partie, suivant la longueur du solide.

112. Mais quand le solide est soumis à un effort dirigé en tout ou en partie suivant sa longueur, l'expression de la limite ne peut plus se conclure exactement de l'équation d'équilibre et doit être déterminée directement, comme nous allons l'expliquer.

On remarquera qu'en général 1° en vertu de la composante $\mathbf{X}$ de l'effort, les fibres sont d'abord comprimées ou allongées également sur toute l'étendue de la section transversale; 2° par l'effet de la courbure la compression se trouve ensuite diminuée à la face convexe et augmentée à la face concave. Alors on pourra régler la flèche de courbure et par suite l'effort, d'après la condition que la plus grande compression ou extension n'excède pas la limite λ'.

Cas où le solide est chargé de bout;

113 Considérons un solide chargé de bout: soit O l'aire de la section transversale; $\frac{Q}{AO}$ exprimera évidemment la compression commune à toutes les fibres; d'ailleurs $\frac{V}{\rho}$ ou $-V\frac{d^2y}{dx^2}$ exprime, pour un point quelconque, la plus grande compression des fibres, due à la flexion (N.° 40). Or (N.° 80), le maximum de cette quantité, lequel répond au point dont l'abscisse $x = \frac{1}{2}$ ou dont l'ordonnée $y = f$, est $\frac{V}{\alpha}Qf$ ou $VQ.\frac{s\sqrt{2}}{\alpha\pi}\sqrt{1-\frac{\alpha\pi^2}{QS^2}}$, à cause de $K = 1$, Ainsi $Q\left(\frac{1}{AO} + \frac{VS\sqrt{2}}{\alpha\pi}\sqrt{1-\frac{\alpha\pi^2}{QS^2}}\right) = \lambda'$, exprimera le plus grand accourcissement des fibres; si donc on veut que le plus grand effort supporté par les fibres, sur l'unité superficielle, n'excède pas la limite B', il faudra que la valeur de Q

ne surpasse point celle qui satisfait à l'équation

$$Q\left(\frac{1}{O}+\frac{AVs\sqrt{2}}{\alpha\pi}\sqrt{1-\frac{\alpha\pi^2}{Qs^2}}\right)=B'.\ldots\ldots\ldots (1)$$

dans laquelle on attribuera à B' les valeurs indiquées précédemment (N.os 110, 111, 112), pour les divers matériaux.

Lorsque la section transversale du solide sera rectangulaire, on aura $\alpha = A\frac{ab^3}{12}$, $O=ab$, $V=\frac{b}{2}$ et l'équation deviendra

$$\frac{Q}{ab}\left(1+\frac{12.\,s}{\pi b\sqrt{2}}\sqrt{1-A\frac{\pi^2 ab^3}{12Qs^2}}\right)=B'.\ldots\ldots\ldots (2)$$

Cas où il est chargé obliquement à la longueur.

114. Les mêmes considérations s'appliquent au cas de résistance d'un solide chargé obliquement, (N.° 89).

Dans ce cas, $\frac{Q\cos\varepsilon}{A.O}$ sera l'accourcissement des fibres, provenant de l'action de la composante $Q\cos\varepsilon$, parallèle à l'axe du solide, et $\frac{VQ\sin\varepsilon\,\text{tang.}\,c\sqrt{\frac{Q\cos\varepsilon}{\alpha}}}{\sqrt{\alpha Q\cos\varepsilon}}$ le plus grand accourcissement produit par la flexion ; de là

$$Q\left(\frac{\cos\varepsilon}{O}+\frac{AV\sin\varepsilon\,\text{tang.}\,c\sqrt{\frac{Q\cos\varepsilon}{\alpha}}}{\sqrt{\alpha Q\cos\varepsilon}}\right)=B'.\ldots\ldots (3)$$

et

$$\frac{Q}{ab^2}\left(b+\frac{6\sin\varepsilon\,\text{tang.}\,c\sqrt{\frac{12\,Q\cos\varepsilon}{Aab^3}}}{\sqrt{\frac{12\,Q\cos\varepsilon}{Aab^3}}}\right)=B'.\ldots\ldots (4)$$

Expression de la limite de l'effort relativement à la torsion.

115 La formule (10) relative à la torsion (N.° 97) donne $\frac{r\theta}{c}=\frac{P}{A'}\,\frac{2L}{\pi r^3}$; or, le premier membre de cette égalité exprime la quantité de torsion, par unité de longueur, qu'éprouve une fibre placée à la surface du cylindre ; écrivant donc T, au lieu de $\frac{r\theta}{c}$, nous aurons

$$r=\sqrt[3]{\frac{2}{\pi A'T}}\sqrt[3]{LP}\ldots\ldots (1)$$

Les Ingénieurs Anglais font usage pour le fer forgé d'une formule fondée sur l'observation et qui revient à

$$r=0{,}0106612\sqrt[3]{LP}\ldots\ldots (2)$$

en la comparant avec la précédente, après y avoir mis pour A' sa valeur donnée par les expériences sur la torsion (N.° 98), on trouve $T=0{,}00008$, ce qui change (1) dans la formule pratique

$$r=0{,}010632\sqrt[3]{LP}\ldots\ldots\ldots (3)$$

Quoi qu'il en soit, on a généralement $r=K\sqrt[3]{LP}$, K étant un coefficient constant. Pour un cylindre de même matière, soumis à un autre effort $L'P'$ et dont le rayon serait r', on

aura pareillement $r' = K\sqrt[3]{L'P'}$; d'où
$\sqrt[3]{LP} : \sqrt[3]{L'P'} :: r : r'$.

Des solides formés de plusieurs pièces assujetties entre elles.

De la résistance des solides composés; exemples les plus utiles.

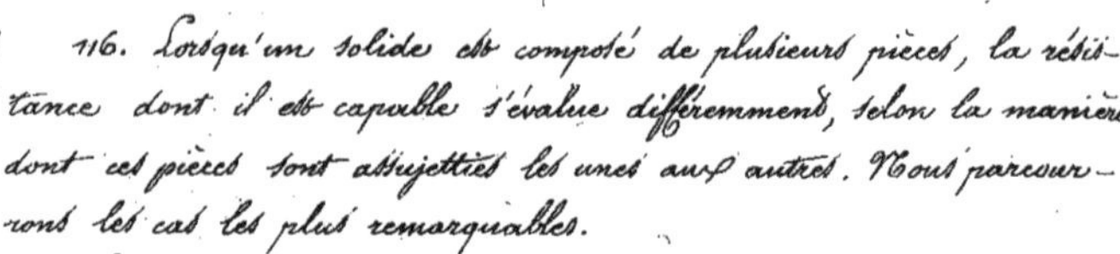

116. Lorsqu'un solide est composé de plusieurs pièces, la résistance dont il est capable s'évalue différemment, selon la manière dont ces pièces sont assujetties les unes aux autres. Nous parcourons les cas les plus remarquables.

Si le solide est l'assemblage de plusieurs pièces superposées, assujetties par des brides qui les retiennent en contact, sans s'opposer à ce que les points correspondants des faces contiguës se déplacent les uns par rapport aux autres, dans la flexion de l'assemblage; la résistance du système sera la somme des résistances que les pièces offriraient séparément.

Supposant donc que la section transversale des pièces soit rectangulaire, désignons par a la largeur commune de ces pièces; par b la hauteur de chacune et par n leur nombre; il est clair (N°. 50), qu'abstraction faite du frottement provenant de la force avec laquelle les pièces sont serrées les unes contre les autres, l'expression du moment d'élasticité sera

$$\varepsilon = nA\frac{ab^3}{12} \quad \ldots\ldots\ldots\ldots (1)$$

et celle du moment de rupture,

$$\beta = nB\frac{ab^2}{6} \quad \ldots\ldots\ldots\ldots (2)$$

La résistance du système est la même soit que l'on superpose les pièces dans le sens de la flexion soit qu'on les place les unes à côté des autres.

Si les pièces assemblées étaient partagées en plusieurs parties dans leur longueur, le moment d'élasticité n'aurait pas la même valeur aux différents points de la longueur du système. Dans la partie mm le moment d'élasticité est la somme des moments des trois pièces superposées; dans la partie nn, il est seulement la somme des moments de deux de ces pièces. Il faut, autant qu'il est possible disposer les joints de manière qu'ils ne se trouvent point vis-à-vis les uns des autres; et, sous cette condition, on pourra regarder la résistance du système à la flexion ou à la rupture, comme égale à la somme des résistances des pièces superposées, moins une.

Quelquefois même, on peut, si les joints sont disposés convenablement, regarder la résistance du système comme égale à la somme des résistances des pièces superposées. Par exemple, quand le solide, composé de trois pièces superposées, est encastré à une extrémité et chargé à l'autre, la résistance au point d'encastrement équivaut à la somme des résistances des trois pièces. Aux points m, n que l'on suppose à $\frac{1}{3}$ et à $\frac{2}{3}$ de la longueur, la résistance est seulement $\frac{2}{3}$ et $\frac{1}{3}$ de la précédente; mais comme l'action du poids pour causer la flexion ou la rupture, en ces points est également $\frac{2}{3}$ et $\frac{1}{3}$ de l'action de ce poids au point d'encastrement, l'assemblage offre partout une résistance au moins égale à celle qui s'exerce à ce dernier point. On pourrait évidemment supprimer ici les portions des pièces supérieure et inférieure, qui sont au-delà du point n, sans altérer la résistance du système à la rupture.

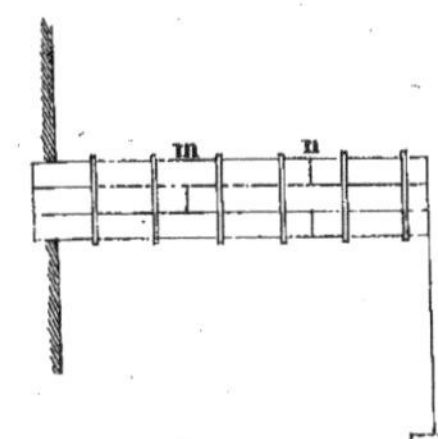

La résistance, soit à la flexion soit à la rupture, d'un solide formé de pièces assemblées à crémaillère ou unies par des clefs que des brides serrent fortement, ne différera pas sensiblement de celle d'une seule pièce des mêmes dimensions.

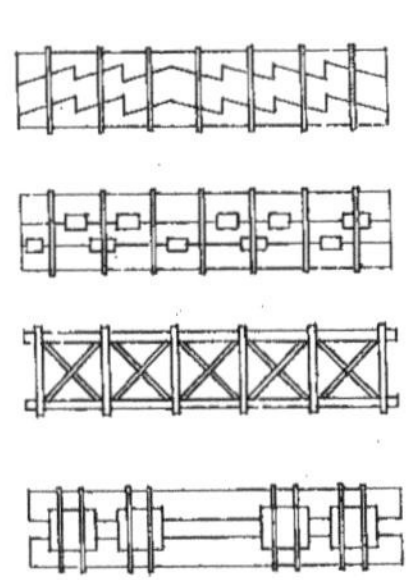

Si l'assemblage était formé de deux pièces séparées, mais assujetties entre elles de manière qu'une ligne tracée, avant la flexion, perpendiculairement à la longueur, dût devenir, après la flexion, une normale commune aux courbes affectées par les deux pièces, la résistance à la flexion s'obtiendrait en retranchant du moment d'élasticité du solide, regardé comme plein, le moment d'élasticité du solide qui occuperait l'intervalle des deux pièces.

Soient donc a la largeur commune des deux pièces, b′ la hauteur de l'assemblage et b″ celle de l'intervalle; les expressions des moments d'élasticité et de rupture seront respectivement

$$\alpha = A\frac{a(b'^3 - b''^3)}{12}, \quad \beta = B\frac{a(b'^3 - b''^3)}{6b'} \ldots\ldots (3).$$

L'hypothèse sur laquelle ces formules sont fondées ne peut être réalisée, qu'autant que les deux pièces, supposées parallèles, sont assujetties l'une à l'autre par un système de traverses et de croix, ou par des clefs logées dans des entailles, comme l'indique la figure ci-dessus.

Mais si l'une des pièces est courbée ou si elles le sont

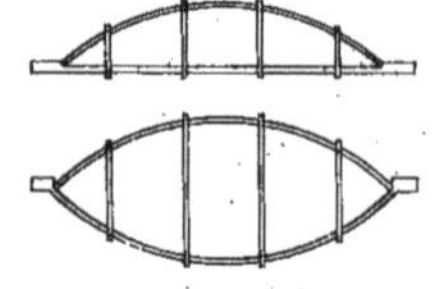

toutes deux, et si ces pièces sont assujetties aux extrémités de manière à ne pouvoir glisser l'une sur l'autre, il suffira qu'elles soient réunies par des traverses pour que les formules (3) conviennent au système.

Il sera avantageux, dans chaque cas particulier, de régler la courbure des pièces de manière à rendre le système d'égale résistance (N.° 99).

Dans les deux derniers systèmes, chaque pièce, selon qu'elle est placée du côté qui devient concave ou convexe lors de la flexion, ne résistant qu'à une compression ou une tension exercée suivant la longueur, peut être formée de plusieurs parties ou mises bout-à-bout et maintenues dans le prolongement les unes des autres, ou liées entre elles par des assemblages capables de la même résistance que la pièce. Une pareille division des pièces supérieure et inférieure n'altérera pas sensiblement la force du système.

Lorsqu'on connaît la nature des efforts auxquels les pièces sont exposées dans les assemblages de ce genre, on peut choisir pour chacune, la matière qui convient le mieux. Ce choix est déterminé par la condition d'obtenir une résistance donnée avec la moindre dépense possible. En comparant les résistances respectives du fer fondu et du fer forgé à la compression et à l'extension, avec les prix de ces matières, on jugera qu'il est toujours avantageux d'employer le fer fondu pour les pièces comprimées et le fer forgé pour les pièces tendues. On trouve aussi plus de sécurité dans cette disposition, quand l'édifice est exposé à des secousses, parce que le fer forgé peut souvent se prêter, sans se rompre, à une extension subite, qualité dont le fer fondu est presque entièrement dénué.

Le bois de chêne ou de sapin, comprimé ou tendu, coûte beaucoup moins, à égale résistance, que le fer forgé ou fondu et il est moins sujet à rompre par l'effet des chocs; mais il est moins durable, quand il est exposé à l'humidité.

Expériences sur la résistance des solides composés de plusieurs pièces assujetties entre elles.

117. Suivant quelques expériences de M.r Aubry (Ouvrage cité, page 65). Un barreau de bois de Chêne, de 1^{po} de largeur, 2^{po}½ de hauteur, posé horizontalement sur deux appuis distants de 5^{pi} et chargé au milieu, a rompu sous un poids de $755,^{lb}$ produisant une flèche de 2^{po}.

Un autre barreau du même bois, de 1^{po} de largeur, 2^{po} de hauteur, formé de trois pièces entaillées de 3^{lig}, de 6 en 6^{po}, et serrées par des boulons de 1$^{lig}\frac{1}{4}$ de diamètre; posé et chargé comme le précédent, a rompu sous un poids de 475^{k}, produisant une flèche de 3^{po} 2^{lig}.

Ainsi, le second barreau était à peu près aussi fort que s'il eût été d'une seule pièce.

Les expériences de M^{r}. Duleau (ouvrage cité, page 40), ont donné les résultats suivants. Les pièces toutes de 0^{m},06 de largeur étaient posées horizontalement sur deux appuis et chargées au milieu. Les boulons, au moyen desquels ces pièces étaient assemblées, avaient 0^{m},02 de diamètre et étaient espacés de 0^{m},4. Les résultats sont ramenés par le calcul à la flèche de la courbure affectée par chaque pièce sous une charge de 10^{kg}.

Pour le système formé par des pièces en croix, la résistance à la flexion diffère peu de celle qu'on trouve par la formule (3). Quant aux pièces simplement serrées par des boulons, la résistance est plus petite et d'autant plus que l'intervalle des pièces est plus grand; ce qui doit être attribué à la flexion des boulons.

Indication des Pièces.	Intervalle des Appuis	Hauteur totale	hauteur du vide	Flèche de Courbure
	mètres.	millimèt.	millimèt.	millimèt.
Deux pièces de fer du Périgord, posées à plat, et superposées sans boulons	2,.	21,1	0,.	7,.
Les mêmes posées à plat, serrées par des boulons	4,.	21,.	0,.	11,5
Les mêmes écartées de 0^{m},011, au moyen de cales serrées par des boulons	4,.	32,.	11,.	4,57
Les mêmes écartées de 0^{m},021 par le même moyen	4,.	42,.	21,.	2,6
Les mêmes écartées de 0^{m},032 par le même moyen	4,.	53,.	32,.	1,8
Les mêmes écartées de 0^{m},153 au moyen de pièces en croix	5,8	174,.	153,.	0,275
Deux pièces de fer du Périgord, serrées l'une sur l'autre par des boulons	4,0	40,.	0,.	2,2

De l'usage des Armatures pour consolider les pièces, les prolonger ou les joindre bout-à-bout.

Des armatures propres à consolider les pièces, les prolonger ou les joindre bout-à-bout.

118. On peut consolider des pièces en bois au moyen d'armatures en fer. Quand une pièce supporte un effort dirigé perpendiculairement à sa longueur, la meilleure disposition consiste à encastrer dans les faces latérales de cette pièce, un assemblage formé d'une pièce courbe et d'un tirant rectiligne, dont les extrémités sont assujetties l'une à l'autre. Que l'on encastre un pareil assemblage entre deux pièces de bois posées l'une à côté de l'autre, et serrées par des boulons: si le contact établi entre les points du fer et du bois se maintient exactement dans la flexion; ou si, pour plus de sûreté, l'assemblage en fer est consolidé par des traverses, la résistance du système équivaudra à la somme des résistances de la pièce en bois et de l'assemblage en fer. Le tirant rectiligne devra être en fer forgé et la courbe en fer fondu.

Lorsque les pièces doivent être soumises à un effort dirigé perpendiculairement à leur longueur, on peut les prolonger ou en assujettir deux dans le prolongement l'une de l'autre, d'une manière très-solide, en employant une portion de tuyau, dans lequel les extrémités des pièces seraient contenues et fortement serrées. Mais comme la paroi intérieure du tuyau ne serait pas pressée sur toute son étendue, il y a lieu d'en supprimer une partie et de simplifier la disposition, sans abandonner le principe.

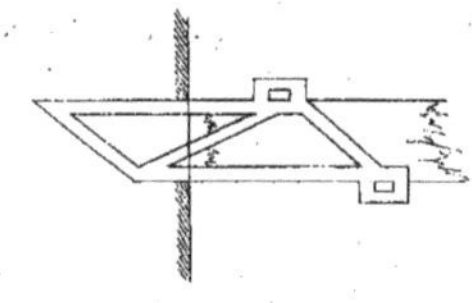

Par exemple, une pièce de bois, qui doit être encastrée horizontalement, peut être prolongée dans l'encastrement au moyen de deux armatures en fer fondu, appliquées contre les faces latérales et réunies en **m**, **n** par des traverses. Les faces supérieures et inférieure de la pièce doivent être serrées fortement contre ces traverses avec des cales ou des vis de pression. Par cette disposition, la pièce ne peut céder à un effort dirigé de haut en bas qu'en rompant au-dessus de la traverse **n**.

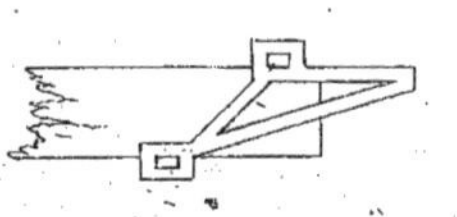

L'armature indiquée en marge servirait à prolonger une pièce destinée à porter un poids à son extrémité, et étant renversée, elle pourrait former les extrémités d'une poutre dont les portées seraient détériorées.

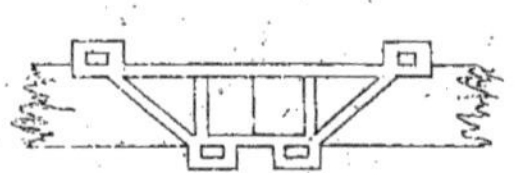

Enfin, l'armature représentée dans cette figure peut être employée pour assujettir l'une au bout de l'autre deux pièces dont on voudrait n'en faire qu'une, ou pour consolider une poutre que la charge aurait fait rompre. Mais la réussite n'est pas aussi assurée dans le second cas que dans le premier parce qu'alors l'armature se trouvant dans la partie où la pièce tendrait à prendre la plus grande courbure, il faudrait un contact beaucoup plus parfait entre la pièce et l'armature, pour qu'il n'y eût pas de flexion sensible.

Dans ces appareils, la résistance des armatures peut être évaluée par la formule (3 du N°. 116). Il est nécessaire que les portions de surface sur lesquelles la pression s'établit soient assez grandes pour que le bois ne s'y comprime pas sensiblement. La valeur de la pression sera toujours facile à calculer. Dans l'ante-pénultième figure, par exemple, la pression en **m** doit faire équilibre autour du point **n** au poids dont la pièce est chargée; la pression en **n** est égale à la somme de ces poids et de la pression exercée en **m**.

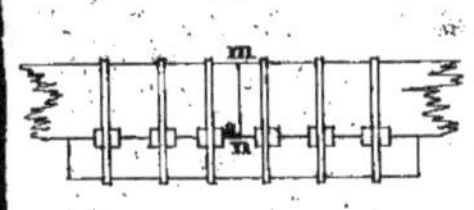

Les deux parties d'une pièce exposée à fléchir transversalement de haut en bas peuvent encore être réunies de la manière indiquée ci-contre, au moyen d'une pièce juxtaposée en-dessous, assujettie par des clefs de bois dur, pénétrant dans des entailles et serrées par des brides. En effet, les fibres, lors de la flexion, sont comprimées dans la partie supérieure **am** de la section transversale, et étendues dans la partie inférieure **an**. Le joint **mn** ne nuit pas (N°. 78) à la résistance des fibres comprimées et la résistance des fibres étendues, qui se trouvent coupées, est suppléée par celle de la pièce appliquée par dessous. On peut déterminer la force de cette pièce par la condition que le moment de la résistance de ses fibres, pris par rapport à l'axe d'élasticité **a**, soit égal au moment des fibres coupées dans l'intervalle **an**, pris par rapport au même axe.

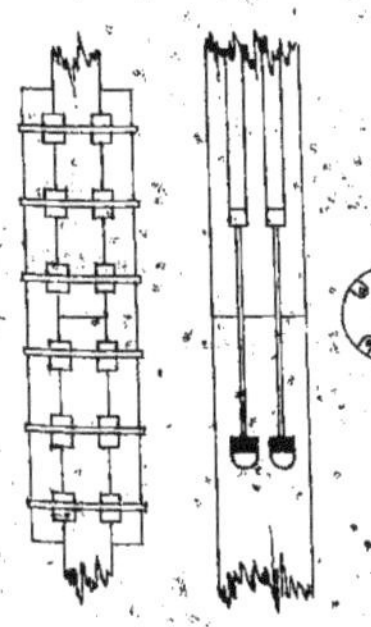

Quant aux pièces placées dans le prolongement l'une de l'autre et exposées à une tension longitudinale, on peut les assembler au moyen de pièces juxtaposées, assujetties par des clefs et des brides. On peut aussi employer des tirants de fer, soit en les encastrant dans le bois, soit en les plaçant en dehors et les fixant à des traverses. Dans tous les cas, les pièces réunies sont nécessairement affaiblies au point de jonction, attendu que la section transversale est diminuée par l'effet des entailles. On doit donner aux tirants une force égale à celle qui reste au bois, et il faut que la surface de bois sur laquelle ces tirants prennent un appui soit assez grande pour qu'il n'y ait pas écrasement, et que l'adhésion latérale des fibres qui tendent à se détacher ne puisse être rompue.

On trouvera dans l'ouvrage de Mr. Navier le complément de la théorie de la résistance des solides, dont nous n'avons présenté ici que les éléments, en choisissant l'ordre didactique qui nous a paru le plus propre à en abréger l'exposition sans l'obscurcir. Les notes qui suivent sont destinées à généraliser ou à développer quelques points de théorie.

Notes.

I Sur le No. 18.

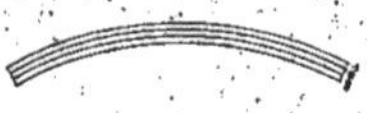

Un solide élémentaire, composé de trois fibres superposées, étant fléchi, ces fibres à cause de leur cohésion latérale, agiront l'une sur l'autre: la fibre 1, placée à la convexité, et qui est allongée, tendant à reprendre sa longueur primitive, agira sur la fibre intermédiaire 2, pour l'accourcir; tandis que la fibre 3 placée à la concavité, et qui est accourcie, tendant pareillement à reprendre sa première longueur, agira sur la même fibre intermédiaire 2, pour l'allonger, et, comme les deux actions contraires sont égales, cette fibre intermédiaire ne changera pas de longueur et sera simplement pliée.

Sur le No. 21.

1° La loi qu'on admet consiste en ce que $\frac{P}{O}$ est proportionnel à $\frac{\lambda}{l}$; d'où

$$\frac{P}{O} = A\frac{\lambda}{l} \quad \ldots\ldots \quad (1)$$

équation entre les deux variables P et λ.

On suppose aussi que cette loi ou l'équation qui l'exprime se continue jusqu'au terme de la rupture: Soient P' et λ' les valeurs de P et λ, correspondantes à ce terme, de manière qu'on ait $\frac{P'}{O} = A\frac{\lambda'}{l}$; comme à ce même terme on a

$$\frac{P'}{O} = B \quad \ldots\ldots \quad (2)$$

il s'en suit

$$B = A\frac{\lambda'}{l};\ \text{d'où}\ A : B :: l : \lambda'.$$

Si donc on connaissait l'allongement $\frac{\lambda'}{l} = l'$, qui répond à la rupture, on conclurait $B = Al'$ ou $A = \frac{B}{l'}$; réciproquement A et B étant connus, on aura

$$l' = \frac{B}{A} \quad \ldots\ldots (3)$$

Soit P'' la valeur de P, qui par extension de la loi admise, répondrait à $\lambda = l$; il viendra $A = \frac{P''}{O}$; on peut donc dire que le coefficient A est, pour l'unité superficielle, le poids capable d'allonger ou d'accourcir le corps d'une quantité égale à sa longueur primitive.

On a dit par extension de la loi, parce que la rupture pourra arriver avant que l'allongement ait atteint la limite l'. En effet, représentons-nous les molécules d'une même fibre comme une suite de petits ressorts liés chacun par une force égale à la ténacité et qui est par conséquent d'une grandeur déterminée. Lorsque la fibre attachée fixement par une extrémité sera tirée suivant sa longueur, par un poids appliqué à l'autre extrémité, la force actuelle d'élasticité de chaque ressort sera mesurée par le poids; cette force augmentera en même raison que ce poids et finira par égaler la force de ténacité, qui n'aura pu que diminuer par l'action du poids, si elle n'est pas demeurée constante; de sorte qu'à ce terme, la rupture s'opérera pour peu que le poids agissant augmente encore.

On voit que la substitution de B à la place de $A\frac{\lambda'}{l}$, dans l'équation (1) produit l'équation (2) et devient ainsi explicitement indépendante de $\frac{\lambda'}{l}$ ou l'. Comme l'élasticité s'altère réellement quand le poids P augmente jusqu'au terme qui répond à la rupture, c'est-à-dire, comme dans le vrai, il faudrait au-delà d'une certaine variation de longueur, un poids plus grand ou un poids moindre pour produire sur une fibre le même degré d'accourcissement ou le même degré d'allongement, le coefficient B déterminé par expérience, indépendamment du coefficient A, corrigera en quelque sorte, ce que l'hypothèse du N.° 17, peut avoir de défectueux.

Détermination de la résistance des pierres à l'écrasement, par Coulomb.

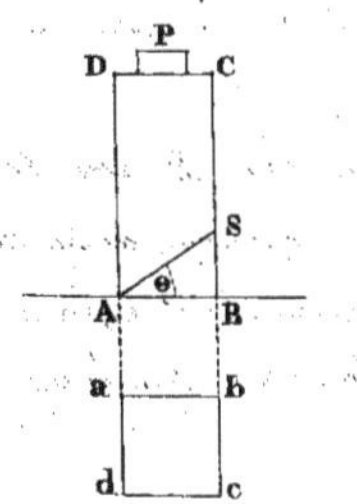

Coulomb a déterminé, dans le mémoire cité, la résistance à l'écrasement ou à la rupture causée par la compression, pour les solides composés de molécules agglutinées, comme la pierre: soit a le côté $ab = ad$ de la base $abcd$ du prisme $ABCD$, chargé d'un poids P et coupé par un plan AS faisant avec l'horizon un angle quelconque θ. On trouve sans difficulté qu'eu égard seulement à la cohésion sur la section

AS, l'équation d'équilibre est $P \sin\theta - \frac{2\gamma a^2}{\cos\theta} = 0$, qui donne

$$P = \frac{2\gamma a^2}{\sin 2\theta} \dots\dots\dots (3)$$

Le minimum de P répond évidemment à $\theta = 45°$ et ce minimum est

$$P = 2\gamma a^2 \dots\dots\dots (4)$$

d'où réciproquement

$$\gamma = \frac{P}{2a^2} \dots\dots\dots (5)$$

Autrement : l'action libre du poids P parallèlement à SA sera exprimée par $\alpha = P \sin\theta - \frac{\gamma a^2}{\cos\theta}$; elle sera un maximum et ce maximum sera nul si l'on a les équations $\alpha = 0$, $\frac{d\alpha}{d\theta} =$ qui donnent les mêmes résultats que la précédente.

Explication de la rupture singulière d'un cube.

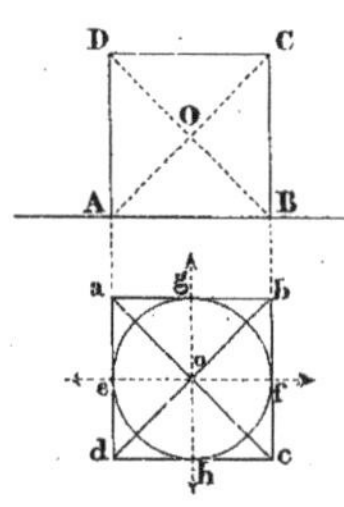

On tire de là l'explication de la rupture singulière d'un solide cubique : Perronet, Gauthey et Rondelet ont observé qu'un cube de pierre, soumis à une pression capable de le rompre se divisait quelquefois en six pyramides ayant son centre pour sommet commun et ses faces pour bases respectives.

Il est permis de supposer que le cube au lieu de s'appuyer sur un plan inébranlable soit repoussé par une force P' égale et contraire à la pression $P = 2\gamma a^2$. Or il n'y a pas de raison pour que la force P opère la rupture suivant l'une des quatre sections diagonales, telles que AC, exclusivement aux autres et elle est insuffisante pour l'opérer à la fois suivant les quatre tout entières ; mais que l'on partage cette force en quatre autres, égales, qui répondent aux quatre faces de la pyramide supérieure et que l'on décompose chaque force partielle perpendiculairement et parallèlement à la face respective ; toutes les composantes seront égales et tandis que les premières solliciteront les pyramides latérales à s'éloigner du centre, les secondes opéreront la rupture suivant les faces de la pyramide supérieure ; car si l'on représente la force P par le nombre 8, chacune des composantes sera exprimée par $\sqrt{2}$ ou le quart de $4\sqrt{2}$, valeur de la composante de P, parallèle à AC. D'ailleurs les quatre faces de la pyramide supérieure équivalent ensemble à la section rectangulaire AC ; ainsi, une force $\sqrt{2}$, parallèle à une des faces, suffit pour vaincre la cohésion sur cette face.

Maintenant ce qui a été dit de la force P doit s'entendre de la force P' ; donc la rupture s'opérera aussi suivant les faces de la pyramide inférieure et chacune des pyramides latérales sera sollicitée par une seconde force $\sqrt{2}$, symétrique de la première, c'est-à-dire, sera poussée en dehors par une force résultante 2, perpendiculaire à sa base.

Enfin les quatre forces 2, appliquées perpendiculairement aux bases des quatre pyramides latérales, suffisent pour détruire la cohésion sur les faces verticales par lesquelles ces pyramides adhèrent les unes aux autres; car chaque force se décompose en deux égales à $\sqrt{2}$ et perpendiculaires aux faces verticales de la pyramide respective, en sorte que chacune des quatre faces verticales, qui est le quart du rectangle AC est tirée en sens contraire par deux forces égales à $\sqrt{2}$.

A la vérité, les quatre forces 2 pourraient, abstraction faite du frottement, opérer la rupture tout à la fois suivant les sections biaises ac, bd et les sections ef, gh; mais dans l'état physique, le frottement existe nécessairement et il opposera plus de résistance à cette dernière rupture qui par conséquent n'aura pas lieu.

S'il s'agissait d'un cylindre à base circulaire, dont la hauteur égalât le diamètre, on trouverait de la même manière, une division en deux cônes de mêmes bases que le cylindre, ayant pour sommet commun le milieu de l'axe, et un solide intermédiaire, engendré par la révolution du triangle OBC autour de cet axe, solide divisible lui-même par l'action des forces P, P' suivant deux plans méridiens, rectangulaires, quelconques.

III. Sur le N°. 44.

Théorie des axes et moments d'Elasticité.

1°. Nous avons défini l'axe et le moment d'élasticité proprement dits: il est dans la nature de cet axe de passer par le centre de gravité de la section transversale du solide; cependant s'il arrive que cette section soit formée de l'assemblage continu de plusieurs figures, on peut avoir à déterminer les moments de celles-ci, relativement à un axe qui ne passe point par leurs centres de gravité particuliers, mais par celui de la figure entière. Les axes et moments d'élasticité rentrent dans ceux d'inertie relatifs aux figures planes; la théorie de ces derniers, qui avait été négligée comme purement spéculative, intéresse donc réellement l'art des constructions ; elle peut d'ailleurs décider des questions incertaines et révéler des propriétés utiles ; c'est pourquoi nous allons essayer de la développer

2°. Afin d'abréger, nous ferons $dudv = dm$ et nous représenterons les quantités $\int u^2 dm$, $\int v^2 dm$, $\int uvdm$, par P, Q, R, pour des axes rectangulaires, quelconques, ayant leur origine au centre de gravité ; par P', Q', R', pour des axes répondant à un point quelconque, dont les coordonnées rapportées au centre de gravité seront p, q ; enfin, par C, D, et C', D' ce que deviendront P, Q et P', Q', quand R ou R' sera nul, c'est-à-dire, quand il s'agira d'axes principaux.

3°. Supposons l'origine au centre de gravité, nous aurons ... $\int udm = 0$, $\int vdm = 0$; les formules par lesquelles on transporte les axes parallèlement à eux-mêmes, en un point dont les coordonnées soient p et q, donnent

$$u' = u - p, \quad v' = v - q \ldots\ldots\ldots\ldots (1).$$

Substituant ces valeurs dans $\int u'^2 dm$, $\int v'^2 dm$, on trouve

$$P' = P + p^2 m, \quad Q' = Q + q^2 m \ldots\ldots\ldots (d).$$

Donc de tous les axes parallèles entre eux, celui pour lequel le moment est un minimum passe par le centre de gravité.

4°. La même substitution dans $\int u'v'dm$ produit

$$R' = R + pqm \ldots\ldots\ldots\ldots (e).$$

Donc la quantité R augmente ou diminue selon que l'origine s'écarte du centre de gravité, dans les angles des coordonnées de même signe, ou dans les angles des coordonnées de signes contraires, et cette quantité ne varie pas quand l'origine se meut suivant l'un des axes primitifs. Enfin, si $R = 0$, ou que les axes primitifs soient des axes principaux, on a aussi $R' = 0$, pour toute position de l'origine sur ces axes, et cette propriété est particulière au centre de gravité ; puisque, pour tout autre point, le second membre de (e) renfermerait de plus les termes $-p\int vdm$, $-q\int udm$.

5°. Les formules au moyen desquelles on passe d'un système d'axes rectangulaires à un autre de même origine donnent

$$u' = v \sin \varepsilon + u \cos \varepsilon, \quad v' = v \cos \varepsilon - u \sin \varepsilon \ldots\ldots (2)$$

d'où l'on tire

$$u' = -\frac{dv'}{d\varepsilon}, \quad v' = \frac{du'}{d\varepsilon} \ldots\ldots\ldots\ldots (3)$$

en vertu de quoi la condition que le moment P soit un maximum, ou un minimum, savoir $\frac{d\int u'^2 dm}{d\varepsilon} = 0$, ou $2\int u' \frac{du'}{d\varepsilon} dm = 0$

se réduit à

$$\int u'v'dm = 0 \quad \ldots\ldots\ldots\ldots\ldots \quad (f)$$

équation à laquelle conduit aussi la condition $\frac{d\int v'^2 dm}{d\varepsilon} = 0$, et que l'on conçoit en observant que par la manière même dont elle se présente en mécanique, elle suppose l'élément superficiel dm ou $dudv$ toujours positif, quel que soit l'angle des axes, dans lequel il se trouve ; de sorte que la valeur partielle de la quantité $\int uvdm$ doit nonobstant le fait du calcul, être prise positivement ou négativement, selon que u et v sont de même signe ou de signes contraires.

6°. Substituant dans $\int u'v'dm = 0$, pour u' et v' leurs valeurs et supposant que l'origine soit un point quelconque nous obtiendrons

$$(P' - Q') \sin\varepsilon \cos\varepsilon - R' (\cos^2\varepsilon - \sin^2\varepsilon) = 0 \quad \ldots\ldots \quad (g)$$

d'où

$$\tang 2\varepsilon = \frac{2R}{P' - Q'} \quad \ldots\ldots\ldots\ldots \quad (h).$$

Or, comme une valeur donnée de $\tang 2\varepsilon$ détermine deux angles dont les moitiés sont ε et $\frac{\pi}{2} + \varepsilon$, on doit inférer qu'à chaque point de la figure répond un système d'axes rectangulaires par rapport auxquels les moments sont l'un un maximum, l'autre un minimum. Ce sont là ceux qu'on nomme axes principaux.

7°. Quand le système répond au centre de gravité, la formule (h) devient

$$\tang 2\varepsilon = \frac{2R}{P - Q} \quad \ldots\ldots\ldots\ldots \quad (h')$$

les deux moments sont moindres respectivement que ceux qui se rapportent à tout système parallèle et le plus petit de ces moments est un minimum absolu.

8°. Chacun des deux axes qui forment ce système remarquable est proprement un axe d'élasticité ; ainsi il existe dans toute figure plane deux axes d'élasticité, perpendiculaires entre eux, qui passent par le centre de gravité et pour lesquels les moments d'élasticité sont respectivement un maximum et un minimum.

9°. Il est d'ailleurs évident que dans les constructions, un solide devra toujours être disposé de manière que la flexion tende à s'opérer autour de celui des deux axes d'élasticité, auquel répond le plus grand moment.

10°. Si $R' = 0$, d'où $\varepsilon = 0$ et $\varepsilon = \frac{\pi}{2}$, les axes primitifs sont eux-mêmes les axes principaux ; si $P' = Q'$, il vient $\varepsilon = \frac{1}{2} \cdot \frac{\pi}{2}$ et $\varepsilon = \frac{3}{2} \cdot \frac{\pi}{2}$; si $P' = Q'$ et $R' = 0$, on a $\varepsilon = \frac{0}{0}$, c'est-à-dire qu'une droite quelconque passant par l'origine est un axe principal.

11.° La substitution donne encore

$$\int u'^2 dm = P' \cos^2 \varepsilon + Q' \sin^2 \varepsilon + 2R' \sin \varepsilon \cos \varepsilon \ldots\ldots (i)$$

ou simplement

$$\int u'^2 dm = C' \cos^2 \varepsilon + D' \sin^2 \varepsilon \ldots\ldots (k)$$

quand les axes primitifs des coordonnées sont les axes principaux, et

$$\int u'^2 dm = P \cos^2 \varepsilon + Q \sin^2 \varepsilon + 2R \sin \varepsilon \cos \varepsilon \ldots\ldots (l)$$

$$\int u'^2 dm = C \cos^2 \varepsilon + D \sin^2 \varepsilon \ldots\ldots (m)$$

quand le centre de gravité est l'origine.

12.° Il suffira de remplacer ε par $\varepsilon + \frac{\pi}{2}$ dans ces formules pour obtenir les analogues, relatives à $\int v'^2 dm$.

13.° Ainsi, on aura le moment propre à un axe quelconque, en cherchant d'abord, par les formules (l), (m) ou leurs analogues, celui qui convient à un axe parallèle, mené par le centre de gravité et y ajoutant ensuite le produit de la surface par le carré de la distance entre les deux axes.

14.° Si les moments relatifs aux nouveaux axes devaient avoir une même valeur S ; en ajoutant et retranchant, membre à membre, l'équation (i) et son analogue, on aurait

$$S = \frac{P'+Q'}{2} \ldots\ldots (n)$$

$$\operatorname{tang} 2\varepsilon = -\frac{P'-Q'}{2R'} \ldots\ldots (o).$$

Donc, par comparaison avec (h), les axes relativement auxquels les moments sont égaux, divisent en deux également les angles entre les axes principaux.

15.° Si en même temps les nouveaux axes des coordonnées devaient être les axes principaux, il viendrait $\frac{2R'}{P'-Q'} = -\frac{P'-Q'}{2R'}$, c'est-à-dire,

$$(P'-Q')^2 + 4R'^2 = \ldots\ldots (4)$$

d'où $P' = Q'$, $R' = 0$ et $\varepsilon = \frac{0}{0}$.

Donc quand les deux moments principaux sont égaux, leur valeur commune P' ou P est constante pour tous les axes passant par l'origine.

Réciproquement, l'égalité des moments, quel que soit ε, entraîne $P' = Q'$ et $R' = 0$, ou $P = Q$ et $R = 0$.

16.° Pour déterminer, s'il y a lieu, les points par rapport auxquels les deux moments principaux et, par conséquent, tous les moments sont égaux, on supposera que les axes primitifs soient les axes principaux, répondant au centre de gravité ; l'équation (e) se réduira à

$$R' = pqm \quad \ldots\ldots\ldots\ldots (5)$$

mais, puisque les nouveaux axes des coordonnées doivent être aussi des axes principaux, on a $pqm=0$, d'où $p=0$ ou $q=0$. Donc le point demandé, s'il existe, ne peut se trouver que sur l'un des axes primitifs. Soit $p=0$ et q indéterminé, les moments relatifs aux nouveaux axes seront C et $D+q^2m$ et leur égalité donnera

$$q^2 = \frac{C-D}{m} \quad \ldots\ldots\ldots\ldots (6)$$

il faut donc qu'on ait $C>D$.

Donc, si C et D sont inégaux, il existe deux points satisfaisant à la condition, qui sont sur l'axe par rapport auquel le moment est le plus grand, de part et d'autre du centre de gravité et à égales distances; mais si $C=D$, il n'y a pas d'autre point que le centre de gravité, qui satisfasse à la condition.

17.° En appliquant l'équation (g) au centre de gravité et ayant égard à (d) et (e), on a celle ci

$$(C-D+p^2m-q^2m)\sin\varepsilon\cos\varepsilon - pqm(\cos^2\varepsilon-\sin^2\varepsilon)=0 \ldots (7)$$

qui produit toujours l'équation (h) et à laquelle on parviendrait aussi en transportant les axes parallèlement à eux-mêmes, puis les faisant tourner d'une quantité angulaire ε, autour de la nouvelle origine. Or, de $p=0$, ou $q=0$, ou de $p=0$ et $q=0$ résulte également,

$$\sin 2\varepsilon = 0 \quad \ldots\ldots\ldots\ldots (8)$$

d'où $\varepsilon=0$ et $\varepsilon=\frac{\pi}{2}$. Réciproquement, de $\varepsilon=0$ ou $\varepsilon=\frac{\pi}{2}$, avec $p=0$ ou $q=0$, ou avec $p=0$ et $q=0$, résulte $\int u'v'dm=0$.

Donc, comme on l'a déjà vu, la quantité $\int u'v'dm$ est nulle pour tout système formé par un des axes principaux, répondant au centre de gravité et par une parallèle quelconque, menée à l'autre, c'est-à-dire, que ce système en constitue un d'axes principaux.

18.° Maintenant, si dans les formules (2) on remplace u et v par $u-p$ et $v-q$, l'équation $\int v'dm=0$, par la substitution de la valeur de v', deviendra

$$p\sin\varepsilon - q\cos\varepsilon = 0 \quad \ldots\ldots\ldots (9)$$

d'où l'on tire $\frac{p}{q}\sin^2\varepsilon = \sin\varepsilon\cos\varepsilon$, $\frac{p^2}{q^2}\sin^2\varepsilon = \cos^2\varepsilon$, ce qui réduit (7) à (8). Mais, pour $\varepsilon=0$ ou $\varepsilon=\frac{\pi}{2}$, l'équation (9) donne $q=0$ et p quelconque, ou $p=0$ et q quelconque;

Donc, la coexistence des équations

$$\int v'dm=0 \ldots (a), \qquad \int u'v'dm=0 \ldots (b)$$

indique un système d'axes principaux dont l'un passe par le centre de gravité, et dont l'autre est perpendiculaire au premier, sans que sa position absolue soit déterminée.

On pourra donc profiter de cette indétermination pour satisfaire en même temps aux deux équations (c), qui seront rendues compatibles par l'équation (b).

19°. Il existe encore certains axes obliques qui jouissent de propriétés analogues à celles des axes rectangulaires de moments (Mémoire de J. Binet, 16.e Cahier du Journal de l'École Polytechnique); mais l'obliquité de ces axes les rend étrangers à notre objet.

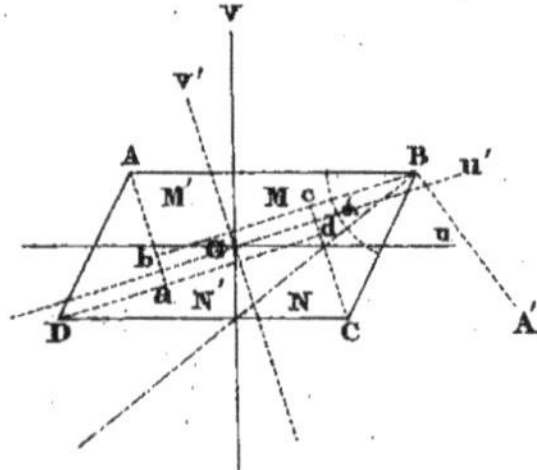

20°. Appliquons cette théorie au parallélogramme : soient $AB = a$, $BC = b$ et $ABC = \alpha$; l'équation du côté BC sera $u = \frac{\cos\alpha}{\sin\alpha} v + \frac{a}{2}$ et l'on trouvera sans difficulté

$$P = \tfrac{1}{12} a b \sin\alpha (a^2 + b^2 \cos^2\alpha),\quad Q = \tfrac{1}{12} a b^3 \sin^3\alpha,\quad R = \tfrac{1}{12} a b^3 \sin^2\alpha \cos\alpha \;\ldots\; (10)$$

d'où résultera 1°

$$\operatorname{tang} 2\varepsilon = \frac{2 b^2 \sin\alpha \cos\alpha}{a^2 + b^2(\cos^2\alpha - \sin^2\alpha)} \;\ldots\ldots\; (11)$$

équation qui peut se mettre sous la forme

$$a^2 \sin\varepsilon \cos\varepsilon = b^2 \sin(\alpha - \varepsilon) \cos(\alpha - \varepsilon) \;\ldots\ldots\; (12)$$

et qui signifie que les deux triangles ABb, BCc sont équivalents, ou sous la forme

$$\frac{a^2}{b^2} = \frac{\sin 2(\alpha - \varepsilon)}{\sin 2\varepsilon} \;\ldots\ldots\; (13)$$

Pour construire l'angle ε, on cherchera en lignes le rapport $\frac{a^2}{b^2}$, on divisera l'angle $ABA' = 2\alpha$, en deux parties dont les sinus soient dans le rapport trouvé, puis on subdivisera en deux également la partie adjacente AB.

2°. au moyen de la formule (l)

$$C = \tfrac{1}{12} a b \sin\alpha \left[a^2 \cos^2\varepsilon + b^2 \cos^2(\alpha - \varepsilon)\right] \;\ldots\ldots\; (14)$$

expression dont le coefficient différentiel $\frac{dC}{d\varepsilon}$, égalé à zéro, redonne effectivement l'équation (12).

Observant qu'en général $2\cos^2 x = 1 + \cos 2x$, développant $\cos(2\alpha - 2\varepsilon)$ et chassant $\sin 2\varepsilon$, $\cos 2\varepsilon$ par le moyen de (11) qui revient à

$$\frac{\sin 2\varepsilon}{\cos 2\varepsilon} = \frac{b^2 \sin 2\alpha}{a^2 + b^2 \cos 2\alpha} \;\ldots\ldots\; (15)$$

on obtient

$$C = \tfrac{1}{24} a b \sin\alpha \left(a^2 + b^2 + \sqrt{a^4 + b^4 + 2 a^2 b^2 \cos 2\alpha}\right) \;\ldots\ldots\; (16)$$

d'où l'on conclut

$$D = \frac{1}{24} ab \sin\alpha \left(a^2 + b^2 - \sqrt{a^4 + b^4 + 2a^2 b^2 \cos 2\alpha}\right) \ldots\ldots (17).$$

Réciproquement, en substituant dans la formule (m) et son analogue, ces valeurs de C et D ainsi que celle de $\cos 2\varepsilon$, tirée de (15), on reproduit les expressions (10) de P et Q.

21°. Soit $\alpha = \frac{\pi}{2}$, il viendra $\tang 2\varepsilon = \frac{0}{a^2 - b^2}$ d'où $\varepsilon = 0$ et $\varepsilon = \frac{\pi}{2}$.

Donc dans le rectangle les axes principaux répondant au centre de gravité sont perpendiculaires sur les côtés.

Soit de plus $b = a$, on aura $\varepsilon = \frac{0}{0}$;

Donc toute droite menée par le centre de gravité du carré est un axe d'élasticité.

Dans ces deux cas, les formules (16) et (17) se réduisent à

$$C = \frac{1}{12} a^3 b, \quad D = \frac{1}{12} a b^3 \ldots\ldots\ldots (18)$$

et

$$C = D = \frac{1}{12} a^4 \ldots\ldots\ldots (19)$$

22°. Par la nature des axes Gu', Gv' on a en général $M + N' = M' + N$, et par la nature du parallélogramme, $M = N'$, $M' = N$; d'où l'on conclut $M = M'$, $N = N'$.

Donc, pour les axes principaux répondant au centre de gravité du parallélogramme, les équations (c) sont satisfaites d'elles-mêmes.

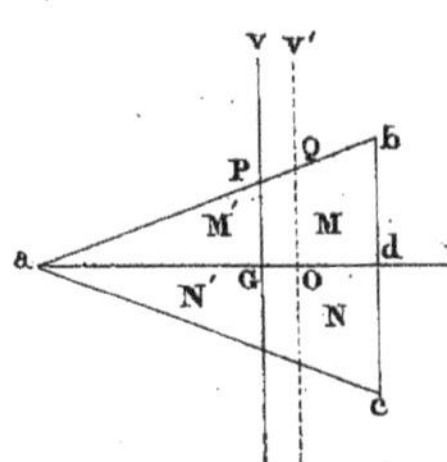

23°. Mais afin de donner un exemple simple de l'emploi de ces équations, considérons le triangle isoscèle abc et désignons bc par a, ad par h, GO par p, aO par x; d'où et de la similitude des triangles adb, aOQ, il résulte $OQ = \frac{ax}{2h}$; ainsi l'équation du côté ab sera $v' = \frac{a}{2h}(u' + x)$, et nous aurons

$$\int u'v'dm = \frac{a^2}{8h^2}\left(\frac{u'^4}{4} + \frac{2}{3} x u'^3 + \frac{1}{2} x^2 u'^2\right)$$

Cette intégrale qui doit commencer au point O dont les coordonnées sont $u' = 0$, $v' = 0$ et à laquelle par conséquent il ne faut pas ajouter de constante, doit être prise jusqu'à $u' = h - x$, pour bdOQ, et jusqu'à $u' = -x$, pour aOQ: en égalant les deux résultats et tirant la valeur de x, on trouve $aO = \frac{3}{4} h$; d'où

$$p = \frac{1}{12} h \ldots\ldots\ldots (20)$$

24°. Relativement aux axes Gu, Gv l'équation de ab est $v = \frac{a}{2h}\left(u + \frac{2h}{3}\right)$; en conséquence on a

$$\int u^2 dm = \frac{a}{2h}\left(\frac{u^4}{4} + \frac{2hu^3}{9}\right), \quad \int v^2 dm = \frac{a^3}{24h^3}\left(\frac{u^4}{4} + \frac{2hu^3}{3} + \frac{2h^2u^2}{3} + \frac{8h^3u}{27}\right),$$

intégrales qui doivent être prises depuis $u = 0$, mais jusqu'à $u = \frac{h}{3}$, pour bdGP et $u = -\frac{2h}{3}$, pour aGP. Ajoutant les valeurs absolues des deux résultats de chaque formule intégrale et doublant, on trouve

$$C=\frac{ah^3}{36},\ D=\frac{a^3h}{48}\ \ldots\ldots\ (21).$$

De là et de ce que $abc=\frac{1}{2}ah$, $p=\frac{1}{12}h$, on conclut

$$C'=\frac{ah^3}{4}\ \ldots\ldots\ldots\ (22)$$

25.° Les moments C, D et conséquemment les moments relatifs à tous les axes passant par G seront égaux, si $h=\frac{1}{2}a\sqrt{3}$, c'est-à-dire, si le triangle est équilatéral.

26.° Selon qu'on aurait $D>C$ ou $C>D$, il serait avantageux que ad ou Gv fût l'axe d'élasticité et alors Ov' ou ad devrait être respectivement la trace du plan des forces sur celui de la section abc du solide.

IV. Sur le N.° 65.

Le poids répond à un point quelconque de la longueur.

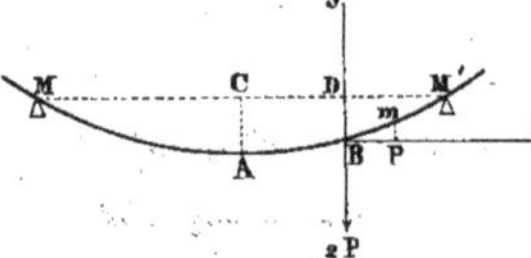

1.° Prenons le point B où le poids est suspendu et qui est le point de rupture, pour l'origine des coordonnées Bp ou x et mp ou y, et c indiquant toujours la moitié CM de l'intervalle entre les appuis, désignons par γ et f les distances horizontale et verticale entre l'origine B et le point C et par φ l'angle que la tangente à cette origine fait avec l'horizon ou avec l'axe des abscisses; les résistances des appuis M et M', abstraction faite de la courbure et du frottement, équivaudront aux composantes verticales $P\frac{c+\gamma}{c}$, $P\frac{c-\gamma}{c}$ du poids $2P$ et l'on aura ......

$$\frac{d^2y}{dx^2}=\frac{P}{\alpha}\,\frac{c+\gamma}{c}(c-\gamma-x);\ \text{d'où}$$

$$\frac{dy}{dx}=\frac{P}{\alpha}\,\frac{c+\gamma}{c}\left[(c-\gamma)x-\tfrac{1}{2}x^2\right]+\operatorname{tang}\varphi,\ y=\frac{P}{\alpha}\,\frac{c+\gamma}{c}\left[(c-\gamma)\frac{x^2}{2}-\frac{x^3}{6}\right]+x\operatorname{tang}\varphi,\ f=\frac{P}{\alpha}\,\frac{(c+\gamma)(c-\gamma)^3}{3c}+(c-\gamma)\operatorname{tang}\varphi$$

Pour la partie BM' on aura pareillement $\frac{d^2y}{dx^2}=\frac{P}{\alpha}\,\frac{c-\gamma}{c}(c+\gamma-x)$; d'où

$$\frac{dy}{dx}=\frac{P}{\alpha}\,\frac{c-\gamma}{c}\left[(c+\gamma)x-\frac{x^2}{2}\right]-\operatorname{tang}\varphi,\ y=\frac{P}{\alpha}\,\frac{c-\gamma}{c}\left[(c+\gamma)\frac{x^2}{2}-\frac{x^3}{6}\right]-x\operatorname{tang}\varphi,\ f=\frac{P}{\alpha}\,\frac{(c-\gamma)(c+\gamma)^3}{3c}-(c+\gamma)\operatorname{tang}\varphi$$

Les quantités f et $\operatorname{tang}\varphi$ doivent avoir les mêmes valeurs dans ces équations qui, par élimination, donneront

$$\operatorname{tang}\varphi=\frac{P}{\alpha}\,\frac{2\gamma(c^2-\gamma^2)}{3c},\ f=\frac{P}{\alpha}\,\frac{(c^2-\gamma^2)^2}{3c}\ \ldots\ldots\ (1).$$

Les parties BM, BM' de la courbe sont exprimées respectivement par les équations

$$y=\frac{P}{\alpha}\,\frac{c+\gamma}{c}\left[\tfrac{2}{3}(c-\gamma)\gamma x+\tfrac{1}{2}(c-\gamma)x^2-\tfrac{1}{6}x^3\right],\ y=\frac{P}{\alpha}\,\frac{c-\gamma}{c}\left[-\tfrac{2}{3}(c+\gamma)\gamma x+\tfrac{1}{2}(c+\gamma)x^2-\tfrac{1}{6}x^3\right].$$

En égalant à zéro la valeur de $\frac{dy}{dx}$ qui répond à la dernière de ces équations, on obtient

$$x=c+\gamma-\sqrt{c^2+\frac{2}{3}\gamma c-\frac{1}{3}\gamma^2};$$

soit f' la valeur correspondante de y, ce sera celle de l'ordonnée minimum et $f-f'$ sera la flèche de courbure du solide.

Le solide tend à se rompre au point B, où $\delta\frac{d^2y}{dx^2}$ est un maximum; lorsqu'il est près de se rompre, le moment de la résistance à la flexion, en ce point, est égal au moment de la résistance à la rupture; or, ce maximum est $p\frac{c^2-\gamma^2}{c}$; on a donc

$$\beta=p\,\frac{c^2-\gamma^2}{c}\ \ldots\ldots\ldots\ (2)$$

Le poids est distribué uniformément sur une portion de la longueur.

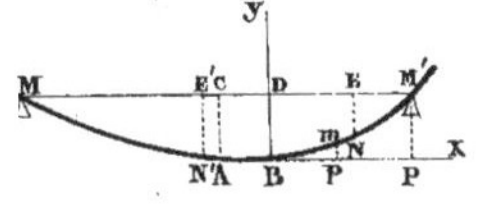

2°. Soient D et E, E', les projections sur MM', du milieu B et des extrémités N, N' de l'intervalle sur lequel le solide est chargé du poids p, par unité de longueur. Indiquant toujours CM et CD par c et γ, désignons DE par c', les coordonnées Bp, mp, par x, y; l'abaissement BD ou MP du point B, par f et l'angle que la tangente en ce point fait avec l'horizon, par φ. Les résistances des appuis M, M' équivalent aux composantes verticales $c'p\frac{c+\gamma}{c}$, $c'p\frac{c-\gamma}{c}$ de la charge $2c'p$. Or chaque partie BM, BM' du solide est dans le même état que si, étant encastrée en B, elle était sollicitée dans un sens par une force égale à la résistance de l'appui M ou M', et dans l'autre sens par les poids répartis sur BN ou BN'; donc (N° 60) on aura d'abord, pour tous les points compris entre B et N, $\frac{d^2y}{dx^2}=\frac{c'p}{\delta}\frac{c+\gamma}{c}(c-\gamma-x)-\frac{p}{\delta}\left(\frac{c'^2}{2}-c'x+\frac{x^2}{2}\right)$;
d'où

$$\frac{cp}{\delta}\frac{c+\gamma}{c}\left[(c-\gamma)x-\frac{x^2}{2}\right]-\frac{p}{\delta}\left(\frac{c'^2x}{2}-\frac{c'x^2}{2}+\frac{x^3}{6}\right)+\operatorname{tang}\varphi,\ y=\frac{c'p}{\delta}\frac{c+\gamma}{c}\left[(c-\gamma)\frac{x^2}{2}-\frac{x^3}{6}\right]-\frac{p}{\delta}\left(\frac{c'^2x^2}{4}-\frac{c'x^3}{6}+\frac{x^4}{24}\right)+x\operatorname{tang}\varphi;$$

et en faisant $x=c'$ dans ces équations, on trouvera pour les valeurs propres au point N,

$$\frac{y}{x}=\frac{c'p}{\delta}\frac{c+\gamma}{c}\left[(c-\gamma)c'-\frac{c'^2}{2}\right]-\frac{p}{\delta}\frac{c'^3}{6}+\operatorname{tang}\varphi,\ y=\frac{c'p}{\delta}\frac{c+\gamma}{c}\left[(c-\gamma)\frac{c'^2}{2}-\frac{c'^3}{6}\right]-\frac{p}{\delta}\frac{c'^4}{8}+c'\operatorname{tang}\varphi.$$

On aura ensuite, pour tous les points compris entre N et M, $\frac{d^2y}{dx^2}=\frac{c'p}{\delta}\frac{c+\gamma}{c}(c-\gamma-x)$; d'où l'on tire, en déterminant les constantes de manière que les valeurs de $\frac{dy}{dx}$ et de y, qui répondront à $x=c'$, soient égales aux précédentes,

$$\frac{c'p}{\delta}\frac{c+\gamma}{c}\left[(c-\gamma)x-\frac{x^2}{2}\right]-\frac{p}{\delta}\frac{c'^3}{6}+\operatorname{tang}\varphi,\ y=\frac{c'p}{\delta}\frac{c+\gamma}{c}\left[(c-\gamma)\frac{x^2}{2}-\frac{x^3}{6}\right]-\frac{p}{\delta}\left(\frac{c'^3x}{6}-\frac{c'^4}{24}\right)+x\operatorname{tang}\varphi.$$

faisons $x=c-\gamma$ dans cette dernière expression, il en résultera

$$f=\frac{c'p}{\delta}\frac{(c+\gamma)(c-\gamma)^3}{3c}-\frac{p}{\delta}\left[\frac{c'^3(c-\gamma)}{6}-\frac{c'^4}{24}\right]+(c-\gamma)\operatorname{tang}\varphi.$$

En répétant les mêmes opérations pour l'autre partie BM du

solide, on obtiendra

$$f = \frac{c'p}{\alpha}\,\frac{(c-\gamma)(c+\gamma)^3}{3c} - \frac{p}{\alpha}\left[\frac{c'^3(c+\gamma)}{6} - \frac{c'^4}{24}\right] - (c+\gamma)\,\text{tang}\,\varphi;$$

et de ces deux résultats on conclura, par l'élimination,

$$\text{tang}\,\varphi = \frac{c'p}{\alpha}\,\frac{(4c^2 - 4\gamma^2 - c'^2)\gamma}{6c},\quad f = \frac{c'p}{\alpha}\left[\frac{(2c^2 - 2\gamma^2 - c'^2)(c^2 - \gamma^2)}{6c} + \frac{c'^3}{24}\right] \cdots ($$

La substitution de cette valeur de tang φ dans les expressions précédentes de y, donnera les équations individuelles des partic **BN**, **NM** de la courbe. De ces mêmes expressions, on déduira, par le simple changement de $c+\gamma$ en $c-\gamma$ et réciproquement, celles q conviennent aux parties **BN'**, **NM'**; on connaîtra donc égalemen la figure de la courbe partielle **BM'**. La flèche de courbure se trouvera comme au N°. (1°).

Le point **B** est celui de la plus grande courbure et où le solide tend à se rompre; par conséquent on a

$$\beta = c'p\left(\frac{c^2 - \gamma^2}{c} - \frac{c'}{2}\right) \cdots\cdots (2).$$

V. Sur le N°. 68.

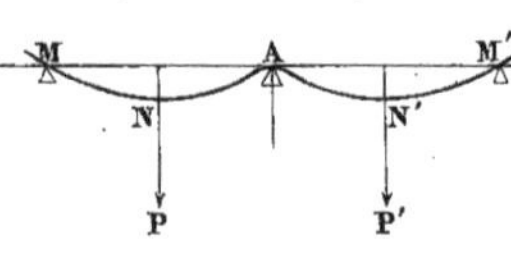

Solide supporté par trois ou un plus grand nombre de points d'appui.

Les appuis répondent au milieu **A** et aux extrémités **M**, **M'** de la longueur du solide qui supporte les poids **P**, **P'** dans les milie **N**, **N'** de ces deux moitiés. Soient c la demi-longueur **AM** ou **AM'** et ω l'angle que fait avec l'axe **Ax** la tangente à la courb de flexion, au point **A**.

Le solide pouvant être regardé comme encastré en **A**, on aura d'abord pour la partie **AN**, $\frac{d^2y}{dx^2} = P\left(\frac{c}{2} - x\right) - q(c-x)$ et en intégrant

$$\alpha\frac{dy}{dx} = P\left(\frac{cx}{2} - \frac{x^2}{2}\right) - q\left(cx - \frac{x^2}{2}\right) + \alpha\,\text{tang}\,\omega,\quad \alpha y = P\left(\frac{cx^2}{4} - \frac{x^3}{6}\right) - q\left(\frac{cx^2}{2} - \frac{x^3}{6}\right) + \alpha x\,\text{tang}\,\omega \ldots ($$

On aura ensuite pour la partie **NM**, $\alpha\frac{d^2y}{dx^2} = -q(c-x)$ et en déterminant les constantes d'intégration par la condition que les valeurs de $\frac{dy}{dx}$ et de y, qui répondront à $x = \frac{c}{2}$, soient égales à celles qui résultent semblablement des équations (2),

$$\alpha\frac{dy}{dx} = -q\left(cx - \frac{x^2}{2}\right) + P\frac{c^2}{8} + \alpha\,\text{tang}\,\omega,\quad \alpha y = -q\left(\frac{cx^2}{2} - \frac{x^3}{6}\right) + \left(P\frac{c^2}{8} + \alpha\,\text{tang}\,\omega\right)x - P\frac{c^3}{48} \ldots (3$$

Les équations relatives aux parties **AN'**, **N'M'** de la courbe, se déduisent des précédentes (2) et (3), par la substitution de **P'** à **P**, de q' à q et le changement du signe de tang ω. Or, les équatio des parties **NM**, **N'M'**, doivent donner $y = 0$, quand $x = c$; il viendra donc

$$-q\frac{c^2}{3}+P\frac{5c^2}{48}+\delta\,\mathrm{tang}\,\omega=0,\quad -q'\frac{c^2}{3}+P'\frac{5c^2}{48}-\delta\,\mathrm{tang}\,\omega=0\ \ldots\ldots(4)$$

d'où et des équations (1), on tire

$$\mathrm{tang}\,\omega=\frac{P-P'}{\delta}\,\frac{c^2}{32},\quad p=\frac{22P+22P'}{32},\quad q=\frac{13P-3P'}{32},\quad q'=\frac{-3P+13P'}{32}\ \ldots\ldots(5).$$

Ces valeurs prouvent que les efforts exercés sur les appuis sont indépendants de δ ou demeurent les mêmes, quelle que soit la flexibilité du solide, et que l'appui **A** supporte seul à très-peu près les $\frac{2}{3}$ de la charge totale. En les substituant dans les équations (2) et (3), on connaîtra complètement la figure du solide.

C'est au point **A** que la courbure est la plus grande et que le solide tend à se rompre; égalant donc β à la valeur de $\delta\frac{d^2y}{dx^2}$, qui répond à ce point, on aura, pour l'équilibre de résistance à la rupture, l'équation

$$\beta=\frac{3P+3P'}{32}\,c\ \ldots\ldots(6).$$

Dans l'hypothèse $P'=P$, il vient

$$\mathrm{tang}\,\omega=0,\quad p=\frac{22P}{16},\quad q=q'=\frac{5P}{16}\ \ldots\ldots(7)$$

et

$$\beta=\frac{3P}{16}\cdot c\ \ldots\ldots(8)$$

Chaque moitié du solide est dans le même état que si elle était encastrée horizontalement à une extrémité et appuyée librement à l'autre; car l'expression (8) quand on y écrit $2P$ et $2c$ au lieu de P et c, revient à l'expression (4) du N°. (66).

VI. Après le N°. 68.

...rmules générales de la résistance à ...a rupture; selon Galilée et selon Mariotte et Leibnitz.

Il n'est pas difficile de trouver les formules générales de la résistance à la rupture, selon les principes de Galilée et de Mariotte et Leibnitz.

Galilée plaçait l'axe horizontal d'équilibre au point inférieur de la section de rupture et regardait la force intérieure développée en chaque point de cette section comme constante pour tous les points. Désignant donc par **B** la résistance sur l'unité superficielle; par **a** la longueur de la section; par **b** sa hauteur; par U, U' les ordonnées du contour relatives à l'abscisse **u** et par β le moment de la résistance à la rupture, on a

$$\beta=\tfrac{1}{2}B\int_0^a\left(U^2-U'^2\right)du\ \ldots\ldots(1)$$

expression qui, lorsque la section est rectangulaire, devient

$$\beta = B\frac{ab^2}{2}\ \ldots\ldots\ldots\ (2)$$

Selon la théorie attribuée à Mariotte et Leibnitz, l'axe horizontal d'équilibre passe pareillement par le point inférieur de la section, mais la force intérieure développée en chaque point est proportionnelle à la distance de ce point à l'axe d'équilibre; on a donc en général

$$\beta = \frac{1}{3}\ \frac{B}{b}\int_0^a (U^3 - U'^3)\,du\ \ldots\ (3)$$

et pour le rectangle

$$\beta = B\frac{ab^2}{3}\ \ldots\ldots\ (4)$$

Les valeurs (2) et (4) de β sont dans le rapport de 3 à 2.

VII. Après le N.º 80.

L'extrémité inférieure du solide est encastrée et l'extrémité supérieure libre

1° Supposons que l'extrémité inférieure A du solide, étant encastrée, l'extrémité supérieure M demeure libre. En désignant par f l'ordonnée extrême BM, nous aurons $\alpha\frac{d^2y}{dx^2} = Q(f-y)$, et, en intégrant

$$y = f\left(1 - \cos.x\sqrt{\frac{Q}{\alpha}}\right);$$

or, il faut avoir $y=f$ quand $x=c$, donc $c\sqrt{\frac{Q}{\alpha}} = \frac{(2K+1)\pi}{2}$; d'où

$$Q = \frac{(2K+1)^2\pi^2}{4}\ \frac{\alpha}{c^2}\ \ldots (1)\qquad y = f\left[1-\cos.\frac{(2K+1)\pi}{2}\ \frac{x}{c}\right]\ldots (2).$$

On trouvera, comme au N.º 80,

$$s = c\left\{1+\left[\frac{(2K+1)\pi}{2}\ \frac{f}{2c}\right]^2\right\}\ \ldots\ldots\ldots\ (3)$$

et

$$f^2 = 4\sqrt{\frac{\alpha}{Q}}\left[\frac{2s}{(2K+1)\pi} - \sqrt{\frac{\alpha}{Q}}\right]\ \text{ou bien}\ f^2 = \frac{8s^2}{(2K+1)^2\pi^2}\left[1 - \frac{\alpha(2K+1)^2\pi^2}{4Qs^2}\right]\ldots (4)$$

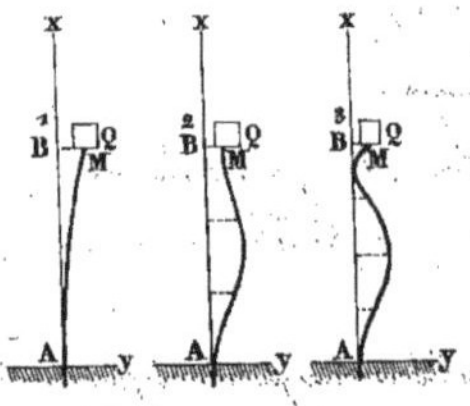

La figure (1) répond à $K=0$ et $Q = \frac{\pi^2}{4}\ \frac{\alpha}{c^2}$; la figure (2) à $K=1$ et $Q = \frac{9\pi^2}{4}\ \frac{\alpha}{c^2}$: les ordonnées des points situés à $\frac{1}{3}$ et à $\frac{2}{3}$ de AB, sont égales à f et 2f. La figure (3) répond à $K=2$ et .... $Q = \frac{25\pi^2}{4}\ \frac{\alpha}{c^2}$: les ordonnées des points situés à $\frac{1}{5}$ et à $\frac{3}{5}$ de AB, sont égales à f; celle du point situé à $\frac{2}{5}$ est égale à 2f, et celle du point situé à $\frac{4}{5}$ est nulle. Et ainsi des autres.

A longueur égale, le solide se courberait suivant la figure (1), sous un poids égal au quart de celui qui le courberait suivant la figure (1) du N.º précédent.

L'extrémité inférieure est encastrée et l'extrémité supérieure maintenue dans la même verticale.

2.° Lorsque l'extrémité inférieure du solide est encastrée et l'extrémité supérieure maintenue dans la même verticale, l'équation du N.º 80 exprime l'équilibre de résistance à la flexion; or, comme cette équation se refuse à ce qu'on ait simultanément

$x=0$, $y=0$, $\frac{dy}{dx}=0$, il s'en suit que la flexion est impossible.

La direction de la charge est distante de l'axe du solide.

3° Mais si la force Q, au lieu d'agir précisément dans le sens de l'axe, en est distante d'une quantité $BM=f$, aussi petite qu'on voudra, alors l'équation du N.° 80 aura lieu et la valeur de y sera

$$y=f \sin. x\sqrt{\frac{Q}{\lambda}};$$

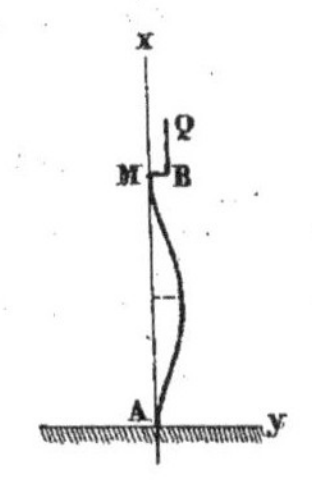

or cette valeur devant être nulle quand $x=0$, on aura $c\sqrt{\frac{Q}{\lambda}}=2K\pi$; d'où

$$Q=4K^2\pi^2\frac{\lambda}{c^2}\ldots\ldots(1) \qquad y=f\left(1-\cos. 2K\pi\frac{x}{c}\right)\ldots\ldots(2).$$

L'expression de y donne également $\frac{dy}{dx}=0$, quand $x=0$ et quand $x=c$; par conséquent la tangente de la courbe à l'extrémité supérieure est verticale, aussi bien que la tangente à l'extrémité inférieure.

La figure répond à $K=1$ et $Q=4\pi^2\frac{\lambda}{c^2}$: l'ordonnée du point situé à $\frac{1}{2}$ de AM, c'est-à-dire, la flèche de courbure est égale à $2f$; le poids Q est quadruple de celui qui courberait le solide, de la manière indiquée par la figure (1) du N.° 80.

Si l'on écrit $\frac{4}{5}c$, au lieu de c dans l'expression (1) de Q, on retombera sur la valeur qui se rapporte à la figure (3) de l'art. 1°; ainsi le solide dont il s'agit actuellement et les $\frac{4}{5}$, à partir du bas, de celui qui est représenté dans cette fig. (1) du N.° 80, sont dans le même état d'équilibre.

L'extrémité supérieure n'est plus maintenue dans la verticale de l'extrémité inférieure.

4° L'extrémité inférieure A du solide est encastrée; le poids Q est suspendu à une traverse CM qui forme invariablement un angle droit avec AB. Ce poids tout en comprimant le solide dans le sens MA, tend à le fléchir et le rompre. Désignons par c et f l'abscisse et l'ordonnée extrêmes AB et BM, et par g la distance CM; l'équation de l'équilibre de résistance à la flexion sera $\lambda\frac{d^2y}{dx^2}=Q(f+g-y)$ et parce qu'on doit avoir $y=0$, $\frac{dy}{dx}=0$, quand $x=0$, l'intégration donnera

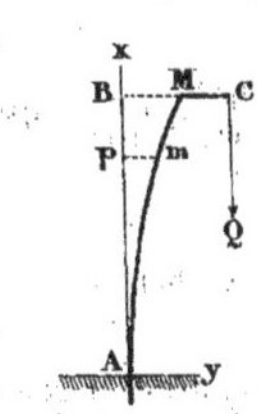

$$y=(f+g)\left(1-\cos. x\sqrt{\frac{Q}{\lambda}}\right).$$

Mais il faut aussi que $y=f$ réponde à $x=c$, donc $\frac{g}{f+g}=\cos. c\sqrt{\frac{Q}{\lambda}}$; d'où

$$Q=\lambda\left[\frac{\text{arc}\left(\cos=\frac{g}{f+g}\right)}{c}\right]^2\ldots\ldots(1) \qquad y=g\frac{1-\cos. x\sqrt{\frac{Q}{\lambda}}}{\cos. c\sqrt{\frac{Q}{\lambda}}}\ldots\ldots(2)$$

et

$$f=g\left(\frac{1}{\cos. c\sqrt{\frac{Q}{\lambda}}}-1\right)\ldots\ldots(3).$$

On mettra dans l'expression de Q le plus petit des arcs dont le cosinus est égal à $\frac{g}{f+g}$, à moins que certains points du solide ne soient maintenus dans la verticale AB.

La flèche de courbure, produite par un poids donné est proportionnelle à CM. Le poids capable de produire une flèche de courbure, donnée, est en raison inverse du carré de la longueur du solide.

L'extrémité supérieure est encastrée et l'autre extrémité est tirée par un poids agissant à distance de l'axe.

5.° Supposons enfin que le solide soit encastré par son extrémité supérieure et que le poids Q lui fasse éprouver une tension longitudinale, en même temps qu'il le fait plier; l'équation sera $\varepsilon\frac{d^2y}{dx^2}=Q(g-f+y)$. Soit e la base du système népérien et, pour abréger $\frac{Q}{\varepsilon}=\gamma^2$, l'intégrale sera

$$g-f+y=Ce^{\gamma x}+C'e^{-\gamma x}.$$

Or, on doit avoir, au point A, $y=0$, $\frac{dy}{dx}=0$ et $x=0$, et au point M, $x=c$, $y=f$; donc $g-f=C+C'$, $0=C-C'$, $g=Ce^{\gamma c}+C'e^{-\gamma c}$; d'où l'on tire

$$C=C'=\frac{g}{e^{\gamma c}+e^{-\gamma c}},\quad f=g\left(1-\frac{2}{e^{\gamma c}+e^{-\gamma c}}\right);\quad y=g\left(1-\frac{2}{e^{\gamma x}+e^{-\gamma x}}\right).$$

VIII. Après le N.° 89

Le solide est encastré à l'extrémité supérieure et chargé d'un poids à l'extrémité inférieure.

1.° Supposons le solide encastré à l'extrémité supérieure A et chargé du poids Q à l'extrémité inférieure M, le signe de la composante X changera et l'on aura à intégrer l'équation

$$d^2v-q^2v\,du^2=-p^2u\,du^2;$$

Or, l'intégrale (voyez Lacroix, page 449) est $v=Ce^{qu}+C'e^{-qu}+\frac{p^2}{q^2}u$, c'est-à-dire,

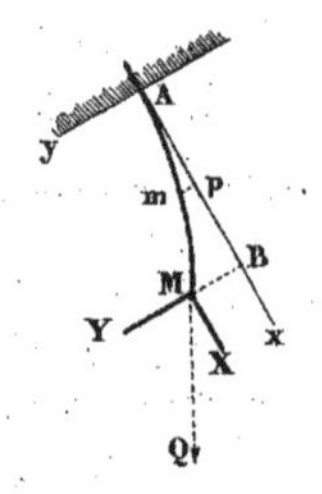

$$f-y=Ce^{q(c-x)}+C'e^{-q(c-x)}+\frac{p^2}{q^2}(c-x)\ldots\ldots(1).$$

Mais, au point A, on a $x=0$, $y=0$, $\frac{dy}{dx}=0$; et, au point M, $x=c$, $y=f$; donc $f=Ce^{qc}+C'e^{-qc}+\frac{p^2}{q^2}c$, $0=q\left(Ce^{qc}+C'e^{-qc}\right)+\frac{p^2}{q^2}$; $0=C+C'$; d'où résulte $C'=-C$, $C=-\frac{p^2}{q^3\left(e^{qc}+e^{-qc}\right)}$, et

$$f=\frac{p^2}{q^3}\left(qc-\frac{e^{qc}-e^{-qc}}{e^{qc}+e^{-qc}}\right)\ldots(2),\quad y=\frac{p^2}{q^3}\left[qx-\frac{e^{qc}-e^{-qc}-e^{q(c-x)}+e^{-q(c-x)}}{e^{qc}+e^{-qc}}\right]$$

Solide incliné chargé entre ses extrémités

2.° Les deux questions précédentes en renferment plusieurs autres: par exemple, celle d'un solide incliné AB, chargé en C, d'un poids Q,

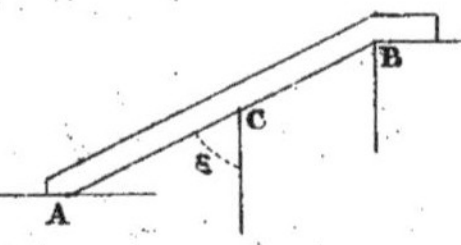

et supporté horizontalement à ses extrémités A et B. Ce solide n'a aucune tendance à glisser parce que le poids ne s'abaisserait point par ce glissement. Soient c, c' les longueurs AC, BC; il est clair que les efforts exercés en A et B seront $Q\frac{c'}{c+c'}$, $Q\frac{c}{c+c'}$. Chacune des parties AC, BC du solide pourra être regardée comme encastrée en C et sollicitée à son extrémité A ou B par une force égale et contraire à l'effort qui y répond. Ainsi la partie AC, qui sera comprimée dans le sens de sa longueur, se trouvera dans le même état que le solide considéré (N.° 89), la force désignée par Q dans ce numéro, étant ici $Q\frac{c'}{c+c'}$; et la partie BC, qui sera tirée suivant sa longueur, se trouve dans le même état que le solide considéré (art. 1.°), la force désignée par Q dans cet article étant ici $Q\frac{c}{c+c'}$.

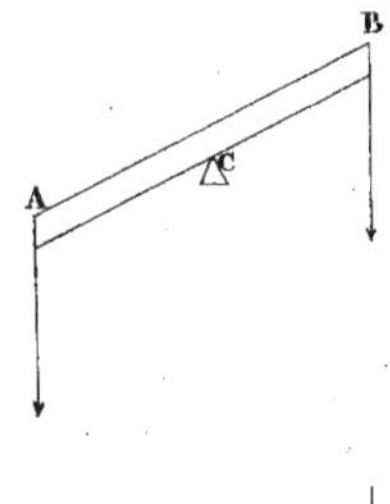

Il en serait de même du solide incliné AB, supporté par le point d'appui C, sur lequel il ne peut glisser, et chargé à ses extrémités A et B, de poids qui se font mutuellement équilibre: la partie BC, qui est comprimée se trouve dans le même état que le solide du N.° 89 et la partie AC, qui est étendue, se trouve dans le même état que le solide de l'article 1.°

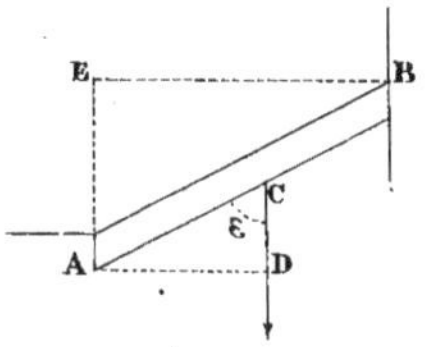

Il en est encore de même du solide AB, chargé en C, d'un poids Q et appuyé, par l'extrémité inférieure A, contre un plan horizontal, et par l'extrémité supérieure B, contre un plan vertical. Mais l'extrémité A tendant à glisser doit être arrêtée par un plan vertical ou retenue par un tirant. Désignons par c, c', les longueurs AC, BC; par ε l'angle ACD; par h, h', les résistances horizontales des appuis A et B et par g la résistance verticale de l'appui A; nous aurons $AD = c\sin\varepsilon$, $AE = (c+c')\cos\varepsilon$, et les conditions de l'équilibre de situation seront, $h = h'$, $g = Q$ et $Qc\sin\varepsilon = h'(c+c')\cos\varepsilon$; d'où

$$h' = Q\frac{c\,\mathrm{tang}\,\varepsilon}{c+c'}.$$

Quant à l'équilibre de résistance, chacune des parties AC, BC est dans le même état que si elle était encastrée en C et sollicitée à son autre extrémité par les forces h, g ou par la force h'; donc 1.° la partie AC, qui est comprimée, s'assimile au solide du N.° 89, les forces désignées par X, Y, Q dans ce numéro, ayant ici les valeurs respectives $h\sin\varepsilon + g\cos\varepsilon = Q\cos\varepsilon\left(1+\frac{c\,\mathrm{tang}^2\varepsilon}{c+c'}\right)$, ... $g\sin\varepsilon - h\cos\varepsilon = \frac{c'\sin\varepsilon}{c+c'}$, $\sqrt{X^2+Y^2} = \sqrt{h^2+g^2} = Q\sqrt{1+\frac{c^2\,\mathrm{tang}^2\varepsilon}{(c+c')^2}}$; 2.° la partie BC, qui est pareillement comprimée s'assimile au même solide, les forces X, Y, Q ayant les valeurs $h\sin\varepsilon = Q\frac{c\sin\varepsilon\,\mathrm{tang}\,\varepsilon}{c+c'}$,

$$h\cos\varepsilon = Q\frac{c\sin\varepsilon}{c+c'},\ \sqrt{X^2+Y^2} = h = Q\frac{c\tang\varepsilon}{c+c'}.$$

IX. Sur le N.° 100.

1.° Pour déterminer la figure que dans le premier cas, le solide affecterait s'il fléchissait sous la charge P, on observera que $A\frac{ay^3}{12} = A\frac{ab^3x^{\frac{3}{2}}}{12c^{\frac{3}{2}}}$ étant (N.° 50) le moment d'élasticité de la section quelconque pm et y l'ordonnée de la courbe affectée par le solide, l'équation d'équilibre (N.° cité) devient

$$A\frac{ab^3x^{\frac{3}{2}}}{12c^{\frac{3}{2}}}\cdot\frac{d^2y}{dx^2} = Px;\ \text{d'où}\ \frac{dy}{dx} = \frac{P}{A}\frac{24c^{\frac{3}{2}}}{ab^3}\left(x^{\frac{1}{2}} - c^{\frac{1}{2}}\right),\ y = \frac{P}{A}\frac{24c^{\frac{3}{2}}}{ab^3}\left(\tfrac{2}{3}x^{\frac{3}{2}} - c^{\frac{1}{2}}x + \tfrac{1}{3}c^{\frac{3}{2}}\right)\ \text{et}$$

$$f = \frac{P}{A}\frac{8c^3}{ab^3};$$

ainsi l'abaissement du point extrême B est deux fois plus grand que si toutes les sections du solide avaient la même hauteur b.

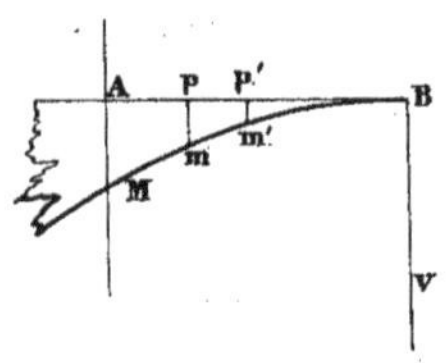

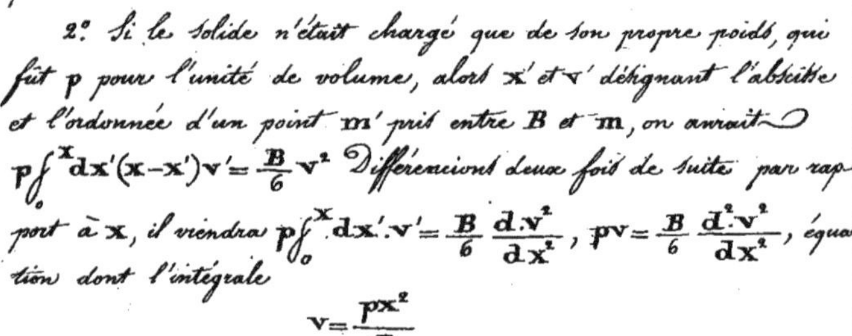

2.° Si le solide n'était chargé que de son propre poids, qui fût p pour l'unité de volume, alors x' et v' désignant l'abscisse et l'ordonnée d'un point m' pris entre B et m, on aurait $p\int_0^x dx'(x-x')v' = \frac{B}{6}v^2$ Différencions deux fois de suite par rapport à x, il viendra $p\int_0^x dx'.v' = \frac{B}{6}\frac{d.v^2}{dx^2}$, $pv = \frac{B}{6}\frac{d^2.v^2}{dx^2}$, équation dont l'intégrale

$$v = \frac{px^2}{2B}$$

exprime une parabole dont l'axe est Bv.

Il n'y a pas plus de difficulté lorsque les sections transversales du solide sont des cercles dont les plans se trouvent perpendiculaires à une même droite horizontale et les centres sur cette droite, quand ces sections sont des rectangles semblables, quand la loi des longueurs ou des hauteurs est donnée &c.a

Quant à la figure qu'affecterait dans la flexion le solide chargé sur tous les points de la longueur, on trouve pour l'un et l'autre cas, des équations transcendantes qui donnent v infini, pour x=0; résultats inadmissibles, comme contraires à l'hypothèse d'une flexion très-petite.

Solide posé sur deux appuis de niveau

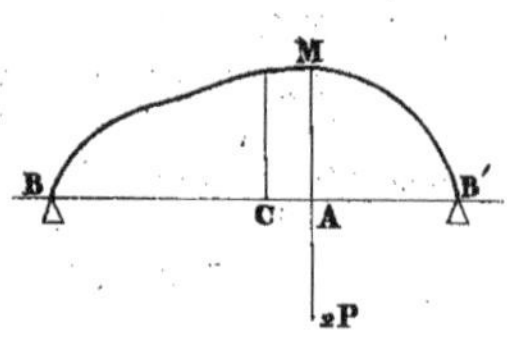

3.° Lorsque le solide est posé horizontalement sur deux appuis B, B' et chargé en M d'un poids 2P, en désignant par b la hauteur AM, au point de suspension du poids; par c le demi-intervalle CB des appuis et par γ la distance AC, on aura . . . . $B\frac{ab^2}{6} = P\frac{c^2-\gamma^2}{c}$; d'où

$$b = \sqrt{\frac{6P(c^2-\gamma^2)}{Bac}} \quad \text{. . . . . . . (3).}$$

et les deux courbes BM, B'M seront des portions de paraboles dont l'axe commun est BB'.

Supposons que le poids 2P pouvant être suspendu à un point quelconque de l'intervalle BB', le solide doive toujours résister à son action; l'ordonnée de la courbe de la face supérieure devra satisfaire à l'expression (3) de b, laquelle représente une ellipse dont le demi-petit axe est $\sqrt{\frac{6Pc}{Ba}}$. Or, comme cette ellipse enveloppe les paraboles qui terminent le solide quand on donne au poids des situations particulières, il s'en suit que, par elle, le solide acquerra un excès de résistance partout ailleurs qu'au point où le poids est suspendu.

Si le solide était chargé de poids distribués uniformément sur la longueur, il devrait être terminé en dessus par deux faces planes et l'épaisseur au milieu serait donnée par l'expression (2) de b, N°. 100.

Et s'il n'était chargé que de son propre poids, il serait terminé en dessus par deux portions égales de paraboles, dont les axes seraient les verticales passant par les points d'appui. L'épaisseur au milieu serait $\frac{pc^2}{2B}$, p étant le poids de l'unité de volume du solide et c le demi-intervalle des appuis.

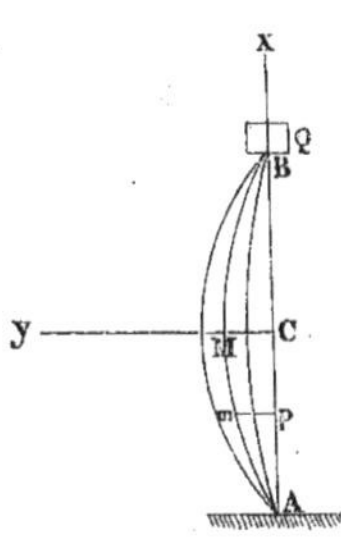

4°. Considérons en dernier lieu, un solide posé verticalement et chargé d'un poids Q sur l'extrémité supérieure, en admettant que toutes les sections transversales soient circulaires.

Désignons par c la demi-longueur AC = BC; par x, y les coordonnées Cp, pm de la courbe que l'axe affecte; par f la flèche CM de cette courbe et par r le rayon de la section transversale en m.

Supposons que le solide ne prenne qu'une petite courbure à l'instant où il est près de se rompre, nous pourrons simplifier la question en assimilant cette courbure à celle d'un arc de parabole dont l'équation serait $y = f\left(1 - \frac{x^2}{c^2}\right)$; alors nous aurons $B\frac{\pi r^3}{4} = Qy$, ou

$$r^3 = \frac{4Qf}{\pi B}\left(1 - \frac{x^2}{c^2}\right).$$

Le solide sera donc d'égale résistance, pourvu que r soit proportionnel à $\sqrt[3]{c^2 - x^2}$. Le diamètre des sections diminue du milieu aux extrémités qui se terminent en pointe.

En consolidant convenablement les extrémités des solides qu'on met en œuvre, il est souvent utile de se rapprocher des formes d'égale résistance, lesquelles sont particulièrement propres au fer fondu et aux pièces soumises à des efforts dirigés perpendiculairement à la longueur. Quant aux pièces comprimées suivant la longueur, il convient, quand la longueur est grande par rapport à l'épaisseur, d'augmenter cette épaisseur vers le milieu; mais il faut toujours conserver aux extrémités des dimensions telles que la pression ne puisse les écraser. Il est même avantageux, dans beaucoup de cas de donner à ces extrémités la forme d'une embase, qui s'applique contre les plans entre lesquels le solide est contenu. Cette disposition tend à procurer au solide le surcroît de résistance qu'il acquiert quand les extrémités sont encastrées (Art. 2° de la Note VII).

X. Sur le N°. 114.

Cas où le solide est chargé parallèlement à sa longueur.

Les mêmes considérations s'appliquent encore aux cas de résistance à la flexion, traités, Articles 1° et 2° de la note VII et 1° de la Note VIII.

Dans le premier cas, on a $\frac{Q}{A0}$ pour la compression des fibres, due à l'action Q et $\frac{vQg}{\lambda \cos c\sqrt{\frac{Q}{\lambda}}}$ pour la plus grande compression provenant de la courbure du solide; d'où résulte

$$Q\left(\frac{1}{0}+\frac{Avg}{\lambda \cos. c\sqrt{\frac{Q}{\lambda}}}\right)=B' \dots\dots\dots\dots (1)$$

et

$$\frac{Q}{ab^2}\left(b+\frac{6g}{\cos c\sqrt{\frac{12Q}{Aab^3}}}\right)=B' \dots\dots\dots\dots (2)$$

quand la section est un rectangle.

Dans le second cas, $\frac{Q}{A0}$ est l'extension commune à toutes les fibres et $\frac{vQg}{\lambda}$, la plus grande extension due à la courbure; d'où

$$Q\left(\frac{1}{0}+\frac{Avg}{\lambda}\right)=B' \dots\dots\dots\dots (3)$$

et

$$Q\,\frac{b+6g}{ab^2}=B' \dots\dots\dots\dots (4)$$

quand la section du solide est rectangulaire.

Enfin dans le troisième cas, les fibres sont d'abord allongées également par la composante parallèle à l'axe du solide et l'extension des fibres situées à la surface convexe augmente ensuite par l'effet de la courbure. On obtiendra toujours de la même manière l'équation qui détermine la limite cherchée et que nous nous dispenserons d'écrire, parce qu'elle est un peu compliquée.

Stabilité des Voûtes.

Préliminaires.

Des premières recherches des Géomètres sur l'équilibre des Voûtes.

1. Les premières recherches des Géomètres sur la stabilité des voûtes ont eu pour objet la figure qui convient à l'équilibre particulier de chaque voussoir. D'abord en faisant abstraction tant du frottement que de la cohésion et en supposant la voûte d'une épaisseur constante, mais infiniment petite; ils ont trouvé que si les éléments ne sont soumis qu'à l'action de la pesanteur, la figure est celle de la chaînette ou de la courbe que forme une chaîne pesante et parfaitement flexible, suspendue par ses extrémités à deux points fixes; et qu'en général, quelles que fussent les puissances appliquées aux éléments, la figure est celle de la courbe funiculaire, c'est-à-dire, de la courbe suivant laquelle se plierait une corde souple et inextensible, sollicitée par ces mêmes puissances; ce qu'on pouvait facilement prévoir, en observant que l'équilibre d'un système n'en subsiste pas moins, lorsque toutes les forces viennent à agir en sens directement contraires. Pour se rapprocher de l'état réel des choses, ils ont ensuite attribué à la voûte une épaisseur finie (Bossut, Académie, 1774–76) et ont cherché les relations entre les forces appliquées aux voussoirs, la courbe d'intrados et la largeur du joint à un point quelconque; il en résulte que la loi des forces et l'une des courbes d'intrados et d'extrados étant données, l'autre courbe ou la largeur du joint est déterminée, avec cette particularité que si les voussoirs n'étant soumis qu'à la seule action de la pesanteur, la tangente à la naissance de l'intrados est verticale, la largeur du joint y devient infinie. Mr de Prony a fait voir (Architecture hydraulique, 1ère partie, page 161) comment en introduisant dans les conditions d'équilibre la considération du frottement sur les joints, l'infini disparaît de l'expression de la largeur des voussoirs. La plupart de ces recherches ont été recueillies par Mr Bérard, dans l'ouvrage qu'il a publié, en 1810, sur la statique des voûtes.

figure 1.

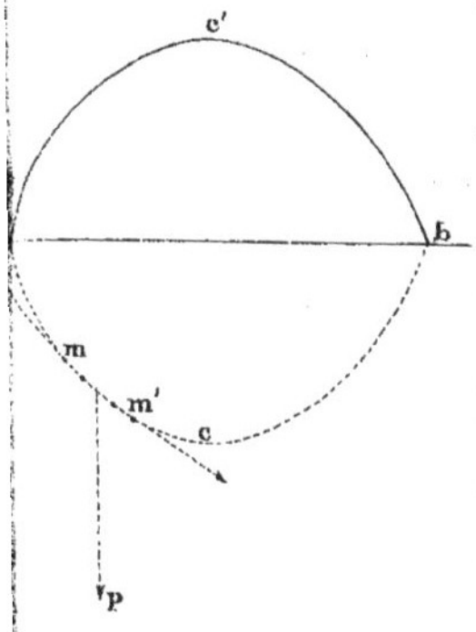

figure 2.

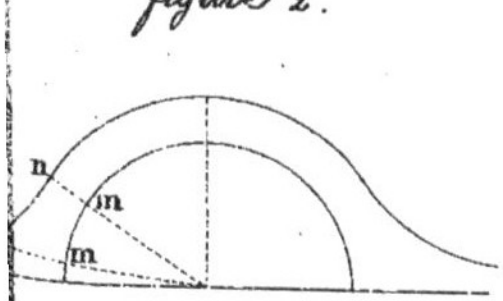

...les étaient purement spéculatives.

2. Les formules analytiques, déjà d'un ordre élevé, auxquelles conduit la condition de l'équilibre partiel, ne peuvent être d'un grand secours à la pratique, quand même on y tiendrait compte du frottement et de la cohésion; parce que les formes de voûtes, qui en dérivent, ou sont inexécutables ou

s'éloignent trop de celles dont on fait usage et qui sont subor données soit à des circonstances locales soit à la facilité de la construction ou à d'autres convenances particulières.

Véritable manière d'envisager la question; solution de Lahire.

3. C'est pourquoi les Géomètres ont envisagé la question sou un autre point de vue, indiqué d'ailleurs par l'observation: ne s'astreignant plus à l'équilibre partiel, ils ont considéré co me un seul corps continu, plusieurs voussoirs consécutifs qui fussent stables entre eux, le fussent-ils inégalement, ce dont ne peut contester la légitimité; et parce que, suivant l'obse vation, une voûte qui par sa constitution ne peut subsister d'elle-même, ou dont les pieds-droits sont trop foibles pour soutenir la poussée, se fend vers les reins, ils ont regardé partie supérieure comme un coin qui tend à écarter ou à renverser les parties inférieures, ainsi que les pieds-droits dont ils obtenaient en conséquence les dimensions convenab à l'équilibre par la théorie du coin et celle du levier. Cette solution due à Lahire qui l'a exposée, en 1712, dans les Mémoires de l'Académie, était d'une simplicité séduisan aussi a-t-elle été généralement admise jusqu'à ces dern temps, par ceux qui se sont occupés de la même mati et elle a servi de base aux applications qu'ils ont faites d principes de la mécanique aux différentes questions conc nant les voûtes.

Défauts de cette solution.

4. Néanmoins, la solution de Lahire porte sur deux hy pothèses également gratuites; d'abord il n'est pas vrai en g ral que le plus foible d'une voûte se trouve au milieu reins; la position des joints de rupture dépend tant de la forme que des dimensions de la voûte et varie avec éléments. Ensuite la partie supérieure n'agit que rarem comme un coin pour renverser les parties latérales; le frottement (sans parler de la cohésion) modifie l'action des voussoirs et peut suffire pour les empêcher de glisser les un sur les autres.

Principes de la méthode de Coulomb; avantages et perfectibilité de cette méthode.

5. Dans son mémoire sur quelques problèmes relatifs l'Architecture (Tome VII des ouvrages présentés à l'Académi Coulomb s'étant proposé d'apprécier les suppositions de Lahire a cherché par la considération des maximum et minimum limites des pressions horizontales que peut soutenir, à un p de la clef, sans se rompre, une demi-voûte dont la fo et les dimensions sont données et dont les voussoirs sont re

figure 3.

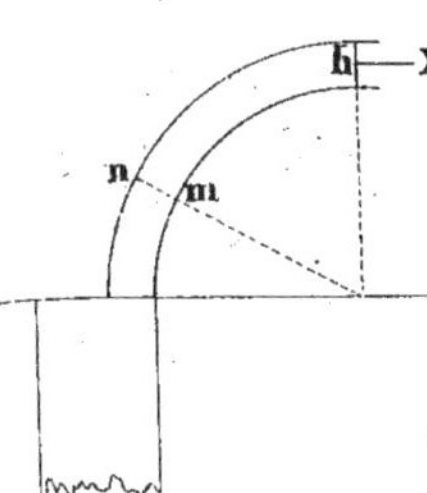

par la cohésion et le frottement. Cet habile Ingénieur suppose la demi-voûte divisée en deux parties par un joint quelconque mn dont il détermine la position par la condition que la force horizontale X, appliquée à un point h de la clef et nécessaire pour empêcher la partie supérieure soit de descendre le long de ce joint, soit de tourner autour de son intrados, ait la plus grande valeur possible, ce qui lui donne deux maximum dont le plus grand est la limite inférieure cherchée. Déterminant ensuite la position du joint hypothétique, par la condition que la force appliquée à la clef et capable soit de faire monter la partie supérieure, le long de ce joint, soit de la faire tourner autour de l'extrados, ait la moindre valeur possible, il obtient deux minimum dont le plus petit est la limite supérieure demandée. La première limite constitue en même temps la plus grande pression ou la pression effective de la voûte, contre le point h tandis que le joint qui répond à cette pression, est le joint de rupture relatif et il est évident que la voûte soutenue en h, ne pourra subsister si cette première limite ne se trouve pas moindre que la seconde. Cette méthode très-ingénieuse et dirigée vers l'utilité pratique a l'avantage non seulement de bannir l'arbitraire tant de la position du joint de rupture, que du mode d'action des voussoirs, par conséquent de la valeur de la poussée; mais encore de conduire à une théorie aussi exacte que lumineuse, qui s'accorde avec les phénomènes réels et même les fait prévoir avec toutes leurs circonstances, pourvu que l'on considère les différentes positions que peut naturellement avoir le point d'application h de la force ou pression qui se produit à la clef, dans une voûte complette, par l'action réciproque des deux moitiés l'une sur l'autre. Coulomb n'a pas développé sa méthode; il s'est borné à quelques indications vagues qui la laissent imparfaite, et même à en juger par la remarque I du §XVIII de son mémoire, il paraît que les premières épreuves sur la rupture des voûtes, épreuves rapportées dans la coupe des pierres de Frézier, l'auraient induit à se désister de la généralité dans laquelle il avait d'abord conçu cette méthode.

[E]lle comprend les nouvelles théories [f]ondées sur l'expérience et en décèle l'imperfection.

6. Enfin les observations faites sur les grands ponts construits vers la fin du siècle dernier, et des expériences directes sur la rupture des voûtes, ont constaté que, généralement parlant, les voussoirs d'une voûte ne se comportent pas comme des coins dont

les actions réciproques se contre-balancent; mais que la voûte se partage effectivement en plusieurs parties continues qui agissent les unes sur les autres par des points d'appui, de la même manière que des leviers inflexibles et pesants, assemblés à charnières; fait incontestable qui a été pris pour base immédiate de théories que leurs auteurs présentent comme originales, la plupart sans citer Coulomb dont la méthode révèle ce fait fondamental et à qui appartient le principe essentiel, relatif à la détermination du joint de rupture.

Ces théories se fondent principalement sur les expériences de Mr. Boistard, où les voûtes avaient constamment une épaisseur de $\frac{1}{24}$ de l'ouverture qui était de 8$^{m.}$ elles supposent, en conséquence, que des deux joints, savoir, celui de rupture, c'est-à-dire, de la plus grande pression et celui autour de l'extrados duquel cette force tend à faire tourner la partie supérieure, l'un ou l'autre se trouve toujours placé à la base de la voûte, ce qui n'est pas exact; de sorte que ces théories peuvent donner pour stables des voûtes sujettes à se rompre et doivent, au moins sous ce rapport, être regardées comme défectueuses.

L'objet qu'on se propose est le développement et l'application de cette méthode.

7. Il faut donc en revenir à la méthode de Coulomb, mais lui conserver sa généralité primitive et sur-tout considérer les différentes positions de la force appliquée à la clef, afin de ne laisser échapper aucun cas de rupture des voûtes et d'obtenir les conditions exactes et complettes de leur stabilité.

Nous tâcherons d'établir la théorie des voûtes à priori ou indépendamment de l'expérience qui ne saurait embrasser tous les cas, et par là d'affranchir du reproche d'incertitude et d'empirisme, cette partie essentielle de la science des constructions.

Pour plus de facilité nous imaginerons avec Coulomb un joint vertical, passant par le sommet de la voûte et qui la divise en deux parties égales. Cette hypothèse qui simplifie la question ne nuira nullement à l'exactitude.

Exposition de la Théorie.

Recherche des limites de la force qui peut être appliquée à la clef d'une demi-voûte, sans qu'il y ait rupture

figure 4.

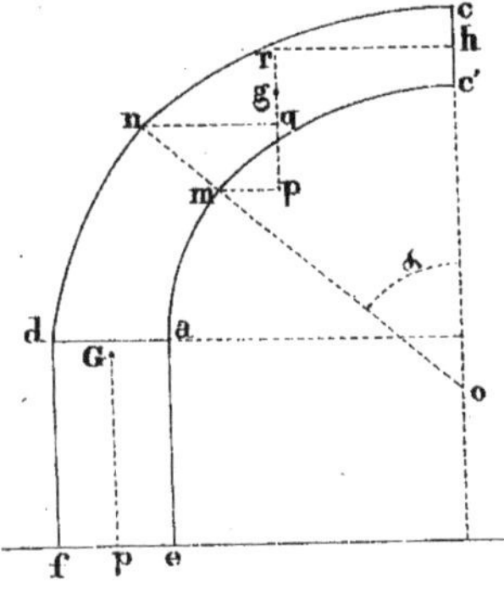

8. Afin d'aller du simple au composé, nous ne considèrerons d'abord qu'une moitié de voûte.

Soit donc **acc'd** le profil droit d'une demi-voûte en berceau; on suppose que les courbes **ac'**, **cd** de douelle et d'extrados sont donnés et que les joints tels que **mn** sont normaux à la première courbe; on fait abstraction de la longueur de la voûte, ou l'on regarde cette longueur comme égale à l'unité linéaire: il s'agit d'assigner les limites de la force qui appliquée perpendiculairement au joint vertical **cc'**, en un point donné **h**, pourra maintenir la demi-voûte en repos, eu égard au frottement et à la cohésion des joints.

Regardons les deux parties **mncc'**, **mnda** séparées par le joint **mn**, chacune comme un seul corps continu et celle-ci comme inébranlable sur sa base **ad**. Désignons par **s** la largeur du joint **mn**, par δ l'angle **noc** qu'il fait avec la verticale, par **p** le poids de la partie supérieure **mncc'**, par φ l'angle du frottement, par γ la cohésion sur l'unité de surface et par **X** la force horizontale appliquée en **h**.

Deux conditions sont nécessaires au repos absolu du système; l'une qu'il n'y ait glissement sur aucun joint ni dans le sens **nm** ni dans le sens **mn**; l'autre qu'il n'y ait rotation, pour aucun joint, ni autour du point **m** ni autour du point **n**.

1° Expression de la force pour le cas du glissement; limites de sa valeur.

9. 1° Par rapport au glissement il est facile de voir que l'équation d'équilibre sera,

$$X \sin\delta = p\cos\delta \mp (p\sin\delta + X\cos\delta)\,\mathrm{tang}\,\varphi \mp \gamma s, \quad \ldots\ldots (1)$$

les signes supérieurs ou inférieurs ayant lieu, selon que le corps **mncc'** est prêt de glisser dans le sens **nm** ou dans le sens contraire **mn**. Cette équation donne, pour le premier cas,

$$X = \frac{p\cos(\delta+\varphi) - \gamma s\cos\varphi}{\sin(\delta+\varphi)} \quad \ldots\ldots (2)$$

et pour le second,

$$X = \frac{p\cos(\delta-\varphi) + \gamma s\cos\varphi}{\sin(\delta-\varphi)} \quad \ldots\ldots (3)$$

expressions dans lesquelles **p** et **s** sont des fonctions données de δ. Or, puisque par la construction même, il existe réellement dans la voûte une suite de joints qui la divisent en voussoirs et que la partie supérieure correspondante peut indifféremment glisser sur chacun d'eux, il s'en suit qu'on obtiendra pour le glissement, les limites demandées, en déterminant, dans le premier cas, le joint auquel répond la plus grande valeur de X et dans le second cas, le joint qui se rapporte à la plus petite valeur de cette indéterminée ; c'est-à-dire, que ces limites ne sont autre chose que le maximum G et le minimum g que comportent respectivement les expressions (2) et (3), envisagées comme des fonctions de α, et il est clair que la voûte ne glissera sur aucun joint, ni dans un sens ni dans l'autre, si l'on donne à X une valeur qui ne soit pas moindre que G et ne surpasse point g.

2°. Expressions de la force pour le cas de la rotation ; limites de sa valeur

10. 2° Quant au mouvement de rotation, en désignant par x la distance horizontale mp ou nq du centre de gravité g, de mncc' au point m ou n, et par y la distance verticale pr ou qr de la direction de X aux mêmes points ; comme le moment de la cohésion du joint par rapport à ces points, est également $\frac{1}{2}\gamma s^2$, on trouve sans difficulté que l'équation d'équilibre donne relativement au point m,

$$X = \frac{px - \frac{1}{2}\gamma s^2}{y} \quad \ldots\ldots (4)$$

et relativement au point n,

$$X = \frac{px + \frac{1}{2}\gamma s^2}{y} \quad \ldots\ldots (5)$$

expressions dans lesquelles les variables p, x, y et s sont des fonctions données de l'angle α. Soient F le maximum de la première et f le minimum de la seconde ; il est évident que, pour aucun joint, la voûte ne tournera autour de l'un ou l'autre point m, n, pourvu que X ne soit pas au-dessous de F ni au-dessus de f.

Cas d'impossibilité de l'équilibre ; limites absolues dans le cas contraire.

11. Il suit de là 1° que la stabilité de la voûte sera impossible non seulement si l'on n'a pas $G < g$ et $F < f$, mais encore $G < f$ et $F < g$, afin qu'une même grandeur puisse être comprise en même temps entre G, g et entre F, f ; ou, en un mot, la stabilité sera impossible, si la plus grande L des deux limites relatives G, F excède la plus petite l des deux g, f ; 2° que, dans le cas contraire, les limites absolues de la force qu'on pourra appliquer en h, sans rompre la voûte, sont cette plus grande et cette plus petite limites satisfaisant à la condition que la première soit moindre que la seconde.

Expressions particulières de la force quand la cohésion est négligée.

12. Lorsque pour favoriser la stabilité on néglige la cohésion, laquelle est réellement nulle dans les voûtes récemment construites, les expressions (2) et (3) se réduisent à

$$X = \frac{P}{\tan g(\alpha \pm \varphi)} \dots\dots\dots\dots (a),$$

et les expressions (4) et (5) à

$$X = \frac{px}{y} \dots\dots\dots\dots (b).$$

Nous désignerons encore par G, g, F, f les limites données par ces expressions réduites. On se souviendra que les signes + et − de l'expression (a) répondent au glissement dans les sens n m et m n respectivement, et que les variables x et y qui entrent dans l'expression (b) se rapportent au point m pour la limite F et au point n pour la limite f.

Remarque sur la position de la force appliquée à la clef.

13. Il est à remarquer que ni les deux positions du joint m n auxquelles répondent le maximum G et le minimum g de la force X, ni les valeurs absolues de ces limites ne dépendent de la position du point d'application h sur le joint vertical cc'; mais qu'il en est autrement des deux positions de ce joint, relatives aux limites F, f: ces positions, les valeurs respectives des limites et leur relation de grandeur dépendent de la position du point h sur cc'. Nous assignerons plus loin la position du point h, ce qui définira complettement la variable y, renfermée dans la formule (b).

Pour une voûte complette, abandonnée à elle-même, il n'existe, quant à la rotation, que deux modes possibles de rupture; conditions de leur existence.

14. Pour passer de ces considérations abstraites à l'état réel des choses, représentons-nous une voûte en berceau, complette, a c b, de forme quelconque, divisée au sommet, par le joint vertical cc', en deux parties égales ca, cb, qui ne se touchent que par un seul point h de ce joint. Les limites de la force horizontale X qu'on pourrait appliquer au point h, sans rompre l'une ou l'autre demi-voûte, prise isolément; savoir, G, g pour le glissement, F, f pour la rotation, et les positions des joints m, n; M, N correspondant à ces limites, seront donnés par les formules (a) et (b). Faisons en premier lieu abstraction du glissement, afin de n'avoir à considérer que les limites F, f appartenant à la rotation et les deux joints M, N qui leur répondent. Supposons, pour un moment, que la voûte soit échancrée au-dessus et au-dessous du point h, de manière

figures 5 et 6.

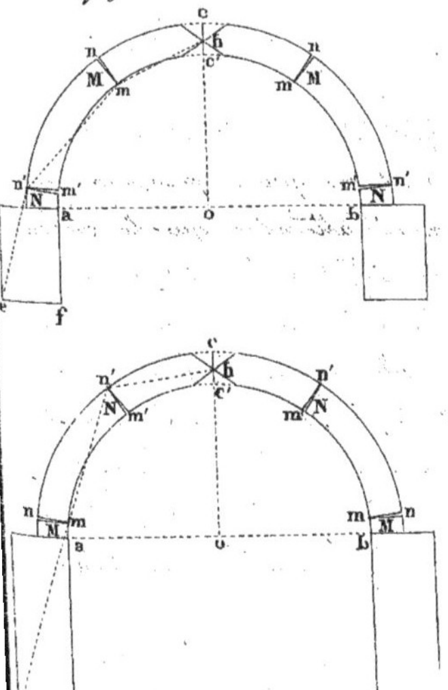

à permettre la rotation des deux parties supérieures **hmn** ou **hm'n'**, autour de ce point, dans un sens ou dans l'autre et imaginons que le système, d'abord soutenu, soit tout à coup abandonné à lui-même. Il se présente deux cas à discuter, selon que **F** n'excèdera pas ou excèdera **f**.

Dans le premier cas, il y aura stabilité si **F** est moindre que **f** et simple équilibre si **F** est égal à **f**; car dès que le système est abandonné à lui-même, il se produit au point **h**, par l'action mutuelle des deux demi-voûtes l'une sur l'autre, une pression qui augmente par degrés, mais rapidement, depuis zéro jusqu'à la limite **F** qu'elle atteint nécessairement, puisque, par hypothèse, cette limite **F** n'excède pas **f**. Ainsi, 1.° le maximum **F**, c'est-à-dire, la moindre force horizontale qu'il faille appliquer au point **h**, pour empêcher les parties supérieures aux différents joints de tourner autour des intrados de ces joints, constitue la pression qui se produit effectivement au point **h**, par l'action réciproque des deux demi-voûtes, et le joint **M** relatif à **F** est celui de la plus grande pression ou de la pression effective en ce même point **h**; il y aura donc réellement stabilité, quand **F** sera moindre que **f** et seulement équilibre quand **F** égalera **f**. 2.° les parties **hnm**, supérieures aux deux joints **M** sont retenues sur ces joints, par la pression même **F** qu'elles exercent réciproquement l'une contre l'autre au point **h**; 3.° cette pression tend à renverser non seulement la partie **hm'n'** supérieure au joint **N**, par un mouvement de rotation autour de l'extrados de ce joint; mais encore toute la demi-voûte **hef** par un semblable mouvement autour de l'arête extérieure **e** de sa base. Tout cela se comprendra facilement, si l'on imagine (fig. 5) au lieu des parties **hmn**, **mn'm'**, **n'ef** les leviers **hm**, **mn'**, **n'e** assemblés à charnières et chargés des poids de ces parties.

Dans le second cas, la pression qui se produira au point **h**, ne pourra évidemment atteindre que la valeur de la limite **f**, laquelle valeur suffit à l'équilibre, autour du point **n'**, mais non autour du point **m**; et comme cette pression tend à s'accroître, puisqu'elle a virtuellement pour limite **F** qui, par hypothèse, surpasse **f**, il s'en suit que la voûte ne pourra se soutenir d'elle-même et se rompra. Quant au mode de rupture, il dépendra de la position respective des joints **M**, **N**, dont le premier **M** doit s'ouvrir à l'extrados par l'effet de la rotation de la partie supérieure autour de son intrados, tandis que c'est le contraire pour le second N; selon que la disposition de ces joints sera $\left(\frac{M}{N}\right)$ ou $\left(\frac{N}{M}\right)$ (fig. 5 et 6) la rupture s'opérera de manière que les deux points n' (fig. 5) demeurant fixes et les deux m s'écartant l'un de l'autre, ou que les deux points m (fig. 6) demeurant fixes et les deux n' se rapprochant l'un de l'autre, le point h s'abaissera ou s'élèvera le long de la verticale oc, d'où il ne saurait sortir.

On conçoit donc que quand le joint vertical aura toute son étendue cc' et en cas de rupture ou de simple équilibre, le point h, c'est-à-dire le point d'arcboutement des deux demi-voûtes, ne sera susceptible que des deux situations extrêmes c et c', puisque, pour toute situation intermédiaire, il n'y aurait pas d'espace libre au-dessus ou au-dessous du point d'arcboutement, et que par conséquent la rotation autour de ce point serait tout-à-fait impossible.

figures 7 et 8.

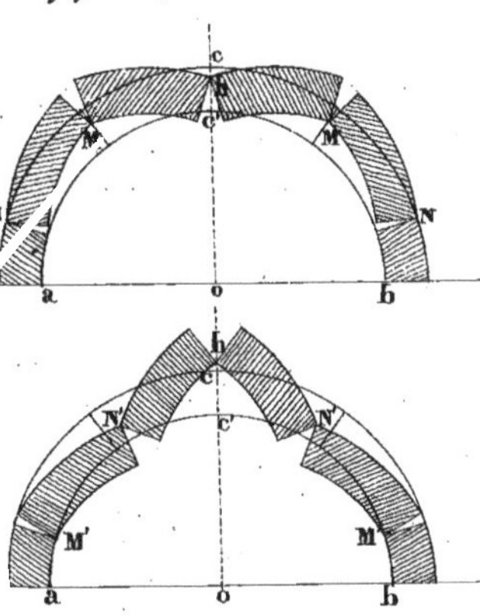

Il est d'ailleurs évident que la position soit absolue soit respective des joints M,N et la grandeur des limites correspondantes F, f varient avec la situation du point h sur cc'; conservons les notations M, N, F, f, pour la situation c, et désignons semblablement par M',N',F' f' les joints et les limites relatives, pour la situation c'; la conclusion sera qu'il existe entre la situation c ou c' du point h et la position respective des deux joints M,N ou M',N' qui répondent à cette situation, une certaine subordination en conséquence de laquelle les états d'équilibre et pareillement les modes généraux de rupture se réduisent à deux seulement.

Conditions de leur existence.

15. Les conditions de ces états d'équilibre ou de ces modes de rupture consistent en ce que pour la situation c du point h (fig 7) les deux joints aient la disposition $\left(\frac{M}{N}\right)$ et que pour la situation c (fig 8) ils aient la disposition inverse $\left(\frac{N'}{M'}\right)$.

Extension de ces conditions

16. Néanmoins ces dispositions $\left(\frac{M}{N}\right)$ et $\left(\frac{N'}{M'}\right)$ ne sont pas d'une nécessité absolue, c'est-à-dire, que la disposition contraire $\left(\frac{N}{M}\right)$, pour la situation c, ou $\left(\frac{M'}{N'}\right)$, pour la situation c', ne répugne pas absolument à la rupture de la voûte; car le joint N, supposé au-dessus de M, ou le joint N', supposé au-dessous de M', pourrait être suppléé par un joint analogue, placé au-dessous

de M ou au-dessus de M', par exemple, si F surpassant f, et N se trouvant au-dessus de M, il existait au-dessous, quelque joint analogue à N, pour lequel la valeur de X, quoique plus grande que f, fût cependant encore moindre que F, il est clair que la rupture, selon le premier mode, n'en serait pas moins possible. Il faudra donc, quant aux dispositions $\frac{N}{M}$, $\frac{M'}{N'}$, considérer au lieu des minimum f, f' les moindres forces nécessaires pour faire tourner autour de l'extrados des joints inférieurs à M et supérieurs à M' respectivement, forces que nous désignerons par $\overline{f}$ et $\underline{f}'$.

En ayant égard au glissement, il y aurait lieu à trois nouveaux modes de rupture.

17. Lorsqu'on admettra le glissement des voussoirs les uns sur les autres, on devra faire entrer les forces G et g relatives à cette circonstance physique, en comparaison avec les forces F, F' et f, f' respectivement. D'ailleurs, il est clair que la considération du glissement introduit avec elle trois nouveaux modes de rupture; 1.° par glissement sur le joint n et simultanément par rotation autour de l'intrados de M, mais non de M' parce que les points m s'écartant par l'effet de ce glissement, les deux demi voûtes ne peuvent s'arcbouter qu'en c; 2.° par glissement simultané sur les joints m, n; 3.° par glissement sur le joint m et en même temps par rotation autour de l'extrados du joint N ou N' ou du moins de quelque joint analogue, placé convenablement.

De la disposition respective des joints auxquels répondent les limites pour la rotation.

figure 9.

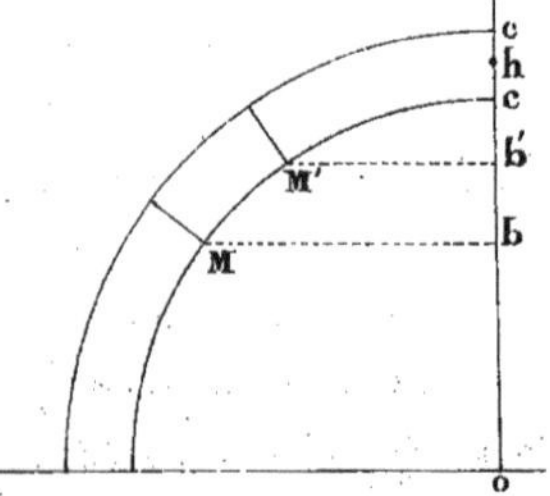

18 La position respective des deux joints M, M' ou des deux N, N' est généralement déterminée; en effet, la force appliquée en c' et dont le moment par rapport à l'intrados de M équivaudrait à celui de F est nécessairement moindre que F'; réciproquement, la force appliquée en c et dont le moment par rapport à l'intrados de M' équivaudrait à celui de F', est moindre que F; c'est-à-dire qu'on a

$$F\frac{bc}{bc'} < F', \quad F'\frac{b'c'}{b'c} < F \qquad (6)$$

et en multipliant ces inégalités membre à membre, $bc . b'c' < bc' . b'c$; d'où, à cause de $bc = cc' + bc'$ et $b'c = cc' + b'c'$, l'on tire $b'c' < bc'$. Le joint M' est donc toujours au-dessus du joint M et l'on démontre semblablement qu'au contraire le joint N' est toujours au-dessous du joint N; en sorte que les dispositions de ces joints sont généralement

$$\left(\frac{M'}{M}\right), \left(\frac{N}{N'}\right) \qquad (7)$$

De la grandeur relative de ces limites.

19 Des inégalités (6) et de leurs analogues, il résulte immédiatement qu'on a aussi en général

$$F < F', \quad f < f' \qquad (8)$$

Le plus grand des deux maximum ou le plus petit des deux minimum qui répondent aux points extrêmes du joint vertical est le maximum ou le minimum relativement à tous les points de ce joint.

20. Comme en supposant que le point **h** (fig. 5 et 6) passe progressivement de **c** en **c'**, le joint **M** arrive par degrés en **M'**; de même la valeur de **F** se rapproche graduellement de celle de **F'**; donc à moins qu'il n'y ait maximum ou minimum entre **c** et **c'**, la plus petite **F** des deux quantités **F** et **F'** augmente continuellement jusqu'à la plus grande **F'**. Or, soit $c'h = z$, les conditions de l'existence d'un maximum ou minimum seront, réductions faites,

$$\frac{dX}{d\alpha} = y\,\frac{d(px)}{d\alpha} = 0 \ldots (1) \qquad \frac{dX}{dz} = -px = 0 \ldots (2)$$

puisque l'expression de **y** a généralement la forme $f(\alpha) + z$; mais il n'en existe pas entre **c** et **c'**, ce qui résulte de la discussion de ces équations. Donc la plus grande **F'** des deux quantités **F** et **F'** est le plus grand de tous les maximum de la force **X**, correspondant aux diverses situations du point **h** sur **cc'**. Pareillement, la plus petite **f** des deux quantités **f** et **f'** est le moindre des minimum de la force **X**.

Ainsi, le maximum et le minimum de **X**, relatifs à une situation de **h** entre **c** et **c'** seront compris respectivement entre **F**, **F'** et **f**, **f'**; de même que les joints correspondants tomberont entre **M**, **M'** et **N**, **N'**. Pour cette situation et avec une valeur égale ou à ce maximum ou à ce minimum, la force **X** ou empêchera la rotation autour de l'intrados ou ne pourra faire tourner autour de l'extrados d'un joint quelconque, la partie supérieure à ce joint; car tout autre joint que celui auquel répond cette valeur exigerait ou une moindre force ou une plus grande.

Distinction entre le moment de la plus grande pression et le plus grand moment de pression.

21. Pour un même point **h**, il y a bien identité entre le moment de la plus grande pression et le plus grand moment de pression, pris par rapport à un point de la base de la demi-voûte; car, puisque le bras de levier de la force horizontale **X** est donné et constant, le moment de cette force devient un maximum en même temps qu'elle; mais il n'en est plus de même quand on passe d'un point **h** à un autre et quoique la force **F** soit moindre que la force **F'**, cependant le moment de la première qui a un bras de levier plus grand peut surpasser celui de la seconde, ce qui donne lieu de distinguer entre le moment de la plus grande pression et le plus grand moment de pression.

Le plus grand des deux moments de pression par rapport à la base du pied-droit, qui répondent aux points extrêmes du joint vertical, est le maximum relativement à tous les points de ce joint.

22. Soit toujours $c'h = z$ et désignons par b la hauteur du pied-droit; le moment de la force X appliquée au point h, par rapport à la base du pied-droit, sera

$$m = px\,\frac{b+r+z}{y} \ldots\ldots (1)$$

et le maximum ou minimum de ce moment dépendra des équations

$$\frac{dm}{d\alpha} = (b+r+z)\left[y\,\frac{d(px)}{d\alpha} - px\,\frac{dy}{d\alpha}\right] = 0 \ldots (2),\quad \frac{dm}{dz} = px\left[y - (b+r+z)\right] = 0 \ldots$$

or, il n'en existe pas entre c et c', ce qu'on voit par la discussion de ces équations; d'où il suit que le plus grand des deux moments correspondant à ces points est le maximum relatif.

De la poussée de la voûte et du joint de rupture dans le cas de la stabilité.

23. Lorsque la voûte se soutiendra d'elle-même et se trouvera à l'état de stabilité, la pression naturellement produite au joint vertical cc', et dans laquelle consiste la poussée de la voûte, se distribuera sur toute l'étendue de ce joint, du moins si l'appareil est bien exécuté; elle se concentrera en un point intermédiaire à c et c' et alors ne sera autre que le maximum de la force X appliquée à ce point et considérée comme devant empêcher soit le glissement soit la rotation, maximum qui, pour le second cas, aura les propriétés énoncées (N°. 20). Mais parce qu'on ne connaît pas la loi de cette distribution et que par l'imperfection inévitable dans l'exécution des joints, l'un ou l'autre des points c et c' eux-mêmes peut devenir celui d'arc-boutement des deux moitiés de la voûte, il conviendra, en supposant la force G appliquée en c, de prendre toujours pour la pression effective, celle des trois limites G, F, F', dont le moment par rapport à l'arête extérieure de la base, sera le plus grand. En conséquence, le joint relatif m, M ou M' sera pour nous celui de la poussée de la voûte; nous le nommerons particulièrement joint de rupture (*).

De leur détermination.

24. Ainsi, pour avoir la valeur de la poussée, on cherchera les maximum G, F, F' de la force X, relativement soit au glissement, soit à la rotation, en supposant dans le second cas, cette force appliquée successivement en c et c', et l'on prendra celui des trois maximum dont le moment sera le plus grand, pour la poussée P de la voûte; la valeur relative de α déterminera en même temps la position du joint de rupture.

(*) Il est clair que si les joints étaient trop maigres à l'intrados ou à l'extrados, l'arc-boutement s'établirait au haut ou au bas du joint vertical, et que si l'on chassait des coins dans les vides, la pression se répandrait sur différents points de la largeur de ce joint.

Comparaison entre les grandeurs relatives des limites qui se rapportent à la rotation et les diverses dispositions des joints correspondant à ces limites.

25. De ce que l'on a en général (N.° 18) $\left(\frac{M'}{M}\right)$ et $\left(\frac{N}{N'}\right)$ il suit que des deux dispositions $\left(\frac{M}{N}\right)$, $\left(\frac{N'}{M'}\right)$ convenables à la rupture, l'une exclut nécessairement l'autre, et que par conséquent les dispositions des joints ne comportent que ces trois combinaisons

$$\left(\frac{M}{N},\frac{M'}{N'}\right),\ \left(\frac{N}{M},\frac{N'}{M'}\right),\ \left(\frac{N}{M},\frac{M'}{N'}\right);$$

d'ailleurs les relations de grandeur entre les limites auxquelles les joints répondent sont, pour les différentes dispositions, savoir

Dispositions convenables à la rupture.	Dispositions contraires à la rupture.
$\left(\frac{M}{N}\right)$; $F<f$, $F=f$, $F>f$	$\left(\frac{N}{M}\right)$; $F<f$, $F>f$ et $<$ ou $=$ ou $>$ $\overline{f}$.
$\left(\frac{N}{M'}\right)$; $F'<f'$, $F'=f'$, $F'>f'$	$\left(\frac{M'}{N}\right)$; $F'<f'$, $F'>f'$ et $<$ ou $=$ ou $>$ $\underline{f}'$.

Cela posé, observant qu'attendu la rotation virtuelle autour de l'intrados de tout joint, produite par le poids de la partie supérieure, l'arcboutement des deux demi-voûtes, pourvu que l'appareil soit bien exécuté, s'établit d'abord au haut du joint vertical, mais qu'à cause d'un vice d'exécution, il peut se trouver primitivement au bas de ce joint; faisant attention que quand l'arcboutement doit ensuite se déplacer, soit par l'effet de la compressibilité des matériaux, soit parce que la limite f serait surpassée par la limite F, ou f' par F', le premier de tous les joints à l'extrados duquel la rotation s'opère est nécessairement N ou N'; enfin excluant de la stabilité les cas incertains, c'est-à-dire, qui, par un défaut d'exécution, pourraient rentrer dans ceux d'équilibre ou de rupture, on est conduit par la discussion à ces résultats généraux, par rapport à la rotation :

Cas de stabilité par rapport à la Rotation.

26. Les cas de stabilité sont

1°. .... $\left(\frac{N}{M},\frac{M'}{N'}\right)$

quelles que soient d'ailleurs les relations de grandeur entre les différentes limites;

2°. ..... $\left(\frac{M}{N},\frac{M'}{N'}\right)$ avec $F<f$; 3°. ..... $\left(\frac{N}{M},\frac{N'}{M'}\right)$ avec $F'<f'$,

quelles que soient aussi les relations de grandeur entre les limites $F', f', \underline{f}'$, pour le premier de ces deux cas et entre les limites $F, f, \overline{f}$, pour le second.

Dans cet état, l'arboutement, à cause de la compressibilité dont les matériaux sont toujours doués, pourra devenir intermédiaire à c et c', si l'appareil est bien exécuté, si non, l'arcboutement pourra rester en c ou passer en c' ou devenir encore intermédiaire; mais il devra toujours être censé se trouver à celui de ces deux points, auquel répondra le plus grand moment de pression (Nº. 25).

Cas d'équilibre.

27. Les cas d'équilibre se réduisent à ces deux

$$1^{\circ}\ldots\left(\frac{M}{N},\frac{M'}{N'}\right)\text{avec } F=f; \qquad 2^{\circ}\ldots\left(\frac{N}{M},\frac{N'}{M'}\right)\text{avec } F'=f'$$

quelles que soient encore les relations de grandeur entre les limites F,' f,' $\underline{f}$', pour le premier cas, et entre les limites F, f, f pour le second.

La rupture tend à s'opérer dans les deux cas, selon le premier et le second mode, respectivement.

Cas de rupture.

28. Les cas de rupture se réduisent pareillement à deux qui sont

$$1^{\circ}\ldots\left(\frac{M}{N},\frac{M'}{N'}\right)\text{avec } F>f; \qquad 2^{\circ}\ldots\left(\frac{N}{M},\frac{N'}{M'}\right)\text{avec } F'>f';$$

quelles que soient toujours les relations de grandeur entre les limites F,' f,' $\underline{f}$', pour le premier cas, et entre les limites F, f, f pour le second.

La rupture s'opère respectivement dans les deux cas selon le premier et le second mode.

Conditions de stabilité de la voûte par rapport au glissement sur les joints et au renversement de ses pieds-droits.

29. Outre la condition de stabilité par rapport à la rotation il en est une relative au glissement et qui consiste évidemment en ce que la plus grande des trois limites G, F, F' soit moindre que la force nécessaire soit pour faire glisser sur le joint n, soit pour faire tourner autour de l'extrados du joint N ou N ou de quelque joint analogue, placé convenablement (Nº 19).

Et si la demi-voûte est portée par un pied-droit, il faudra encore pour la stabilité absolue que le plus grand moment de pression, par rapport à l'arête extérieure de la base de ce pied-droit, soit moindre que le moment du système, par rapport à la même arête.

Remarque sur les joints de rupture effectifs et sur la pression réellement engendrée à la clef.

30. On remarquera que ceux des joints m, n, et M, N ou M, suivant lesquels la voûte tend à se rompre et celle des limites G et F ou F' qui représente la plus grande pression n'auront une existence réelle et exclusive qu'autant que la voûte se trouvera dans un état très-peu différent de celui d'équilibre

car, autrement, la rupture pourra s'étendre à d'autres joints que ceux là et la pression effectivement engendrée à la clef pourra ne pas atteindre la limite désignée. Par exemple, en fesant abstraction du glissement, si F surpasse f et que le joint M soit au-dessus de N, il ne pourra s'engendrer au sommet de la clef qu'une pression égale à f, puisque cette pression suffit pour faire tourner la partie supérieure au joint N autour de l'extrados de ce joint; cette pression, moindre que F, sera incapable d'empêcher la partie supérieure au joint M de tourner autour de l'intrados de ce joint; il y aura donc rupture à ces deux joints et parce qu'ils se rapportent l'un à un minimum l'autre à un maximum, la rupture s'étendra à ceux qui les avoisinent; de plus, il existera, en général, deux joints analogues à M, situés de part et d'autre et auxquels répondra en c, une pression de même grandeur que f; ces joints collatéraux et tous ceux qu'ils comprennent outre le joint M seront dans le même cas de rupture que lui. Cette remarque s'accorde avec l'expérience: on observe que, lors de la rupture, plusieurs joints s'ouvrent extérieurement à l'endroit du joint M et intérieurement à l'endroit du joint N et que les premiers sont en plus grand nombre que les autres.

Circonstances que présente la rupture des voûtes et que l'expérience a fait connaître.

31 Depuis 1773, il a été fait beaucoup d'observations et d'expériences sur la rupture des voûtes (Perronet, Mémoire sur le cintrement et le décintrement des ponts; Gauthey, traité de la construction des ponts; Boistard, Mémoires extraits de la bibliothèque des Ponts et Chaussées, par M.r Lesage, 2.e édition; Rondelet, Art de bâtir; &c.a); les expériences de M.r Boistard, exécutées en grand, sur des voûtes en berceau, des principales formes usitées dans la pratique, mais sous la même épaisseur de $\frac{1}{24}$ de l'ouverture sont les plus remarquables de toutes; la rupture y a constamment présenté les circonstances suivantes: la force du frottement est telle que la voûte se rompt par un mouvement de rotation autour des arêtes communes aux parties qui se séparent et non par un glissement sur les surfaces par lesquelles ces parties se touchent; lorsque la voûte se trouve dans un état très-peu différent de celui d'équilibre, elle ne se brise généralement qu'en cinq endroits, savoir: le joint de la clef, deux joints placés de part et d'autre de la clef, entre elle et les

naissances, et les joints des naissances, ou des bases des pieds-droits, si ceux-ci existent; enfin, on observe cette alternative, ou la partie supérieure s'abaisse et les parties inférieures s'écartent par en haut; alors le joint de la clef et ceux des naissances s'ouvrent à l'intrados, tandis que les joints intermédiaires s'ouvrent à l'extrados; ou bien la partie supérieure se soulève et les parties inférieures se rapprochent; pour lors l'ouverture des joints se fait précisément en sens inverse.

Accord de la méthode exposée, avec l'expérience.

32. Ainsi les modes de rupture sont réellement tels que nous les avons établis à priori, et dans les voûtes en berceau des formes communément usitées, le frottement des matériaux dont elles sont construites, est effectivement capable de s'opposer au glissement sur les joints. Il est vrai que ces expériences placent le joint de rupture **N** ou **M'** à la naissance, mais il faut observer qu'elles ne concernaient que des voûtes dont l'épaisseur était constante et égale à $\frac{1}{24}$ de l'ouverture.

De l'application des principes précédens aux principales questions concernant la statique des voûtes.

33. Les principes exposés précédemment renferment la solution des questions relatives à la statique des voûtes. Nous envisagerons d'abord ces questions d'une manière générale, en nous bornant aux plus importantes. Ensuite nous expliquerons par quelques exemples, une méthode simple et uniforme pour appliquer les solutions générales, aux divers cas particuliers qui peuvent se présenter dans la pratique.

La figure et les dimensions générales d'une voûte résultent de la destination de l'édifice dont cette voûte fait partie: l'ouverture, la montée, le cintre de la voûte, l'épaisseur au sommet, la hauteur des pieds-droits, la grandeur et la distribution de la charge que la voûte doit porter, sont autant d'éléments donnés.

1ère Question.

Une voûte étant donnée, déterminer les joints relatifs aux limites et les valeurs de ces limites.

34. Une voûte étant donnée, déterminer les joints relatifs aux limites et les valeurs de ces limites.

Ce sont donc les positions des joints **m**, **n**, **M**, **N** et **M'**, **N'**, ainsi que les valeurs des limites respectives **G**, **g**, **F**, **f** et **F'**, **f'** qu'on demande, lesquelles se déterminent par le moyen des formules générales (**a**) et (**b**). A cet égard il faut se rappeler

1° que la formule (a) selon qu'elle est prise avec le signe + ou −, se rapporte au glissement dans le sens nm ou mn et donne respectivement le maximum G et le minimum g ; 2° que la formule (b) comprend quatre cas, selon que la force X est appliquée en c ou c' et qu'il s'agit de la rotation autour de m ou n, en sorte que p désignant le poids de la partie supérieure mnc' et x,y les bras de levier de p et de X par rapport à m et n, le maximum F et le minimum f répondent aux combinaisons cm et cn, tandis que le maximum F' et le minimum f' répondent aux combinaisons c'm et c'n.

Or comme la voûte est donnée, les quantités p et x,y, qu'il s'agisse soit du point c ou du point c', soit du point m ou du point n pourront toujours être exprimées en fonctions de α. Cela fait, on substituera dans les formules, les expressions trouvées, on égalera à zéro la différentielle de chaque résultat, prise par rapport à α, et tirant de l'équation ainsi obtenue, la valeur de l'inconnue α, on aura l'un des joints cherchés.

Cette valeur reportée dans la formule fera connaître la limite relative à ce joint.

Observations sur la résolution de cette question.

35. La résolution de cette question donne lieu à plusieurs observations ; 1° on ne sera pas obligé à tout ce calcul pour le second cas de la formule (a) ; car il est aisé de voir que le joint n est en général celui de naissance : il suffira donc de substituer dans la formule, à la place de α, l'angle d'inclinaison du joint de naissance et même, si ce joint est horizontal et que q désigne le poids de la demi-voûte, il viendra tout de suite $g = q \tan\varphi$; 2° la forme de l'expression de X étant en général $\frac{P}{Q}$, celle de l'équation de condition du maximum ou du minimum sera $Q\,dP - P\,dQ = 0$; d'où l'on déduit $\frac{dP}{dQ} = \frac{P}{Q}$. Ainsi l'on obtiendra également la limite cherchée, c'est-à-dire, le maximum ou le minimum de X, par la substitution de la valeur de l'inconnue α, soit dans l'une soit dans l'autre fraction et l'on préférera celle des deux qui sera la plus simple. De plus, comme l'équation de condition est transcendante, puisque l'arc qui mesure l'angle α y est mêlé avec ses lignes trigonométriques, il faudra, pour la résoudre, recourir à la méthode des fausses positions ; et si elle se trouvait absurde, ou n'était satisfaite que par une valeur de α, sortant des limites naturelles 0 et $\frac{\pi}{2}$

de cette variable, alors il n'y aurait que maximum ou minimum relatif; 3°. enfin, au lieu de chercher directement les maximum et minimum, on pourra opérer par tâtonnement, en supposant successivement à l'inconnue α, dans l'expression $\frac{P}{Q}$, différentes valeurs prises de part et d'autre de la moyenne entre les deux extrêmes 0 et $\frac{\pi}{2}$, et calculant les valeurs de X correspondant à celles qu'on aura attribuées à α; sur quoi l'on remarquera qu'il suffit d'avoir la valeur de l'angle α, en nombre entier; parce que, par la propriété des maximum et minimum, la valeur respective de X n'éprouvera que très-peu de variation sur un assez grand développement du cintre de la voûte. C'est ce procédé qu'il faudra suivre lorsque l'équation de condition se trouvera trop compliquée. D'ailleurs, comme cette équation est généralement satisfaite par plusieurs valeurs de α, ou qu'il existe en même temps plusieurs maximum et minimum, le procédé dont il s'agit, fera de lui même distinguer les uns des autres, ainsi que le plus grand des maximum et le plus petit des minimum, soit absolus soit relatifs, ce qui pourra quelquefois en compenser la longueur.

2ème Question.

Vérifier si une voûte proposée se soutiendra d'elle-même

36. Vérifier si une voûte proposée se soutiendra ou non d'elle-même.

On déterminera les joints relatifs aux limites G, g, F, f, et F′, f′ et les valeurs de ces limites, comme il a été expliqué dans la question précédente.

Cela posé, si, quant à la rotation, la condition $\left(\frac{N}{M}, \frac{M'}{N'}\right)$ ou $\left(\frac{M}{N}, \frac{M'}{N'}\right)$ avec $F < f$, ou $\left(\frac{N}{M}, \frac{N'}{M'}\right)$ avec $F' < f'$ est remplie (N.° 28) et si, quant au glissement, la plus grande L des trois limites G, F, F′ est moindre que la plus petite l des trois g, f, f′ (N.° 31), on sera certain que la voûte subsistera d'elle-même sur son plan de naissance; car il ne pourra y avoir ni rotation autour de l'extrados du joint N ou N′ et à plus forte raison autour de l'extrados d'un autre joint quelconque, ni glissement sur le joint n et à plus forte raison sur tout autre.

Ensuite, la comparaison des forces G, F, F′, multipliées par leurs bras de levier relatifs à l'arête extérieure de la base du pied-droit (et ici G doit être censée appliquée au sommet de la clef) fera connaître le plus grand moment de pression. Alors, P et B désignant généralement la force et le bras de levier, qui sont les facteurs du plus grand moment, et M le moment de la demi-voûte et de son pied-droit, si l'on a $M > PB$, le système se soutiendra sur sa base, puisque déjà les parties supérieures ne peuvent se désunir et que de plus la poussée de la voûte sera incapable de renverser le pied-droit.

3ème Question.

Déterminer les dimensions que les pieds-droits doivent avoir pour résister à la poussée de la voûte.

37. Une voûte étant supposée stable sur son plan de naissance, déterminer les dimensions que son pied-droit doit avoir pour résister à la poussée.

Puisque, par hypothèse, la voûte est stable sur ses naissances, les conditions pour que la rotation et le glissement soient empêchés sont satisfaites; d'ailleurs elles ne cesseront pas de l'être lorsqu'on ajoutera des pieds-droits, puisque cette addition n'influe point sur les quantités G, g et F, f ou F', f' ni sur la position des joints relatifs; il suffit donc de mettre le pied-droit en état de résister à la poussée de la demi-voûte.

Pour cela, PB étant le plus grand moment de pression, par rapport à l'arête extérieure de la base du pied-droit, et M le moment total de la demi-voûte, exprimé en fonction de la hauteur et de l'épaisseur de ce pied-droit, on posera l'équation

$$M = PB \ldots\ldots\ldots (n)$$

qui fera connaître l'une des dimensions, savoir, l'épaisseur E et la hauteur h du pied-droit, quand l'autre sera donnée.

Remarques sur la solution de cette question.

38 Lorsque les deux quantités E et h sont obligées et que le premier membre de l'équation est moindre que le second, alors il faut charger la voûte vers les naissances par un mur suffisamment élevé et disposé de manière que les joints de rupture n'en soient pas changés.

Les valeurs négatives que peut donner l'équation sont étrangères à la question matérielle et tiennent à des considérations abstraites d'équilibre.

4ème Question.

Déterminer la résistance qu'il faut ajouter à la partie inférieure, pour empêcher la voûte de glisser sur ses naissances.

39. Une voûte étant stable, à cela près qu'elle peut glisser sur ses joints de naissance, supposés horizontaux, déterminer la résistance qu'il convient d'ajouter à sa partie inférieure, pour empêcher cet effet.

Cette question se résout bien aisément: φ étant toujours l'angle du frottement, q le poids de la demi-voûte, abstraction faite du pied-droit et L la plus grande pression, ou la plus grande des trois limites G, F, F', on aura l'équation d'équilibre

$$L = q \tang \varphi \ldots\ldots (e)$$

Le poids q se composant des poids des deux parties supérieure et inférieure au joint de la plus grande pression, on exprimera ce dernier poids en fonction soit de la largeur du joint de naissance, si l'on veut faire varier cette largeur, ou de la hauteur d'un massif dont on pourrait charger ce joint; l'équation fera connaître la valeur de l'une ou de l'autre quantité, suffisant à l'équilibre.

Manière d'avoir égard à la cohésion.

40. Lorsqu'on voudra avoir égard à la cohésion, on ajoutera au second membre de l'équation le terme γS, qui est le produit de la cohésion γ sur l'unité de surface, par l'aire S du joint de naissance, laquelle quantité S est aussi fonction de la largeur du joint.

Effet d'une surépaisseur vers la naissance ou d'un massif ajouté sur le pied-droit.

41. On remarquera que le surcroît d'épaisseur de la voûte vers le joint de naissance, ou l'addition d'un massif porté par le pied-droit n'influera point sur la pression à la clef et par conséquent contribuera à la stabilité par rapport à la rotation du système autour de l'arête extérieure de sa base.

Valeurs générales des coefficiens du frottement et de la cohésion.

42. On se rappelera aussi que suivant les expériences de Mr Boistard (Traité de la construction des ponts, par Gauthey, tome I, page 339) on a généralement $\tang \varphi = 0{,}76$, tandis que la cohésion est, par mètre carré, de 6960^{kg} pour les mortiers de chaux et sable et de 3700^{kg} pour les mortiers de chaux et ciment.

5ème Question.

Une voûte étant donnée, assigner la pression que supporte un joint quelconque.

43. Une voûte étant donnée, assigner la pression que supporte un joint quelconque.

L désignant la plus grande pression, ou la plus grande des limites G, F, F' et p le poids de la partie supérieure au joint quelconque mn, il est aisé de voir que la pression normale N, éprouvée par ce joint sera

$$N = p \sin \alpha + L \cos \alpha \ldots\ldots (h)$$

Elle se réduit à L pour le joint vertical et au poids de toute la demi-voûte, pour le joint de naissance, supposé horizontal.

Méthode pour appliquer la théorie aux Voûtes en berceau, dont le cintre est circulaire.

Méthode pour appliquer la théorie aux voûtes les plus usitées.

44. Nous indiquerons une méthode simple et uniforme pour exprimer les quantités p et px en fonctions de α, dans tous les cas des voûtes en berceau, dont le cintre est circulaire, continu ou discontinu et qui sont extradossées parallèlement ou horizontalement ou en chape.

D'abord, comme la longueur de la voûte est indifférente et peut être supposée égale à l'unité linéaire, le poids de la demi-voûte ou d'une partie quelconque, comprise entre deux plans de joint, sera proportionnel à la surface de la partie correspondante du profil général.

Ensuite, pour ces différentes formes d'extrados, la partie mnc', supérieure au joint indéterminé mn, pourra être considérée comme la somme ou la différence de rectangles, triangles et secteurs dont un côté sera dans la verticale oc, passant par le centre du profil et dont on aura à calculer en fonctions de α soit les surfaces, représentant des forces verticales, appliquées aux centres de gravité respectifs, soit les moments par rapport aux points m et n; d'où l'on conclura immédiatement la quantité p et, par le principe des moments, la quantité px ou le moment de la partie mnc'.

Le calcul de la surface et du moment d'un rectangle ou d'un triangle en fonction de α, ne présentera pas de difficulté; soit donc moc' un secteur dont le rayon $oc' = r$, la surface sera $\frac{1}{2} r^2 \alpha$; que l'on imagine ce secteur décomposé par des rayons infiniment proches, en secteurs élémentaires, chacun de ceux-ci ayant son centre de gravité sur sa ligne de milieu, aux deux tiers à partir du centre, il s'en suit que le centre de gravité du secteur total moc', ne différera pas de celui de l'arc **il** décrit du centre **o** avec un rayon $= \frac{2}{3}$ **om**, c'est-à-dire que la distance δ de ce centre de gravité au centre **o**, sera quatrième proportionnelle à l'arc $\mathbf{mc'} = r\alpha$ du secteur, à la corde $2r \sin \frac{1}{2}\alpha$ de cet arc et aux deux tiers de son rayon, ce qui donne

$$\delta = \frac{4r \sin \frac{1}{2}\alpha}{3\alpha}.$$

Prenons pour exemple la voûte en plein cintre : si elle est extradossée parallèlement, la partie **mncc'**, supérieure au joint indéterminé **mn**, sera égale à la différence des secteurs **onc** et **omc'**; de même le moment de **mncc'** par rapport à tel point ou à telle ligne qu'on voudra, sera égal à la différence des moments de **onc** et **omc'**, pourvu qu'on donne aux bras de levier les signes convenables. Si la voûte est extradossée de niveau, on aura **mnucc'** = le rectangle **nucn'**, plus le triangle **onn'**, moins le secteur **omc'**, et la même égalité algébrique entre les moments des poids représentés par ces surfaces. Enfin, si l'extrados est en chape, la surface **mtdc'** ou son moment équivaudra à la différence du triangle **odt** et du secteur **omc'**, ou de leurs moments.

Les mêmes considérations s'appliqueront aux voûtes surbaissées, en arc de cercle ou en anse de panier.

Détermination de l'épaisseur à la clef d'une voûte.

45. Une condition essentielle à la solidité d'une voûte, c'est que la pierre dont elle est construite présente une résistance suffisante à la pression qu'elle éprouve. Nous avons vu (N.° 43) comment on évalue la pression exercée sur les joints d'une voûte ; en divisant cette pression par la surface du joint, on aura la pression qui répond à l'unité de surface et l'on pourra juger par-là si l'espèce de pierre employée est capable de résister ; sur quoi l'on observera que, d'après l'exemple des constructions, la pierre ne doit pas être soumise à une pression plus grande que $\frac{1}{10}$ du poids sous lequel elle s'écrase dans les expériences ; encore cette pression serait-elle souvent trop forte, parce qu'il faut parer aux imperfections inévitables dans l'exécution des voussoirs, aux défauts de la pose et aux altérations que le temps fait éprouver aux matériaux.

La dureté de la pierre, la figure de la voûte, son ouverture, sa montée et son épaisseur sont des choses qui dépendent les unes des autres. En supposant une dureté moyenne, on

Perronnet a donné pour trouver l'épaisseur des pleins cintres à extrados horizontal, une règle fondée sur l'observation: prendre $\frac{1}{24}$ de l'ouverture, y ajouter 1^{pi} et de la somme retrancher 1^{li} par pied de l'ouverture. Cette règle est exprimée par la formule

$$e = \frac{5D + 46,^{m}777}{144} \ldots\ldots (E),$$

dans laquelle e désigne l'épaisseur et D le diamètre. Elle s'appliquera aux anses de panier pourvu qu'on prenne au lieu de D. le double du rayon de l'arc du sommet. Mais comme elle donne des épaisseurs trop fortes, dès que l'ouverture excède 30^{m}, il faudra, au-delà de ce terme, ainsi qu'à l'égard des autres genres de voûtes, se conformer à la pratique des constructeurs.

Recherche du moment de stabilité.

46. L'épaisseur que la théorie assigne aux pieds-droits d'une voûte, pour satisfaire à la condition de l'équilibre strict, serait très-insuffisante dans la pratique: les pierres ne sont pas assez dures pour pouvoir s'appuyer sur leurs arêtes, sans éclater; la cohésion de la maçonnerie n'est pas telle qu'un pied-droit puisse se soulever tout d'une pièce en tournant autour de l'arête extérieure de sa base; il s'en faut bien que le sol de sa fondation soit parfaitement homogène et incompressible, et à ces circonstances se joignent encore une foule de causes accidentelles de destruction; il est donc absolument nécessaire d'augmenter l'épaisseur donnée par la théorie et le principe d'après lequel il paraît naturel de régler cette augmentation, c'est que le surcroît du moment de la résistance soit proportionnel au moment de la puissance. Ce surcroît qu'on peut appeler le moment de stabilité de la voûte se déterminera d'ailleurs par l'expérience, en appliquant la théorie à des voûtes exécutées et dont la solidité ait été éprouvée par le temps.

Or, la théorie de Lahire ayant été adoptée dès-longtemps par la plupart des Constructeurs et même appliquée aux voûtes surbaissées, moyennant quelques modifications; on a pu en prendre les résultats pour termes de comparaison.

Valeurs du Coefficient de stabilité 1° pour les voûtes en plein-cintre ou surbaissées et extradossées horizontalement.

47. De cette manière on a obtenu, pour les voûtes de moyenne grandeur, en plein-cintre ou surbaissées au tiers et extradossées de niveau, le coefficient de stabilité 1,9; en sorte que la valeur de la poussée, donnée par la théorie, devra

être multipliée par ce nombre, avant d'être introduite dans l'équation d'équilibre.

Le même coefficient 1,9 paraît convenir aussi pour les voûtes surbaissées au quart et extradossées horizontalement.

2°. Pour les pleins cintres extradossés en chape.

48. On a déterminé le moment de stabilité des pleins-cintres extradossés en chape, en les comparant aux magasins à poudre de Vauban, il en résulte que pour donner à un pied droit simple la même stabilité qu'au pied-droit muni de contre-forts, le coefficient doit être 2 environ.

Ce coefficient 2 pourra être appliqué à toute grandeur de magasins ou de voûtes à l'épreuve de la bombe.

De l'augmentation de l'épaisseur aux reins avec l'ouverture des voûtes à l'épreuve de la bombe

49. Avec l'épaisseur de 3$^{m.}$ aux reins de la voûte, le magasin de Vauban est à l'épreuve, ainsi que l'expérience le constate; mais cette épaisseur doit augmenter en même temps que les dimensions du magasin: on pourrait déterminer l'augmentation par la théorie de la résistance des solides, comme s'il s'agissait de pièces continues, posées obliquement sur des appuis et chargées du même poids que la demi-voûte; mais il vaudra mieux appliquer à cette détermination, les lois auxquelles sont soumises les amplitudes des vibrations des corps (Voyez Rapport et Mémoire sur les ponts suspendus, par M^{r}. Navier). Encore sera-t-il bon de vérifier si la différence $\mathbf{f}-\mathbf{F}$ ou $\mathbf{f}'-\mathbf{F}'$ est au moins égale à celle qui existe dans le magasin de Vauban.

De la largeur des fondations

50. Ce que nous dirons de la largeur des fondations, à l'occasion des murs de revêtement s'appliquera ici, pourvu qu'on remplace la poussée des terres par la poussée de la voûte.

Appendice.

Appendice.

Application de la théorie aux principaux cas de la pratique.

De la voûte en plein cintre.

51. La voûte en plein cintre ou dont la douelle a pour profil droit une demi-circonférence du cercle, joint à la beauté de la forme l'avantage de la solidité et de la facilité de la construction; néanmoins elle n'est pas toujours celle qu'on choisit dans la pratique: lorsqu'il s'agit de ponts, par exemple, comme elle a l'inconvénient d'obstruer le passage des eaux, on lui préfère les voûtes surbaissées qui sous la même montée et la même ouverture offrent un plus grand débouché.

Plein cintre extradossé parallèlement; formules propres à ce genre.

52. Nous supposerons d'abord que la voûte ait une épaisseur constante.

figure 10.

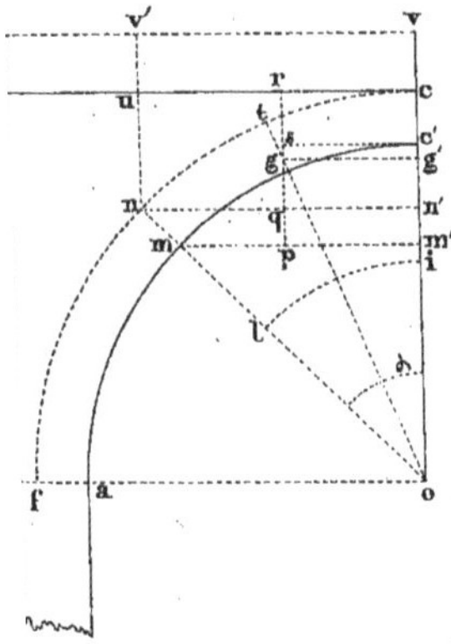

On aura $x=mp$ pour le point m, $x=nq$ pour le point n, quel que soit celui des points c, c' dont il s'agisse; mais on aura $y=pr$ pour le point m, $y=qr$ pour le point n, quand il s'agira du point c et $y=ps$ pour le point m, $y=qs$ pour le point n, quand il s'agira du point c'; α sera en parties du rayon des tables l'arc qui mesure l'angle moc'. Cette notation est générale.

Soient $oc'=r$, $oc=R$; le poids de la portion de couronne $mncc'$, différence des deux secteurs moc', noc sera (N°. 46)

$$p=\tfrac{1}{2}\left(R^2-r^2\right)\alpha \ldots\ldots\ldots\ldots (1)$$

Le centre de gravité g de $mncc'$, se trouve ainsi que ceux des secteurs, sur la droite og qui divise l'angle moc' en deux parties égales; il s'agit de déterminer la distance og. Le moment du secteur moc, par rapport à son centre (N°. 46) est $\frac{2}{3}r^3 \sin\frac{1}{2}\alpha$; celui du secteur noc sera de même ..... $\frac{2}{3}R^3 \sin\frac{1}{2}\alpha$; donc, par le principe des moments,

$$og=\frac{4\left(R^3-r^3\right)\sin\frac{1}{2}\alpha}{3\left(R^2-r^2\right)\alpha} \ldots\ldots (1)$$

Delà, à cause de $gg'=og\sin\frac{1}{2}\alpha$, on conclut

$$gg'=\frac{4\left(R^3-r^3\right)\sin^2\frac{1}{2}\alpha}{3\left(R^2-r^2\right)\alpha} \ldots\ldots (2)$$

Maintenant, $mm'=r\sin\alpha$, $om'=r\cos\alpha$; $nn'=R\sin\alpha$, $on=R\cos\alpha$; de plus $mp=mm'-gg'$, $nq=nn'-gg'$ et

$pr = oc - om'$, $qr = oc - on'$; $ps = oc' - om'$, $qs = oc' - on'$;
par conséquent, les formules générales (a) et (b) donneront

$$X = \frac{1}{2}(R^2 - r^2)\frac{\alpha}{\tang(\alpha+\varphi)} \dots (G), \quad X = \frac{1}{2}(R^2 - r^2)\frac{\alpha}{\tang(\alpha-\varphi)} \dots (g)$$

$$X = \frac{3r(R^2 - r^2)\alpha \sin\alpha - 4(R^3 - r^3)\sin^2\frac{1}{2}\alpha}{6(R - r\cos\alpha)} (F), \quad X = \frac{1}{2}(R^2 - r^2)\frac{\alpha}{\tang\frac{1}{2}\alpha} - \frac{1}{3}\frac{R^3 - r^3}{R} \dots (f)$$

$$X = \frac{1}{2}(R^2 - r^2)\frac{\alpha}{\tang\frac{1}{2}\alpha} - \frac{1}{3}\frac{R^3 - r^3}{r} \dots (F'), \quad X = \frac{3R(R^2 - r^2)\alpha \sin\alpha - 4(R^3 - r^3)\sin^2\frac{1}{2}\alpha}{6(r - R\cos\alpha)} (f')$$

Résultats de la discussion de ces formules

53. En discutant ces expressions, on trouve que si $\varphi = 37°$, le maximum de la première répond à $\alpha = 24°$ environ; que la seconde et la quatrième ne comportent chacune qu'un minimum relatif qui répond à $\alpha = \frac{\pi}{2}$; que le troisième est susceptible d'un maximum absolu, dépendant du rapport $\frac{R}{r}$; enfin, que, dans le cas actuel les deux dernières doivent être rejetées.

Formules définitives.

54. Substituant donc les valeurs de α et celle de θ, égalant à zéro le coefficient différentiel de la fonction (F), puis observant qu'on peut prendre pour la valeur maximum de X, donnée par cette fonction, le rapport de la différentielle du numérateur à celle du dénominateur, et enfin posant $\frac{R}{r} = K$, on aura définitivement

$$G = 0{,}1161.\, r^2(K^2 - 1) \dots (G), \quad g = 0{,}5918.\, r^2(K^2 - 1) \dots (g)$$

$$\left.\begin{aligned} &K - \frac{2(K^3 - 1)}{3(K+1)} = \cos\alpha + (1 - K\cos\alpha)\frac{\alpha}{\sin\alpha}, \dots \\ &F = r^2\left[\frac{1}{2}(K^2 - 1)\left(1 + \frac{\alpha}{\sin\alpha}\cos\alpha\right) - \frac{1}{3}(K^3 - 1)\right] \end{aligned}\right\} \dots\dots (G)$$

$$f = r^2\left[0{,}7854.(K^2 - 1) - \frac{1}{3}\frac{K^3 - 1}{K}\right] \dots\dots (f)$$

Désignons par ε et par h l'épaisseur et la hauteur du pied droit, de sorte que $B = R + h$ ou $B = r + h$; le moment de ce pied droit par rapport à l'arête extérieure de sa base sera $\frac{1}{2} h\,\varepsilon^2$; faisons $\alpha = \frac{\pi}{2}$ dans les expressions (1) et (2) afin qu'elles se rapportent à toute la demi-voûte et remarquons que le bras de levier, par rapport à la même arête est $\varepsilon + r - gg'$; l'équation $M = PB$, deviendra

$$\frac{1}{2}h\,\varepsilon^2 + \frac{1}{4}\pi(R^2 - r^2)\,\varepsilon + \frac{1}{4}\pi r(R^2 - r^2) - \frac{1}{3}(R^3 - r^3) = PB \dots (m)$$

Telles sont les formules propres à la voûte en plein cintre d'une épaisseur constante.

L'équation (m) détermine l'une des quantités ε et h par le moyen de l'autre, et comme la moindre épaisseur qu'on puisse donner au pied-droit est l'épaisseur même de la voûte, si l'on voulait savoir quelle valeur de h répond à cette limite, on substituerait $R-r$ et $R+h$ ou $r+h$ au lieu de ε et de B, dans cette équation qui n'en serait pas moins du premier degré en h et qui donnerait la valeur de cette quantité.

Cas où l'extrados est chargé d'une masse de terre.

55. Il pourrait arriver que le plein cintre fut chargé d'une masse de terre, élevée jusqu'à un certain niveau vv', au-dessus de la clef: alors il faudrait ajouter soit au poids soit au moment de la couronne de maçonnerie mncc', le poids ou le moment de la masse de terre ntcvv', lequel équivaudra à celui du rectangle nn'vv', plus celui du triangle onn', moins celui du secteur ocn.

Plein cintre extradossé horizontalement; formules particulières.

56. Considérons actuellement le plein cintre à extrados horizontal cK. Le pentagone c'mnuc vaut le rectangle cunn', plus le triangle non', moins le secteur c'on; soient encore $oc'=r$, $oc=R$ et l'angle $c'om=\alpha$, on aura $mm'=r\sin\alpha$, $nn=R\sin\alpha$, $om'=r\cos\alpha$, $on'=R\cos\alpha$; les surfaces du rectangle, du triangle et du secteur s'exprimeront par $R^2\sin\alpha(1-\cos\alpha)$, $\frac{1}{2}R^2\sin\alpha\cos\alpha$, $\frac{1}{2}r^2\alpha$; d'où

$$p=\frac{1}{2}R^2\sin\alpha(2-\cos\alpha)-\frac{1}{2}r^2\alpha;$$

les distances des centres de gravité de ces surfaces à la verticale oc, seront respectivement $\frac{1}{2}R\sin\alpha$, $\frac{1}{3}R\sin\alpha$, $\frac{4r\sin^2\frac{1}{2}\alpha}{3\alpha}$, lesquelles retranchées soit de mm', soit de nn' donneront les bras de levier relatifs au point m ou n et par le principe des moments on obtiendra directement le moment px. D'ailleurs, on a toujours, par rapport au point c, $m'c=pr=R-r\cos\alpha$, $n'c=qr=R(1-\cos\alpha)$ et par rapport au point c', $m'c'=ps=r(1-\cos\alpha)$, $n'c'=qs=r-R\cos\alpha$. Si donc, afin d'abréger, on pose $\frac{R}{r}=K$, il viendra

$$p=\frac{1}{2}r^2\sin\alpha\left[K^2(2-\cos\alpha)-\frac{\alpha}{\sin\alpha}\right],$$

et respectivement pour les points m et n,

$$px=\frac{1}{6}r^3\left\{K^2\sin^2\alpha\left[6-3K-(3-2K)\cos\alpha\right]+2(1-\cos\alpha)-3\alpha\sin\alpha\right\},$$

$$px=\frac{1}{6}r^3\left\{K^3\sin^2\alpha(3-\cos\alpha)+2(1-\cos\alpha)-3K\alpha\sin\alpha\right\};$$

d'où résulteront d'abord les expressions

$$x=\frac{px}{r(K-\cos\alpha)}\cdots(1),\quad x=\frac{px}{R(1-\cos\alpha)}\cdots(2)\text{ et }x=\frac{px}{r(1-\cos\alpha)}\cdots(3),\quad x=\frac{px}{r(1-K\cos}\cdots(4)$$

selon que la force X résidera en c ou en c'.

Ensuite pour les deux (1) et (4) on fera immédiatement $\frac{dx}{d\alpha}=0$, on développera et l'on réduira, après quoi l'on remplacera dans ces mêmes expressions $2(1-\cos\alpha)$ par $\frac{\sin^2\alpha}{\cos^2\frac{1}{2}\alpha}$; mais pour les deux (2) et (3), on commencera par faire disparaître le dénominateur en effectuant la division; puis l'on fera aussi $\frac{dX}{d\alpha}=0$; on obtiendra ainsi les formules,

$$X=\frac{r^2\sin\alpha}{2\tang(\alpha+\varphi)}\left[K^2(2-\cos\alpha)-\frac{\alpha}{\sin\alpha}\right]\ldots\ldots\ldots(G)$$

$$\left.\begin{array}{l} 2K^2(3-2K)\cos^3\alpha-6K^2(1+K-K^2)\cos^2\alpha+3(1+4K^3-2K^4)\cos\alpha+3(1-K\cos\alpha)\frac{\alpha}{\sin\alpha}=2K^4-6K^3+6K^2+K+2, \\ F=\frac{r^2\sin^2\alpha}{6(K-\cos\alpha}\left\{K^2\left[6-3K-(3-2K)\cos\alpha\right]+\frac{1}{\cos^2\frac{1}{2}\alpha}-3\frac{\alpha}{\sin\alpha}\right\}\ldots\ldots\ldots \end{array}\right\}(F$$

$$\left.\begin{array}{l} \frac{\alpha}{\sin\alpha}-\frac{8}{3}K^2\sin^4\frac{1}{2}\alpha=1,\ldots\ldots\ldots\ldots\ldots \\ f=\frac{1}{6}r^2\left\{K^2\cos\alpha(2-\cos\alpha)-6\cos^2\frac{1}{2}\alpha\frac{\alpha}{\sin\alpha}+3K^2+\frac{2}{K}\right\}\ldots\ldots \end{array}\right\}(f)$$

$$\left.\begin{array}{l} K^2\cos\alpha\left[9-5K-(6-4K)\cos\alpha\right]+3\frac{\alpha}{\sin\alpha}=K^2(3-K)+3\ldots\ldots \\ F'=\frac{1}{6}r^2\left\{K^2\cos\alpha\left[3-K-(3-2K)\cos\alpha\right]-6\cos^2\frac{1}{2}\alpha\frac{\alpha}{\sin\alpha}+3K^2(2-K)+2\right\}\ldots \end{array}\right\}(F')$$

$$\left.\begin{array}{l} 2K^4\cos^3\alpha-3K^3(1+K)\cos^2\alpha+3K^2(1+2K)\cos\alpha+3K(K-\cos\alpha)\frac{\alpha}{\sin\alpha}=3K^4-K^3+5K-2, \\ f'=\frac{r^2\sin^2\alpha}{6(1-K\cos\alpha)}\left[K^3(3-\cos\alpha)+\frac{1}{\cos^2\frac{1}{2}\alpha}-3K\frac{\alpha}{\sin\alpha}\right]\ldots\ldots \end{array}\right\}(f')$$

Quant à l'équation (n), un moyen fort simple d'y parvenir, c'est de considérer le moment M comme composé des moments des rectangles a j, cd, moins celui du secteur aoc' et l'on a sur le champ

$$\frac{1}{2}(h+R)\varepsilon^2+r\left(R-\frac{1}{4}\pi r\right)\varepsilon+r^2\left(\frac{1}{2}R+\frac{1}{3}r-\frac{1}{4}\pi r\right)=PB\ldots(n$$

les quantités P et B se rapportant ou au point c ou au point c'.

Cas où l'extrados est chargé d'une couche de maçonnerie, terre &c.a

57. Lorsque l'extrados horizontal sera chargé d'une couche de maçonnerie, de terre &c.a on aura égard à cette circonstance, en ramenant, pour plus de simplicité, cette couche à une autre de même densité que la maçonnerie de la voûte; mais al il faudra renoncer aux équations de condition du maximu ou du minimum des expressions (a) et (b), parce qu'elles deviendraient trop compliquées. Au reste, la maçonnerie qui couvre les reins et la clef doit être regardée comme indépendante de celle de la voûte proprement dite et comme assez récente pour être susceptible de se comprimer et de permettre aux voussoirs inférieurs d'obéir à l'action qu'elle exerce sur eux.

Plein cintre extradossé en chape; formules particulières.

58. Désignons par I l'inclinaison odt de la chape à la verticale et par D la hauteur od du sommet d au-dessus de la naissance a. Supposons cette chape d'une maçonnerie distincte de celle de la voûte et assez récente pour qu'elle puisse se comprimer et peser proportionnellement à son épaisseur sur

figure 11.

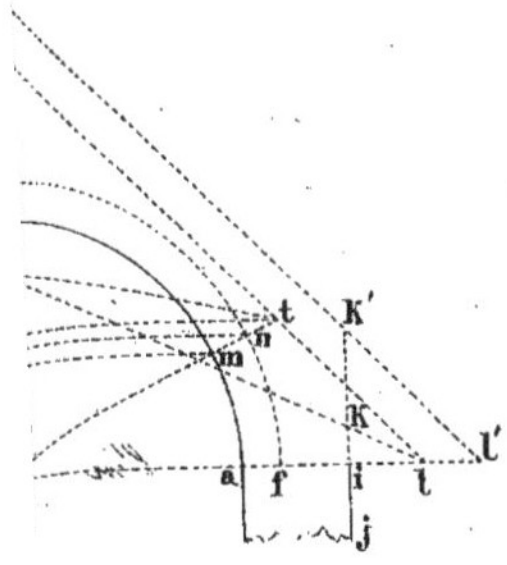

chaque partie inférieure de la voûte proprement dite.

Abaissons du point $\mathbf{t}$ la perpendiculaire $\mathbf{tu}$ sur $\mathbf{od}$; nous aurons les proportions, $\sin(I+\delta) : \sin\delta :: D : \mathbf{td} = \frac{D \sin\delta}{\sin(I+\delta)}$;

$1 : \sin I :: \mathbf{td} : \mathbf{tu} = \frac{D \sin I \sin\delta}{\sin(I+\delta)}$. Ainsi l'expression de la surface du triangle $\mathbf{odt}$ sera $\frac{1}{2} D^2 \frac{\sin I \sin\delta}{\sin(I+\delta)}$; celle de la surface du secteur $\mathbf{c'om}$ est $\frac{1}{2} r^2 \delta$; on a donc $\mathbf{mc'dt} = p = \frac{1}{2} D^2 \frac{\sin I \sin\delta}{\sin(I+\delta)} - \frac{1}{2} r^2 \delta$.

Le moment de ce quadrilatère $\mathbf{mc'dt}$ par rapport au point $\mathbf{m}$ ou $\mathbf{n}$ est égal à la différence des moments du triangle et du secteur; or, les distances des centres de gravité de ces deux dernières figures à la verticale sont respectivement $\frac{1}{3}\mathbf{tu}$ et $\frac{4 r \sin^2 \frac{1}{2}\delta}{3\delta}$; donc, à cause de $\mathbf{mm'} = r \sin\delta$, $\mathbf{nn'} = R \sin\delta$, et de $\mathbf{m'c} = R - r\cos\delta$, $\mathbf{n'c} = R(1-\cos\delta)$, si la force X est appliquée en $\mathbf{c}$, ou de $\mathbf{m'c'} = r(1-\cos\delta)$, $\mathbf{n'c'} = r - R\cos\delta$, si cette force agit en $\mathbf{c'}$, on aura

$$\frac{\sin\delta}{2\,\mathrm{tang}(\varphi+\delta)}\left[D^2 \frac{\sin I}{\sin(I+\delta)} - r^2 \frac{\delta}{\sin\delta}\right] \cdots\cdots (G)$$

et respectivement pour les points $\mathbf{m}, \mathbf{n}$,

$$px = \frac{1}{6}\sin^2\delta \left\{ D^2 \frac{\sin I}{\sin(I+\delta)} \cdot \left[3r - D\frac{\sin I}{\sin(I+\delta)}\right] - r^3\left[3\frac{\delta}{\sin\delta} - \frac{1}{\cos^2 \frac{1}{2}\delta}\right]\right\},$$

$$px = \frac{1}{6}\sin^2\delta \left\{ D^2 \frac{\sin I}{\sin(I+\delta)} \left[3R - D\frac{\sin I}{\sin(I+\delta)}\right] - r^2\left[3R\frac{\delta}{\sin\delta} - \frac{r}{\cos^2 \frac{1}{2}\delta}\right]\right\};$$

puis, selon qu'il s'agira du point $\mathbf{c}$ ou $\mathbf{c'}$,

$$X = \frac{px}{R - r\cos\delta} \cdots\cdots (F), \qquad X = \frac{px}{R(1-\cos\delta)} \cdots\cdots (f)$$

et

$$X = \frac{px}{r(1-\cos\delta)} \cdots\cdots (F'), \qquad X = \frac{px}{r - R\cos\delta} \cdots\cdots (f')$$

L'équation (n) s'obtiendra immédiatement par la considération que le moment M se compose des moments du rectangle $\mathbf{aj}$ et du triangle $\mathbf{dol}$, moins celui du secteur $\mathbf{aoc'}$; d'où résulte tout de suite

$$\frac{1}{2} h \varepsilon^2 + \frac{1}{2}\left(D^2 \,\mathrm{tang}\, I - \frac{1}{2}\pi r^2\right)\varepsilon + \frac{1}{6} D^2 \,\mathrm{tang}\, I \,(3r - D\,\mathrm{tang}\, I) + \frac{1}{12} r^3 (4 - 3\pi) = PB \cdots (n),$$

les quantités P et B étant rapportées au point $\mathbf{c}$ ou au point $\mathbf{c'}$.

Dans l'exécution, on supprime non seulement le petit triangle de maçonnerie $\mathbf{ikl}$, mais encore le trapèze de terre $\mathbf{lKK'l'}$, lorsque la chape est recouverte d'une couche de cette matière. Pour simplifier et pour ne pas tomber sur une équation du troisième degré, d'où dépendrait à la rigueur la valeur de ε, on établit les formules sans tenir compte de ces suppressions, ce qui est d'ailleurs en faveur de la stabilité.

Voûte en anse de panier.

59. On appelle anse de panier un cintre composé de plusieurs arcs de cercle qui se raccordent. Sa forme se rapproche de celle d'une demi-ellipse, mais a sur cette dernière, entre autres avantages, celui de produire plus de dégagement vers les naissances, sans augmenter la montée. On donne à une anse de panier 3 ou 5, 7 et jusqu'à 11 centres, selon que la montée doit être au-dessus ou au-dessous du tiers de l'ouverture : par là, en évitant des changements de courbure trop marqués et qui seraient d'un aspect désagréable, on diminue encore l'inconvénient attaché à l'ellipse d'exiger un panneau particulier pour chaque tête de voussoir dans la demi-voûte.

Conditions du Tracé.

60. Les conditions auxquelles le tracé de l'anse de panier doit satisfaire, sont : 1° que la tangente au point extrême de la montée, soit horizontale ; 2° que les tangentes aux naissances soient verticales ; 3° que les différens arcs qui la composent se touchent à leur rencontre.

Tracé de l'anse de panier à trois centres.

61. Considérons d'abord la courbe à trois centres et désignons par a la demi-ouverture ca, par b la montée cb, par r, r' les rayons ob, o'a des arcs du sommet et de la naissance et par y, x les distances oc, o'c des centres o, o' au point c.

figure 12

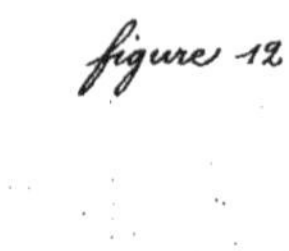

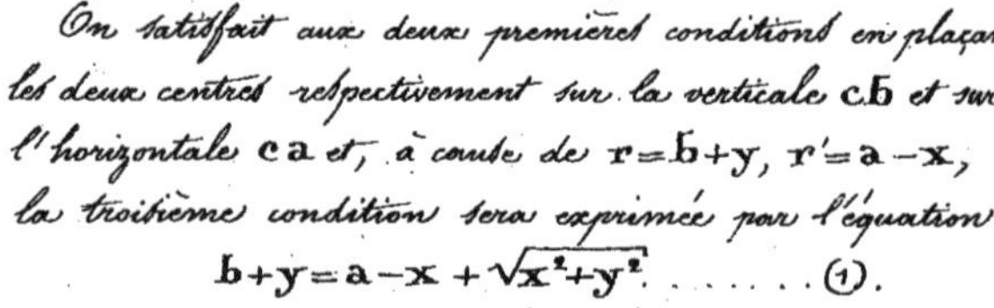

On satisfait aux deux premières conditions en plaçant les deux centres respectivement sur la verticale cb et sur l'horizontale ca et, à cause de $r = b+y$, $r' = a-x$, la troisième condition sera exprimée par l'équation

$$b+y = a-x+\sqrt{x^2+y^2} \quad \ldots\ldots (1).$$

On n'a donc que cette seule relation entre x, y ou entre les rayons r, r' ; d'où il suit que la question est indéterminée ; par conséquent, on peut s'imposer une quatrième condition, celle, par exemple, que le rapport du grand au petit rayon soit un minimum. Or ce rapport n'est autre chose que le premier membre de l'équation (1) écrite sous la forme,

$$\frac{b+y}{a-x} = 1+\frac{\sqrt{x^2+y^2}}{a-x} ; \quad \ldots\ldots\ldots (2)$$

sa différentielle égalée à zéro donnera

$$(a-x)\,dy + (b+y)\,dx = 0,$$

et réduira celle de l'équation (2) à

$$(a-x)(x\,dx+y\,dy) + (x^2+y^2)\,dx = 0 ;$$

éliminant $\frac{dy}{dx}$, on a

$$ax - by = o;$$

combinant ce résultat avec (1) et posant, pour abréger, $e = \sqrt{a^2 + b^2}$, on trouve

$$x = \frac{b(a-b)}{a+b-e}, \qquad y = \frac{a(a-b)}{a+b-e};$$

d'où

$$r' = e\,\frac{e-(a-b)}{2a}, \qquad r = e\,\frac{e+(a-b)}{2b} \quad \ldots\ (3)$$

valeurs dont la construction est fort simple : on prend $bd = a-b$ et sur le milieu e de ad on élève la perpendiculaire eo qui coupe bc et ac aux centres o, o' cherchés ; car $ae = \frac{e-(a-b)}{2}$, $be = \frac{e+(a-b)}{2}$, et en comparant au triangle abc, les triangles aeo', beo qui lui sont semblables, on retrouve les valeurs de r' et de r ; par conséquent aussi celles de x et de y.

En désignant par c l'angle coo', on aura évidemment $\tang c = \frac{x}{y} = \frac{b}{a}$.

Si l'on voulait que la différence $b+y-(a-x)$ des rayons fût un minimum, on aurait

$$dx + dy = o,$$

et la différentielle de l'équation (1) se réduirait à

$$xdx + ydy = o;$$

d'où l'on conclut

$$x = y = (a-b)\left(1+\frac{1}{\sqrt{2}}\right), \qquad c = 45^\circ;$$

et

$$r' = b - \frac{a-b}{\sqrt{2}}, \qquad r = a + \frac{a-b}{\sqrt{2}} \quad \ldots\ldots\ldots\ (4)$$

Pour construire ces valeurs on portera cb en af, on prendra $cg = cf$ et les arcs décrits des centres f et g, avec un rayon égal à la moitié de fg, détermineront les centres demandés o' et o ; ce qu'il est facile de vérifier.

On voit que la différence $r - r' = (a-b)(1+\sqrt{2})$ des rayons est proportionnelle à la différence $a-b$ de la demi-ouverture et de la montée. Les deux rayons approchant plus de l'égalité, le cintre aurait une apparence plus agréable ; mais comme ils sont moindres respectivement que les précédents, la voûte aurait moins de capacité intérieure.

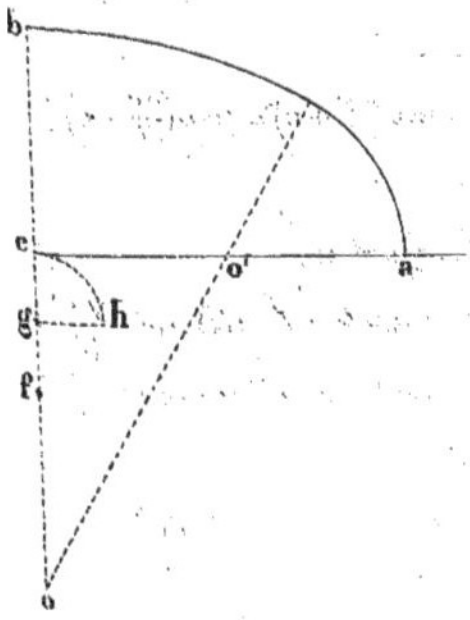

Communément on détermine les rayons par la condition que les arcs soient chacun de 60° ; alors on a $\sqrt{x^2+y^2} = 2x$, $y = x\sqrt{3}$ et l'équation (1) donne

$$x = \tfrac{1}{2}(a-b)(1+\sqrt{3}) \quad \ldots\ldots\ (5)$$

Cette valeur peut se construire ainsi ; on porte ac en bf, sur le milieu g de cf on élève la perpendiculaire $gh = cg$ et

figure 13.

du point h, comme centre, on décrit avec le rayon cf un arc qui coupe l'axe horizontal au centre cherché o'. Dans ce cas l'angle $coo' = c = 30°$.

Formules propres à la voûte de cette espèce; cas où elle est extradossée parallèlement.

62. Cherchons maintenant les formules propres à ce genre de voûte: Soient $Ca = a$, $Cc' = b$, l'angle $coi = c$, $oc = R$, $oc' = r$, $o'i = R'$, $o'e = r'$ et représentons par S et s les surfaces ec'ci, emni; par V, v leurs moments relatifs aux verticales oc, o'd respectivement, et par M, m et N, n leurs moments respectifs, par rapport aux points m et n. Posant $\frac{R}{r} = K$, $\frac{R'}{r'} = K'$

figure 14.

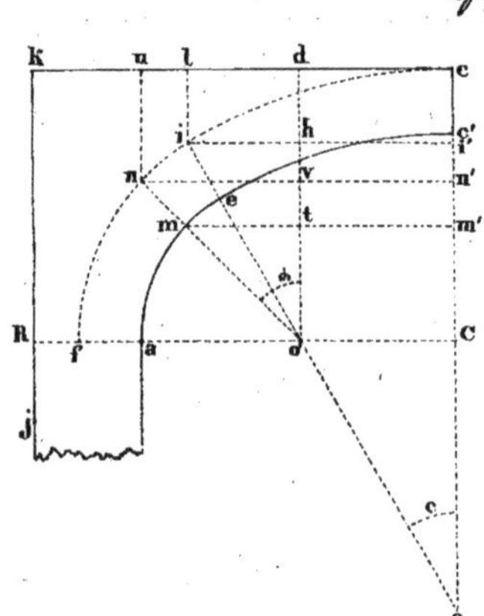

et observant que $mm' = r' \sin \delta + Co'$, $nn' = R' \sin \delta + Co'$, $Co' = (r - r') \sin c$, et que la ligne qui divise l'angle mo'e en deux parties égales fait avec la verticale un angle $= \frac{1}{2}(\delta + c)$, on trouvera sans difficulté ....

$$S = \tfrac{1}{2} r^2 (K^2 - 1) c, \quad s = \tfrac{1}{2} r'^2 (K'^2 - 1)(\delta - c);$$

$$V = \tfrac{2}{3} r^3 (K^3 - 1) \sin^2 \tfrac{1}{2} c, \quad v = \tfrac{2}{3} r'^3 (K'^3 - 1) \sin \tfrac{1}{2}(\delta - c) \sin \tfrac{1}{2}(\delta + c);$$

$$M = S\left[(r - r') \sin c + r' \sin \delta\right] - V; \quad m = s r' \sin \delta - v;$$

$$N = S\left[(r - r') \sin c + R' \sin \delta\right] - V; \quad n = s R' \sin \delta - v;$$

et parce que c ou c' étant le point d'application de la force X, on a $m'c = td = b + r(K - 1) - r' \cos \delta$, $n'c = vd = b + r(K - 1) - R' \cos \delta$, et $m'c' = b - r' \cos \delta$, $n'c' = b - R' \cos \delta$, il viendra ces formules abrégées,

$$X = \frac{S + s}{\operatorname{tang}(\delta + \varphi)} \quad \ldots\ldots\ldots (1), \qquad X = \frac{S + s}{\operatorname{tang}(\delta - \varphi)} \quad \ldots\ldots\ldots (2)$$

et

$$X = \frac{M + m}{b + r(K - 1) - r' \cos \delta} \quad \ldots (3), \qquad X = \frac{N + n}{b + r(K - 1) - R' \cos \delta} \quad \ldots (4)$$

ou

$$X = \frac{M + m}{b - r' \cos \delta} \quad \ldots\ldots\ldots (5), \qquad X = \frac{N + n}{b - R' \cos \delta} \quad \ldots\ldots\ldots (6)$$

dont le développement se réduira à de simples substitutions.

Maintenant, la distance du centre de gravité de ec'ci ou S à la verticale oc est $\frac{V}{S}$; en la retranchant de CR ou $\varepsilon + a$, on aura la distance à la verticale jR. Faisons $\delta = \frac{\pi}{2}$ dans les expressions de s et de v; elles deviendront celles de la surface aeif ou s' et de son moment v' relatif à la verticale o'd; et à cause de ....

$$\sin\left(\tfrac{\pi}{4} - \tfrac{1}{2} c\right) = \cos\left(\tfrac{\pi}{4} + \tfrac{1}{2} c\right) \text{ et de } 2 \sin\left(\tfrac{\pi}{4} + \tfrac{1}{2} c\right) \cos\left(\tfrac{\pi}{4} + \tfrac{1}{2} c\right) = \sin\left(\tfrac{\pi}{2} + c\right) = \sin\left(\tfrac{\pi}{2} - c\right) = \cos c$$

nous trouverons

$$s' = \tfrac{1}{2} r'^2 (K'^2 - 1)\left(\tfrac{\pi}{2} - c\right); \quad v' = \tfrac{1}{3} r'^3 (K'^3 - 1) \cos c;$$

or, la distance du centre de gravité de s' à la verticale o'd est $\frac{v'}{s'}$; en la retranchant de $o'R = \varepsilon + r'$, nous aurons la distance à la verticale jR; de là résultera l'équation

$$\tfrac{1}{2} h \varepsilon^2 + (S + s')\varepsilon + Sa + s'r' - V - v' = PB \quad \ldots\ldots (n).$$

Cas où elle est extradossée de niveau.

63. Représentons semblablement par S et s les surfaces cc'eil, liemnu; par M, m et N, n leurs moments respectifs par rapport aux points m et n. On a cc'eil = clii' + oii' − e'eo; .... liemnu = dvnu + nvo' − (dhil + iho') − emo'. Or, $oi' = R \cos$ $ii' = R \sin c$, $ci' = R(1-\cos c)$; soit pour abréger, $Cc = b + R - r = b'$; il viendra $vo' = R'\cos \alpha$, $nv = R'\sin\alpha$, $vd = b' - R'\cos\alpha$, $ho' = R'\cos c$, $ih = R'\sin c$, $hd = b' - R'\cos c$.

Cela posé, on aura d'abord,

$$S = \tfrac{1}{2} r^2 \sin c \left[K^2(2-\cos c) - \frac{c}{\sin c}\right];$$

$$s = \tfrac{1}{2} r'^2 \sin(\alpha - c)\left[2\frac{b'K'}{r'}\,\frac{\cos\frac{1}{2}(\alpha+c)}{\cos\frac{1}{2}(\alpha-c)} - K'^2\cos(\alpha+c) - \frac{\alpha-c}{\sin(\alpha-c)}\right];$$

puis en prenant subsidiairement le moment V de S par rapport à la verticale oc, le moment v de s par rapport à la verticale o'd et observant que $mm' = r'\sin\alpha + (r-r')\sin c$, $nn' = \ldots$ $R'\sin\alpha + (r-r')\sin c$, $mt = r'\sin\alpha$, on trouvera

$$V = \tfrac{2}{3} r^3 \sin^2\tfrac{1}{2}c\left[1 + K^2\cos^2\tfrac{1}{2}c\,(3 - 2\cos c)\right],$$

$$v = \tfrac{1}{6} r'^3\left[4\sin\tfrac{1}{2}(\alpha+c)\sin\tfrac{1}{2}(\alpha-c) + 3\frac{b'K'^2}{r'}\sin(\alpha+c)\sin(\alpha-c) - 2K'^3(\sin^2\alpha\cos\alpha - \sin^2 c\cos c)\right]$$

et

$$M = S\left[r'\sin\alpha + (r-r')\sin c\right] - V;\quad m = s r'\sin\alpha - v;$$
$$N = S\left[R'\sin\alpha + (r-r')\sin c\right] - V;\quad n = s R'\sin\alpha - v.$$

Enfin si l'on fait $\alpha = \frac{\pi}{2}$ dans s et dans v, il viendra . . .

$$s' = \tfrac{1}{2} r'^2\cos c\left[K'^2\sin c + 2\frac{b'K'}{r'}\tang\left(\tfrac{1}{4}\pi - \tfrac{1}{2}c\right) - \frac{\frac{1}{2}\pi - c}{\sin\left(\frac{1}{2}\pi - c\right)}\right],$$

$$v' = \tfrac{1}{6} r'^3\cos c\left[2 + 3\frac{b'K'^2}{r'}\cos c + 2K'^3\sin^2 c\right].$$

Les expressions (1), (2) et (3), (4) ou (5)(6) auront ainsi que l'équation (p), en S, s, M, m, N, n et s', v'; la même forme absolument que dans le cas précédent, si ce n'est que pour l'équation (p) les quantités s' et v' devront comprendre le rectangle fK.

De l'anse de panier extradossée en chape.

64. Nous ne parlerons point de l'anse de panier extradossée en chape, parce qu'elle a une poussée excessive et par cette raison exige une trop grande épaisseur de pied-droit, pour qu'on puisse l'employer.

Tracé de l'anse de panier à plus de trois centres

65. Quand la montée est moindre que le tiers de l'ouverture, la grande différence qui se trouve entre les rayons r, r' rendant le cintre difforme, il devient nécessaire de passer de la courbure du sommet à celle des naissances, par des courbes intermédiaires; c'est-à-dire, de composer le cintre d'un nombre d'arcs plus grand que trois, et alors la question est encore plus indéterminée; car,

puisqu'il suffit que l'arc du sommet embrasse ceux des naissances, ou que le plus grand rayon surpasse la somme du plus petit et de la distance des centres, on n'a que la condition ---- $(r-r')^2>(r-b)^2+(a-r')^2$, laquelle n'est pas même une équation.

On dispose de cette indétermination de la manière suivante: supposé que ω soit le centre de l'arc du sommet, on prend $c\omega'=\frac{1}{3}c\omega$ (le rapport $\frac{1}{3}$ est arbitraire), et l'on regarde ω' comme le centre de l'arc de naissance; cela fait, s'il s'agit de l'anse de panier à cinq centres, on divise $c\omega$ en deux parties ωd, dc égales entre elles et $\omega' c$ en deux parties $\omega' e$, ec proportionnelles aux nombres 1, 2; on mène les droites ωe, $\omega' d$ qui se coupent au point ω'' et prenant ce point pour le centre de l'arc intermédiaire dont r'' désigne le rayon, on détermine la distance ωc et par conséquent les rayons r, r', r'' par la condition que la montée $cb'=cb=b$.

figure 15.

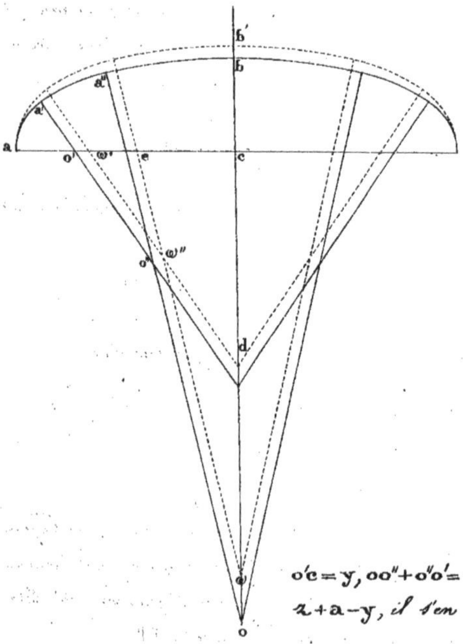

Le calcul direct des rayons serait long et compliqué; on le simplifie par ce procédé remarquable, rapporté dans le Traité de Gauthey: la construction précédente, dans laquelle ω est supposé le centre de l'arc du sommet, étant effectuée, on connaîtra les longueurs l, l', p de ωc, $\omega' c$, $\omega\omega''+\omega''\omega'$; or, si o, o'', o' étaient les véritables centres, les figures $c\omega\omega''\omega'$ et $coo''o'$ seraient évidemment semblables; donc en fesant $oc=x$, $o'c=y$, $oo''+o''o'=z$, on aura $x=\frac{ly}{l'}$, $z=\frac{py}{l'}$ et comme $x+b=z+a-y$, il s'en suivra,

$$x=\frac{(a-b)l}{l+l'-p},\qquad y=\frac{(a-b)l}{l+l'-p}\quad\ldots\ldots(4)$$

de là les rayons $r, r' r''$ et les angles qu'ils font avec la verticale. Quel que soit le nombre N des centres, si l'on en retranche l'unité et que n soit la moitié du reste, en sorte que $n=\frac{N-1}{2}$ il n'y aura qu'à diviser la distance ωc en n parties égales, et la distance $\omega' c=\frac{1}{3}\omega c$, en un pareil nombre de parties qui soient entre elles comme $1, 2, 3, \ldots\ldots n$, puis joindre ω avec le point de division de $\omega' c$, le plus voisin de c, et ainsi de suite. Cela fait, on trouvera les véritables centres en répétant la même division sur les lignes oc, $o'c$ déterminées au moyen des deux équations (4) dans lesquelles p sera le périmètre $\omega'\omega''\omega'''\ldots\omega$. On voit que les lignes $ao'o''\ldots o$ et $aa'a''\ldots b$ sont analogues à une développée et sa développante ; de sorte que $ob = ao'o''\ldots o$. Mais quand même la voûte serait surbaissée au quart, il serait inutile de composer l'anse du panier d'un grand nombre d'arcs et en général il suffit d'en employer cinq.

Des formules propres aux voûtes de ce genre.

66. Comme le joint de plus grande pression peut répondre à l'arc intermédiaire ou à l'arc des naissances, il faut calculer les formules pour chacun de ces cas. Le premier rentre dans celui de l'anse de panier à trois centres ; pour le second, on aura à considérer trois portions du profil, au lieu de deux ; mais le procédé sera tout-à-fait analogue, que la voûte soit extradossée parallèlement ou de niveau. Nous n'insisterons donc pas davantage sur ce sujet

Voûte en arc de Cercle.

67. Le cintre de la voûte en arc de cercle est un seul arc qui est tout déterminé dès que l'ouverture $2a$ et la montée b sont connues. Soient r le rayon de l'arc et $2c$ l'angle au centre, entre les côtés duquel cet arc est compris ; on aura $a^2 = b(2r - b)$, $\sin c = \frac{a}{r}$, équations d'où l'on tire

$$r = \frac{a^2 + b^2}{2b}, \quad \sin c = \frac{2ab}{a^2 + b^2}.$$

et qui en général feront connaître deux des quatre quantités a, b, c, r, quand les deux autres seront donnés.

La voûte en arc de cercle extradossée parallèlement ou de niveau, ou en chape n'est qu'un cas particulier de la voûte en plein cintre, extradossée de même, et les formules propres à celle-ci s'appliquent à l'autre, avec quelques modifications qui concernent principalement l'équation $M = PB$.

Cas où la voûte est extradossée parallèlement, formules.

figure 16.

68. Lorsque la voûte en arc de cercle sera extradossée parallèlement, on fera $\delta = c$, dans les expressions (g), (f) et (G), (F) propres à la voûte en plein cintre d'égale épaisseur, pourvu que la valeur de δ, à laquelle répondra le maximum de chacune des deux dernières expressions, soit plus grande que c ; autrement, on y conserverait la valeur de δ, relative au maximum.

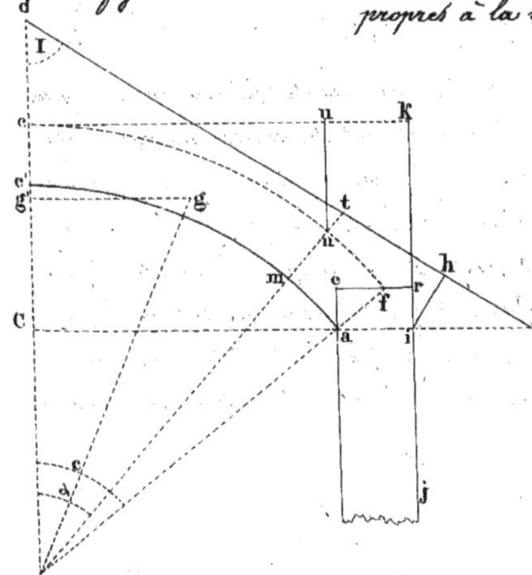

D'ailleurs, on a $acc'f = \frac{1}{2}(R^2 - r^2)c$, $gg' = \frac{4(R^3 - r^3)\sin^2\frac{1}{2}c}{3(R^2 - r^2)c}$; en outre, la distance du centre de gravité g de $acc'f$ à la verticale passant par l'arête extérieure de la base du pied-droit, sera $\varepsilon + a - gg'$, et par rapport à cette même arête, le moment de la figure $afrj$, équivaudra au moment $\frac{1}{2}[h+(R-r)\cos c]\varepsilon^2$, du rectangle ej, moins le moment $\frac{1}{2}(R-r)^2 \sin c \cos c\left[\varepsilon - \frac{1}{3}(R-r)\sin c\right]$, du triangle aef.

En conséquence, l'équation (n) sera

$$\left.\begin{array}{l}\frac{1}{2}[h+(R-r)\cos c]\varepsilon^2+\frac{1}{2}[(R^2-r^2)c-(R-r)^2\sin c\cos c]\varepsilon+\cdots\cdots \\ \frac{1}{6}(R-r)^3\sin^2 c\cos c+\frac{1}{2}a(R^2-r^2)c-\frac{2}{3}(R^3-r^3)\sin^2\frac{1}{2}c=PB\ldots\end{array}\right\}\cdots(n)$$

Dans ce cas, la poussée surpasse en général le frottement exercé sur le plan ai de naissance et il faut prévenir le glissement par quelque moyen d'art.

Cas où la voûte est extradossée de niveau et en chape; formules.

69. Pareillement, quand la voûte en arc de cercle est extradossée soit de niveau, soit en chape, les formules (G), (g) et (F), (f) ou (F'), (f') relatives aux cas analogues de la voûte en plein cintre, lui sont applicables, supposé la substitution, s'il y a lieu, de l'angle c à l'angle α.

Le moment de la demi-voûte par rapport à l'arête extérieure de la base du pied-droit s'obtiendra fort simplement en observant qu'il équivaut, dans le premier cas, à la somme des moments du rectangle aj, du rectangle CK et du triangle Cao, moins le moment du secteur aoc'; et dans le second cas, à la somme des moments du rectangle aj, des triangles Cdl, Cao, moins le moment du secteur aoc', en sorte que l'équation (n) sera, pour la voûte à extrados horizontal,

$$\left.\begin{array}{l}\frac{1}{2}(h+R-r\cos c)\varepsilon^2+\left[a(R-\frac{1}{2}r\cos c)-\frac{1}{2}r^2c\right]\varepsilon+\cdots \\ \frac{1}{2}a\left[a(R-\frac{1}{3}r\cos c)-r^2c\right]+\frac{2}{3}r^3\sin^2\frac{1}{2}c=PB\ldots\ldots\end{array}\right\}\cdots(n)$$

et pour la voûte extradossée en chape,

$$\left.\begin{array}{l}\frac{1}{2}h\varepsilon^2+\frac{1}{2}\left[D^2\tang I+r(a\cos c-rc)\right]\varepsilon+\frac{1}{2}D^2\tang I(a-\frac{1}{3}D\tang I)+\cdots \\ \frac{1}{2}ar(\frac{2}{3}a\cos c-rc)+\frac{2}{3}r^3\sin^2\frac{1}{2}c=PB\ldots\ldots\end{array}\right\}\cdots(n).$$

Plate-bande; Formules. figure 17.

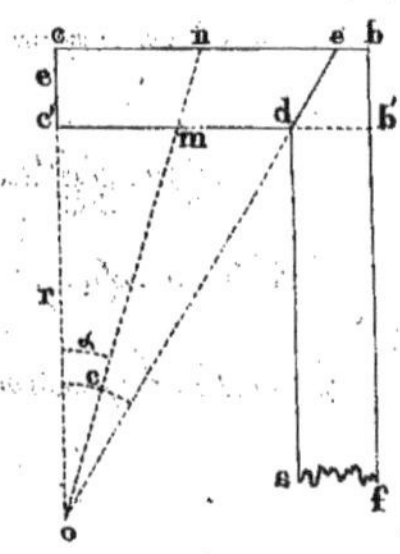

70. On appelle plate-bande une voûte plane dans le profil de laquelle la douelle et l'extrados sont des droites horizontales et les joints, d'autres droites obliques aux premières, mais dirigées à un même point de l'axe vertical oc du profil. Soient l'angle $c'od = c$, $c'd = a$, $c'c = e$, $oc' = r$; les surfaces des triangles $oc'm$, ocn seront $\frac{1}{2}(e+r)^2\tang\alpha$, $\frac{1}{2}r^2\tang\alpha$ et leur différence équivaudra à la surface p du trapèze $c'mnc$; de sorte que l'on aura $p=\frac{1}{2}\left[(e+r)^2-r^2\right]\tang\alpha$. Les distances des centres de gravité

de ces triangles à la verticale oc seront $\frac{1}{3}(e+r)\tang\alpha$, $\frac{1}{3} r\tang\alpha$; divisant la différence des moments par la différence des surfaces, on trouvera la distance du centre de gravité du trapèze à la même verticale, et cette distance retranchée de c'm ou $r\tang\alpha$, donnera $x=\frac{(3r^2-e^2)e\tang\alpha}{3[(e+r)^2-r^2]}$; de là résulteront les expressions

$$X=\frac{1}{2}\left[(e+r)^2-r^2\right]\frac{\tang\alpha}{\tang(\alpha+\varphi)}\ldots\ldots(G)$$

$$X=\frac{1}{6}(3r^2-e^2)\tang^2\alpha\ldots\ldots\ldots\ldots(F)$$

dont la première montre qu'abstraction faite du frottement, la force X sera constante, si les joints sont dirigés à un même point o et réciproquement. Pour le maximum de cette première, on a $\sin 2(\alpha+\varphi)=\sin 2\alpha$; d'où $\alpha+\varphi=90°-\alpha$; soit $\tang\varphi=0,76$, c'est-à-dire, $\varphi=37°-14'$, il s'en suivra $\alpha=26°-23'$. La seconde n'a point de maximum absolu et sa plus grande valeur répond à $\alpha=c$. On substituera dans ces expressions les valeurs de α, et $\frac{a}{\tang c}$ au lieu de r. Quant à l'équation (p), on la formera en observant que le moment de la demi-voûte par rapport à l'arête extérieure de la base du pied-droit, équivaut à la somme des moments des deux rectangles ab', cb' et l'on aura pour l'espèce de voûte dont il s'agit, les formules,

$$G=0,2460576\left(\frac{ae}{\tang c}+\frac{1}{2}e^2\right)\ldots(G),\quad F=\frac{3a^2-e^2\tang^2 c}{6}\ldots(F)$$

$$\frac{1}{2}(e+h)\varepsilon^2+ae\varepsilon+\frac{1}{2}a^2e=(e+h)P\ldots\ldots(p);$$

ainsi G augmente et F diminue à mesure que, toutes choses d'ailleurs égales, e devient plus grand, et il vient F=0, lorsque $e=\frac{a\sqrt{3}}{\tang c}$

Des voûtes sphériques ou en Dôme

71. Une voûte en dôme, à base circulaire, est engendrée par la révolution d'un profil tel que ac'cf autour d'un axe vertical oc. Dans ce mouvement les points m, n ..... décrivent des cercles horizontaux dont les centres sont dans l'axe, et les lignes mn, rs ..... engendrent des joints coniques qui ont pour sommet commun le point o et qui divisent la voûte en assises lesquelles sont elles-mêmes divisées en voussoirs par des plans méridiens, c'est-à-dire, par le profil générateur, considéré dans différentes positions.

Manière d'en établir la stabilité.

72. Pour établir la stabilité d'une voûte de ce genre, on suppose cette voûte partagée par des plans méridiens, en un nombre pair de demi-fuseaux égaux, opposés deux à deux et agissant l'un contre l'autre par l'arête

commune $c'c$; de sorte qu'on n'a plus qu'à considérer séparément deux de ces fuseaux opposés et les parties correspondantes du tambour ou pied-droit cylindrique, compris entre les mêmes plans méridiens. Cette hypothèse est d'ailleurs confirmée par l'observation qui apprend qu'une voûte en dôme qui manque de stabilité, se lézarde et tend à se rompre suivant des plans méridiens.

Le nombre des plans de division qu'on emploie, dépend des dimensions des voussoirs, du mode de construction, mais surtout du nombre de parties faibles que présente le pied-droit: par exemple, si les assises de la voûte étaient reliées entre-elles par des barres, des goujons de fer, ou par tout autre moyen, il est évident qu'il n'existerait plus de poussée; si le pied-droit devait être percé sur son pourtour, les plans méridiens seraient en même nombre que les ouvertures et passeraient par leurs milieux.

En général, le glissement sur les joints, de dehors en dedans de la voûte, est impossible et dans le sens contraire il ne peut avoir lieu, comme on le sait, que sur le joint de naissance.

Voûte sphérique, extradossée parallèlement; formules.

73. Nous nous bornerons à la voûte sphérique, extradossée parallèlement. Il est clair que les centres de gravité du demi fuseau et de ses parties déterminées par les joints coniques, sont dans le plan méridien ad, moyen entre les méridiens of, of' qui comprennent le fuseau. Soit 2β l'angle fof' ou l'arc qui le mesure dans le cercle dont le rayon est 1. Pendant

figure 18

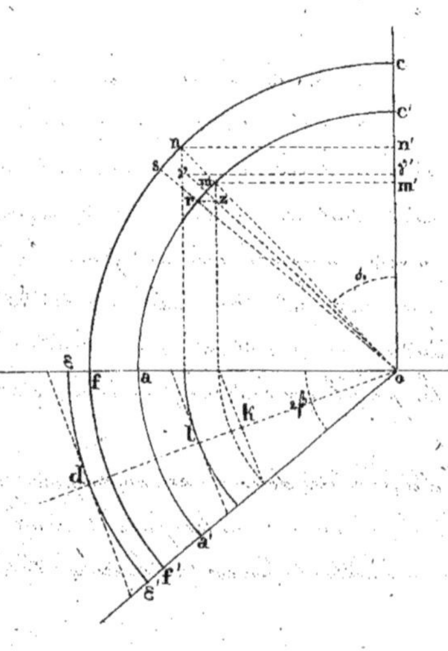

que le profil $ac'cf$, générateur de la voûte, tourne de la quantité infiniment petite $d\beta$; l'élément de surface $mrsn$, engendre un élément de volume d^2p, égal à la différence des deux pyramides sphériques dont les bases sont les éléments de zone, décrits par mr et ns. Or, l'élément de zone a pour mesure, la hauteur de la zone, multipliée par l'arc de grand cercle qui répond à l'angle $d\beta$; mais à cause de l'égalité des angles mrz, mom', cette hauteur est $r \sin\delta\, d\delta$, sur la sphère du rayon r et de même $R \sin\delta\, d\delta$, sur la sphère du rayon R; donc $d^2p = \frac{1}{3}(R^3 - r^3)\sin\delta\, d\delta\, d\beta$. De là résultent les expressions des volumes dp, p engendrés par les surfaces $mrsn$, $c'mnc$, parcourant l'arc fini 2β; savoir $dp=\frac{2}{3}(R^3-r^3)\beta \sin\alpha\, d\alpha$ et

$$p=\frac{2}{3}(R^3-r^3)(1-\cos\alpha)\beta \ldots\ldots (1)$$

Cela posé, la distance δ du centre de gravité du volume élémentaire d^2p, au centre o, s'obtiendra en divisant par ce volume la différence des moments des deux pyramides, pris par rapport à ce même centre, et parce que le centre de gravité d'une pyramide est aux $\frac{3}{4}$ de sa hauteur à partir du sommet, on aura $\delta=\frac{3(R^4-r^4)}{4(R^3-r^3)}$. Pour rapporter les centres de gravité et les moments à l'axe oc, observons que les centres de gravité des deux pyramides et de l'élément d^2p qui en est la différence, sont sur une même droite avec le point o, et que comme la dimension mr est infiniment petite, cette droite fait avec l'axe oc un angle qui ne diffère de l'angle α que d'une quantité infiniment petite aussi; donc la distance du centre de gravité de l'élément d^2p est simplement $\delta\sin\alpha$, expression indépendante de β; d'où il suit que les centres de gravité de tous les éléments égaux à d^2p qui composent le solide dp, sont sur un arc de cercle horizontal dont le centre est dans l'axe oc, dont le rayon est $\delta\sin\alpha$ et la longueur $2\beta\delta\sin\alpha$; par conséquent, la distance du centre de gravité du solide dp, est $\frac{\delta\sin\alpha\sin\beta}{\beta}$ et son moment $dm=\frac{1}{2}(R^4-r^4)\sin\beta\sin^2\alpha\, d\alpha$.

En intégrant on trouve

$$m=\frac{1}{4}(R^4-r^4)(\alpha-\sin\alpha\cos\alpha)\sin\beta \ldots\ldots (2).$$

C'est le moment du solide p relativement à l'axe oc; de sorte que la distance D du centre de gravité de ce solide au même axe est donnée par l'équation $D=\frac{m}{p}$.

Maintenant les distances oK, ol de l'axe oc à la corde de l'arc décrit par le point m et à la tangente au milieu de l'arc engendré par le point n, sont $r\sin\alpha\cos\beta$ et $R\sin\alpha$; donc $x=r\sin\alpha\cos\beta-D$, pour le premier point, $x=R\sin\alpha-D$, pour le second point, et comme on a toujours $y=R-r\cos\alpha$ et $y=R(1-\cos\alpha)$ ou $y=r(1-\cos\alpha)$ et $y=r-R\cos\alpha$, respectivement pour les deux points, selon que la force X est appliquée en c ou en c'; on aura ici, en fesant, pour abréger, $\frac{R}{r}=K$, $\frac{2}{3}r^4(K^3-1)\beta\sin\beta=A$, $\frac{1}{4}r^4(K^4-1)\sin\beta=B$, $\frac{2}{3}r^4K(K^3-1)\beta=A'$ et pour un moment, $A\sin\alpha-B\alpha-(A-B)\sin\alpha\cos\alpha=N$, $A'\sin\alpha-B\alpha-(A'-B)\sin\alpha\cos\alpha=N'$,

$$X=\frac{N}{r(K-\cos\alpha)} \ldots (3) \qquad X=\frac{N'}{Kr(1-\cos\alpha)} \ldots (4)$$

ou

$$\mathbf{X}=\frac{N}{r(1-\cos\alpha)}\cdots(5)\qquad \mathbf{X}=\frac{N}{r(1-K\cos\alpha)}\cdots(6)$$

D'abord, égalons à zéro la différentielle de (3) relative à α, nous trouverons $(K-\cos\alpha)\left[2(A-B)\sin^2\alpha-A(1-\cos\alpha)\right]-A\sin^2\alpha+B\alpha\sin\alpha+(A-B)\sin^2\alpha\cos\alpha=0$ ou, en développant et réduisant, $2(A-B)K\sin^2\alpha-A(K+1)(1-\cos\alpha)+\ldots$ $B\alpha\sin\alpha-(A-B)\sin^2\alpha\cos\alpha=0$, et en divisant par $(A-B)\sin^2\alpha$,

$$2K=(K+1)\frac{A}{A-B}\,\frac{1}{2\cos^2\frac{1}{2}\alpha}-\frac{B}{A-B}\,\frac{\alpha}{\sin\alpha}+\cos\alpha\ldots$$

puis

$$F=\frac{2(A-B)\sin\alpha-A\tan\frac{1}{2}\alpha}{r}\ldots\ldots\quad (F)$$

supposé qu'on prenne pour la valeur de F le rapport des différentielles du numérateur et du dénominateur de (3). Ensuite, les mêmes opérations répétées sur l'expression (4) produiront les formules

$$2=\frac{A'}{A'-B}\,\frac{1}{\cos^2\frac{1}{2}\alpha}-\frac{B}{A'-B}\,\frac{\alpha}{\sin\alpha}+\cos\alpha\ldots\ldots$$

$$F'=\frac{2(A'-B)\sin\alpha-A'\tan\frac{1}{2}\alpha}{rK}\ldots\ldots\quad (f)$$

dont chacune ne diffère de son analogue (F) que par le changement de A et r en A' et R.

De ces résultats, on déduit immédiatement ceux qui se rapportent aux expressions (5), (6) et qui détermineraient F', f': pour la première (5), on changera A' en A et R en r, dans les formules (f); pour la seconde (6), il suffira de mettre r à la place de R et réciproquement, dans les formules (F); on peut donc se dispenser d'écrire ces autres formules.

Pour former l'équation (p), on fera d'abord $\alpha=\frac{\pi}{2}$ dans (1) et (2), ce qui donnera le demi-fuseau et son moment par rapport à la verticale oc, et le quotient de cette dernière quantité divisée par l'autre, sera la distance du centre de gravité du fuseau à la même verticale. Si donc ε et h sont l'épaisseur et la hauteur du pied-droit cylindrique, en retranchant cette distance, de $r+\varepsilon$ et multipliant le reste, par le fuseau on aura le moment $\left(r+\varepsilon-\frac{3}{2}\,\frac{1}{4}\,\frac{\pi}{2}\,\frac{R^4-r^4}{R^3-r^3}\right)\times\frac{2}{3}(R^3-r^3)$, par rapport au point d, ou ce qui revient au même, par rapport à la tangente au milieu de l'arc extérieur de la base du pied-droit; ensuite, le volume du pied-droit sera $h\beta\left[(r+\varepsilon)^2-r^2\right]$, son moment relativement à cette tangente, $\left[r+\varepsilon-\frac{2}{3}\,\frac{(r+\varepsilon)^3-r^3}{(r+\varepsilon)^2-r^2}\cdot\frac{\sin\beta}{\beta}\right]\times$ $\left[(r+\varepsilon)^2-r^2\right]h\beta$; ainsi la quantité $r+\varepsilon=z$, prise pour inconnue dépendra de l'équation du troisième degré,

$$h\left(\beta-\tfrac{2}{3}\sin\beta\right)x^3-\beta\left[hr^2-\tfrac{2}{3}(R^3-r^3)\right]x+\left[\tfrac{2}{3}hr^3-\tfrac{\pi}{8}(R^4-r^4)\right]\sin\beta=PB\ldots(p).$$

Des voûtes d'arête et en arc de cloître.

figure 19.

74. Considérons deux demi-cylindres à bases circulaires, de rayons égaux et dont les axes **XX**, **YY** compris dans un même plan horizontal, sont perpendiculaires entre eux. Les surfaces de ces cylindres se couperont en deux ellipses égales, situées dans les plans verticaux AOA', AOA'', et qui partageront ces surfaces en huit nappes; quatre intérieures, égales entre-elles, limitées de part et d'autre aux ellipses d'intersection, et composant la douelle d'une voûte en arc de cloître, sur laquelle ces ellipses forment des arêtes rentrantes; quatre extérieures, pareillement égales entre elles, limitées, d'une part, aux cercles verticaux AA, AA', A'A', A'A, d'autre part, aux ellipses d'intersection, et composant la douelle d'une voûte d'arête, sur laquelle ces ellipses forment des arêtes saillantes. C'est de ces voûtes, les plus simples de leurs espèces, et auxquelles nous supposerons une épaisseur constante, que nous allons maintenant nous occuper.

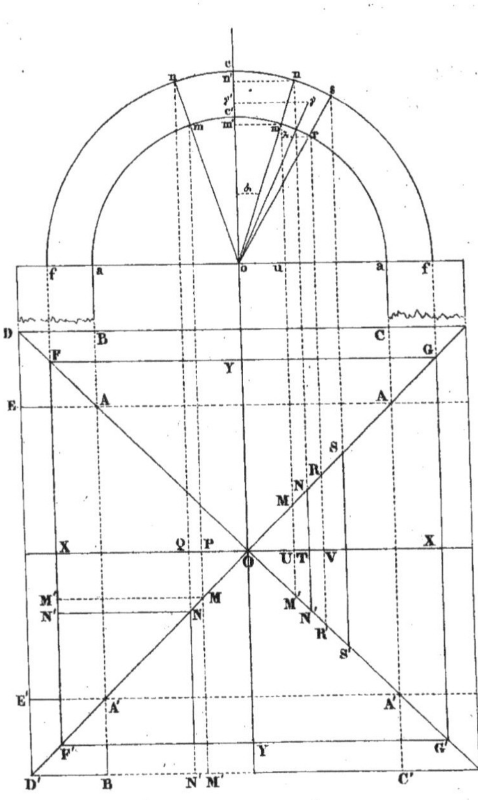

Voûte en arc de cloître, d'égale épaisseur; formule.

75. Pour concevoir l'équilibre de la voûte en arc de cloître, je la regarde comme décomposée en quatre parties indépendantes, telles que **OFF'**, par les plans verticaux des ellipses. Le joint vertical se réduira ici à une droite que j'appellerai l'axe de la clef; deux parties opposées **OFF'**, **OGG'** de la voûte, agiront l'une sur l'autre en se poussant par cet axe.

Il est évident que les centres de gravité du quart de voûte, **OGG'** et de ses parties déterminées par les plans de joint **mn**, **rs** &c.a se trouvent dans le plan vertical **OX**; or, l'élément de volume, dp, projeté verticalement en $mrsn$ et horizontalement en $MRR'M'N'S'SN$, est la différence de deux pyramides qui ont pour sommet commun le point O et pour bases, les surfaces élémentaires projetées l'une en mr et $MRR'M'$, l'autre en ns et $NSS'N'$, et dont chacune équivaut à sa projection horizontale, multipliée par $\cos\alpha$. Mais $UV = rz = r\cos\alpha\, d\alpha$; $MM' = 2\,OU = 2r\sin\alpha$; donc la première surface élémentaire et semblablement la seconde, sont exprimées par

$$2r^2\sin\alpha\cos^2\alpha\, d\alpha \ldots\ldots (1), \quad 2R^2\sin\alpha\cos^2\alpha\, d\alpha \ldots\ldots (2);$$

ainsi, on a $dp = \frac{2}{3}(R^3 - r^3)\sin\alpha\cos^2\alpha\, d\alpha$, et en prenant l'intégrale depuis $\alpha = 0$,

$$p = \frac{2}{9}(R^3 - r^3)(1 - \cos^3\alpha) \ldots\ldots (3)$$

c'est la mesure du solide $OSS'NN'$.

Le raisonnement qu'on a fait dans le cas de la voûte sphérique s'applique ici et l'on trouve pour la distance du centre de gravité de dp au point O, la même expression $\frac{3(R^4 - r^4)}{4(R^3 - r^3)}$ que pour celle du solide d^2p considéré dans le premier cas, expression qui multipliée aussi par $\sin\alpha$ donnera la distance au plan vertical YY; en sorte qu'on aura $dm = \frac{1}{2}(R^4 - r^4)\sin^2\alpha\cos^2\alpha\, d\alpha$, dont l'intégrale, prise depuis $\alpha = 0$, sera

$$m = \frac{1}{64}(R^4 - r^4)\left(\alpha - \frac{1}{4}\sin 4\alpha\right) \ldots\ldots (4)$$

c'est le moment du solide p par rapport à ce plan YY: de là

$$d = \frac{m}{p} = \frac{9(R^4 - r^4)\left(\alpha - \frac{1}{4}\sin 4\alpha\right)}{32(R^3 - r^3)(1 - \cos^3\alpha)} \ldots\ldots (5)$$

distance du centre de gravité de p au même plan. Mais $x = r\sin\alpha - d$, pour le point m et $x = R\sin\alpha - d$, pour le point n; donc on a respectivement,

$$px = r^4\sin\alpha\left[\frac{2}{9}(K^3 - 1)(1 - \cos^3\alpha) - \frac{1}{16}(K^4 - 1)\left(\frac{\alpha}{\sin\alpha} - \frac{\sin 4\alpha}{4\sin\alpha}\right)\right],$$

$$px = r^4\sin\alpha\left[\frac{2}{9}K(K^3 - 1)(1 - \cos^3\alpha) - \frac{1}{16}(K^4 - 1)\left(\frac{\alpha}{\sin\alpha} - \frac{\sin 4\alpha}{4\sin\alpha}\right)\right];$$

et comme on a encore $y = R - r\cos\alpha$ et $y = R(1 - \cos\alpha)$ ou $y = r(1 - \cos\alpha)$ et $y = r - R\cos\alpha$, respectivement pour les deux points et selon que la force X réside en c ou en c', il viendra les formules

$$\frac{2r^3(K^3 - 1)(1 - \cos^3\alpha)}{9\tang(\varphi + \alpha)} \ldots\ldots (G),$$

$$X = \frac{px}{r(K - \cos\alpha)} \ldots\ldots (F), \qquad X = \frac{px}{rK(1 - \cos\alpha)} \ldots\ldots (f);$$

$$X = \frac{px}{r(1-\cos\alpha)} \cdots\cdots (F'), \qquad X = \frac{px}{r(1-K\cos\alpha)} \cdots\cdots (f').$$

Au moyen des expressions (3) et (5) dans lesquelles on fera $\alpha = \frac{\pi}{2}$ et en observant que $CC' = 2(r+\varepsilon)$ on trouvera pour déterminer l'épaisseur du pied-droit, l'équation

$$h\varepsilon^3 + hr\varepsilon^2 + \frac{2}{9}(R^3 - r^3)\varepsilon + \frac{2}{9}r(R^3 - r^3) - \frac{1}{32}\pi(R^4 - r^4) = PB \ldots (n).$$

Voûte d'arête d'égale épaisseur; formules.

76. On concevra l'équilibre de la voûte, en la considérant comme décomposée en huit parties indépendantes, telles que OF'Y, OF'X &c.ª par les plans verticaux XX, YY des axes et ceux AOA', AOA' des ellipses. Chaque double partie OXF'Y et les deux parties collatérales OG'Y, OFX se pousseront mutuellement par les joints verticaux que les plans des axes déterminent. Le pilier A'B'D'E' qui soutient cette double partie supportera en même temps les poussées des deux parties collatérales; de sorte que la résultante de ces poussées, égales entre elles et disposées symétriquement par rapport à lui, se trouvera dans le plan OD' et tendrait à faire tourner ce pilier autour du point D' de sa base; mais comme la pierre se briserait en ce point, il vaudra mieux établir l'équilibre du pilier, en le regardant comme mobile autour de l'arête E'D' et simplement comme chargé de la partie OF'Y et poussé par la partie opposée OG'Y; il acquerra ainsi une plus forte épaisseur. En effet, soit P' le poids d'une partie OF'Y, D la distance de son centre de gravité au plan vertical A'B' de la naissance; la condition de l'équilibre de rotation autour de l'arête E'D' sera exprimée par l'équation $\frac{1}{2}h\varepsilon^3 + P'(\varepsilon + D) = PB$. On peut donner à cette équation la forme $\frac{1}{\sqrt{2}}h\varepsilon^3 + 2P'\left[\frac{1}{2}(\varepsilon + D)\sqrt{2}\right] = PB\sqrt{2}$, sous laquelle elle exprimerait la condition de l'équilibre de rotation autour du point D', entre le pilier et les deux parties OF'Y, OF'X, si les centres de gravité de ces parties étaient dans les plans F'G', F'F; mais il est évident que ces centres tomberont dans les angles OF'Y, OF'X; par conséquent la distance de la résultante 2P' des poids des deux parties, au point D, surpassera $(\varepsilon + D)\sqrt{2}$; d'où il suit que la valeur de ε sera moindre dans l'hypothèse de la rotation autour du point D'.

Cela posé, le solide OYN NMM', que nous avons à considérer, est la différence entre le solide total $OYNQPM' = \frac{1}{2}(R^2 - r^2)R\alpha$ et le solide partiel $ONQPM = ONTUM = \frac{1}{3}(R^3 - r^3)(1 - \cos^2\alpha)$; les distances des centres de gravité de ces derniers solides au plan vertical YY sont $\frac{4(R^3-r^3)\sin^2\frac{1}{2}\alpha}{3(R^2-r^2)\alpha}$ et $\frac{9(R^4-r^4)(\alpha-\frac{1}{4}\sin 4\alpha)}{32(R^3-r^3)(1-\cos^3\alpha)}$,

la même précisément que pour le solide double OMM'R'R; d'où l'on conclut les expressions

$$p=\tfrac{1}{2}(R^2-r^2)R\alpha-\tfrac{1}{9}(R^3-r^3)(1-\cos^3\alpha),\quad d=\frac{\frac{2}{3}(R^3-r^3)R\sin^2\frac{1}{2}\alpha-\frac{1}{32}(R^4-r^4)(\alpha-\frac{1}{4}\sin 4\alpha)}{p}$$

au moyen desquelles on trouvera sans peine les formules (G), (F), (f) et (F'), (f') ainsi que l'équation (n).

Aires et volumes des deux voûtes.

77. L'expression (1) intégrée depuis $\alpha=0$, jusqu'à $\alpha=90°$, donne $2r^2$ dont le quadruple $8r^2$ exprime l'aire de la voûte en arc de cloître; c'est le double de la surface du carré AA'A'A.

L'intégrale précédente, multipliée par $\frac{4}{3}r$ exprimera le volume intérieur de la voûte, lequel est par conséquent les deux tiers de celui du prisme circonscrit.

Quant à la voûte d'arête, on en obtiendra l'aire ou le volume, en retranchant de la somme des aires ou des volumes des deux demi-cylindres, l'aire ou le volume de la voûte en arc de cloître.

Observation sur l'application des formules; Table auxiliaire.

78. J'ai établi les formules par un procédé simple et uniforme en n'employant d'autres principes que ceux des centres de gravité de l'arc de cercle et de la pyramide et j'ai cherché à donner aux expressions analytiques les formes les plus commodes pour l'application. Il faut avouer néanmoins que cette application ne laisse pas d'exiger encore des calculs assez pénibles; on les abrégerait beaucoup au moyen d'une table des valeurs de la fonction $\frac{\alpha}{\sin\alpha}$ qui se reproduit dans la plupart des formules; c'est pourquoi j'ai calculé ces valeurs et leurs logarithmes dont j'insère la table ici.

Table.

Table destinée à faciliter les applications des formules.

79. Table des valeurs de la fonction $\frac{\alpha}{\sin \alpha}$ et de leurs Logarithmes.

α	$\frac{\alpha}{\sin \alpha}$	Logarithmes	α	$\frac{\alpha}{\sin \alpha}$	Logarithmes	α	$\frac{\alpha}{\sin \alpha}$	Logarithmes
0	1,00000	0,0000000	36	1,06896	0,0289612	56	1,17894	0,0714912
5	1,00121	0,0005514	37	1,07304	0,0306161	57	1,18621	0,0741609
10	1,00510	0,0022072	38	1,07726	0,0323190	58	1,20133	0,0768849
15	1,01151	0,0049725	39	1,08161	0,0340702	59	1,19367	0,0796638
20	1,02060	0,0088557	40	1,08610	0,0358699	60	1,20920	0,0824981
21	1,02275	0,0097675	41	1,09073	0,0377184	61	1,21727	0,0853879
22	1,02500	0,0107247	42	1,09551	0,0396158	62	1,22556	0,0883342
23	1,02737	0,0117272	43	1,10043	0,0415626	63	1,23406	0,0913370
24	1,02985	0,0127753	44	1,10550	0,0435588	64	1,24279	0,0943972
25	1,03245	0,0138691	45	1,11072	0,0456049	65	1,25174	0,0975151
26	1,03516	0,0150087	46	1,11609	0,0477011	66	1,26093	0,1006911
27	1,03799	0,0161944	47	1,12163	0,0498478	67	1,27036	0,1039261
28	1,04084	0,0174261	48	1,12731	0,0520451	68	1,28003	0,1072204
29	1,04401	0,0187042	49	1,13316	0,0542936	69	1,28996	0,1105748
30	1,04720	0,0200287	50	1,13918	0,0565934	70	1,30014	0,1139896
31	1,05099	0,0215998	51	1,14537	0,0589450	71	1,31059	0,1174657
32	1,05395	0,0228182	52	1,15172	0,0613486	75	1,35517	0,1319949
33	1,05750	0,0242825	53	1,15826	0,0638047	80	1,41780	0,1516159
34	1,06119	0,0257946	54	1,16497	0,0663136	85	1,48920	0,1729521
35	1,06501	0,0273541	55	1,17186	0,0688756	90	1,57079	0,1961199

80. Les constructions géométriques pourraient aussi fournir des moyens d'abréviation et l'on a déjà fait quelques tentatives à cet égard ; Mrs Lamé et Clapeyron ont démontré (Annales des mines, tome 8, page 813) qu'en général, si l'on suppose le joint de rupture vertical, sa position est telle que la tangente au point relatif du centre va couper l'horizontale passant par le sommet de la clef, au même point que la verticale passant par le centre de gravité de la masse qui tend à se détacher ; mais cette hypothèse sur la direction du joint de rupture ne paraît pas naturelle.

De la résistance des supports en Maçonnerie.

figure 20.

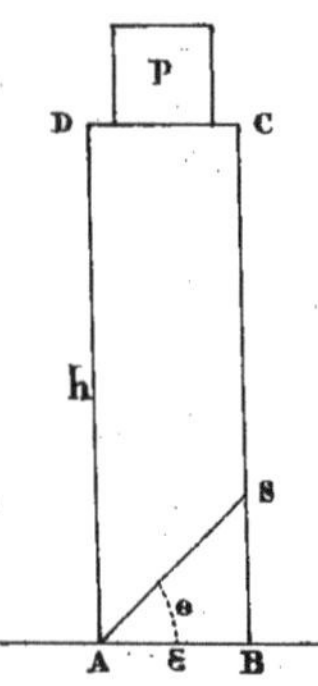

81. Soit **ABCD** une pile ou un pilier en maçonnerie, sollicité par son propre poids et par un poids étranger $\mathbf{p}$.

Désignons par $\mathbf{h}$ la hauteur **AD**, par ε l'épaisseur $\mathbf{AB}=\mathbf{CD}$, par $\mathbf{f}$ le rapport du frottement à la pression, par δ la densité de la maçonnerie, par θ l'angle **BAS** qu'une section **AS** fait avec l'horizon et par ∂ l'action qui s'exerce parallèlement à cette section, on trouvera sans difficulté . . . .

$$\partial=(\mathbf{p}+\delta\varepsilon\mathbf{h}-\tfrac{1}{2}\delta^2 \operatorname{tang}\theta)\sin\theta-(\mathbf{p}+\delta\varepsilon\mathbf{h}-\tfrac{1}{2}\delta\varepsilon^2\operatorname{tang}\theta)\mathbf{f}\cos\theta-\frac{\gamma\varepsilon}{\cos\theta},$$

expression qui prend la forme

$$\partial=\frac{-(\mathbf{p}+\delta\varepsilon\mathbf{h})\mathbf{f}-\gamma\varepsilon+(\mathbf{p}+\delta\varepsilon\mathbf{h}+\tfrac{1}{2}\delta\varepsilon^2\mathbf{f})\operatorname{tang}\theta-(\gamma\varepsilon+\tfrac{1}{2}\delta\varepsilon^2)\operatorname{tang}^2\theta}{\sqrt{1+\operatorname{tang}^2\theta}}=\frac{\mathbf{N}}{\mathbf{D}}.$$

Cela posé, pour déterminer l'angle de la section de plus grande action et en même temps pour exprimer que cette plus grande action s'anéantit, on égalera à zéro le numérateur **N** et sa différentielle prise par rapport à tang θ, ce qui donnera

$$\mathbf{N}=0\ldots(1),\quad \frac{\mathbf{dN}}{\mathbf{d}\operatorname{tang}\theta}=\mathbf{p}+\delta\varepsilon\mathbf{h}+\tfrac{1}{2}\delta\varepsilon^2\mathbf{f}-2(\gamma\varepsilon+\tfrac{1}{2}\delta\varepsilon^2)\operatorname{tang}\theta=0\ldots(2)$$

Ces deux équations feront connaître l'angle de rupture et la plus grande ou la plus petite valeur que puisse avoir l'une quelconque des autres quantités qu'elles renferment sans que le massif se rompe.

82. D'abord si l'on considère ε comme inconnue et que pour simplifier on néglige le frottement ou qu'on fasse $\mathbf{f}=0$, la comparaison des équations (1) et (2) produira les deux équivalentes

$$(\mathbf{p}+\delta\varepsilon\mathbf{h})\operatorname{tang}\theta-2\gamma\varepsilon=0\ldots(3),\qquad(\gamma+\tfrac{1}{2}\delta\varepsilon)\operatorname{tang}^2\theta-\gamma=0\ldots(4),$$

et chacune des inconnues ε, tang θ sera donnée par une équation du 3.e degré; par exemple, ε par l'équation

$$2\gamma(2\gamma+\delta\varepsilon)\ \varepsilon^2=(\mathbf{p}+\delta\mathbf{h}\,\varepsilon)^2;$$

qui ordonnée par rapport à ε aurait ses deux derniers termes négatifs et n'a par conséquent qu'une racine réelle positive. Cette racine sera la moindre épaisseur que puisse avoir le massif sous la hauteur $\mathbf{h}$ et la charge $\mathbf{p}$, tandis que $\mathbf{h}$ serait la plus grande hauteur qu'il pût avoir sous l'épaisseur ε et la charge $\mathbf{p}$.

83. En faisant abstraction du poids de la partie supérieure **ADCS**, c'est-à-dire, en faisant $\delta=0$, on tire des équations (3) et (4)

$$\varepsilon = \frac{p}{2\gamma}, \ \tan\theta = 1.$$

84. Supposons $p=0$, nous aurons, par les mêmes équations,

$$\varepsilon = \frac{\delta^2 h - 4\gamma^2}{2\gamma\delta}, \quad \tan\theta = \frac{2\gamma}{\delta h},$$

cette valeur de ε sera la moindre épaisseur que puisse avoir le massif pour se soutenir sous son propre poids, ou bien h sera la plus grande hauteur à laquelle il puisse être élevé sur l'épaisseur ε.

85. Prenant ensuite $p+\delta\varepsilon h$ pour inconnue, on obtient

$$p+\delta\varepsilon h = \varepsilon\left[(2\gamma + \tfrac{1}{2}\delta\varepsilon)f + \sqrt{2\gamma(2\gamma+\delta\varepsilon)(1+f^2)}\right], \ \tan\theta = f + \sqrt{\frac{2\gamma(1+f^2)}{2\gamma+\delta\varepsilon}}.$$

Ce sont la valeur de l'angle de rupture et la plus grande valeur que puisse avoir la quantité $p+\delta\varepsilon h$, sans que le pilier se rompe; d'où résulte la plus grande hauteur qu'on puisse donner à ce pilier ou le plus grand poids dont on puisse le charger.

86. Lorsqu'on néglige le poids de la partie supérieure ou qu'on fait $\delta=0$, ces valeurs deviennent

$$p+\delta\varepsilon h = 2\gamma\varepsilon(f+\sqrt{1+f^2}), \ \tan\theta = f+\sqrt{1+f^2}$$

et quand $f=0$, ou qu'on néglige le frottement,

$$p+\delta\varepsilon h = \varepsilon\sqrt{2\gamma(2\gamma+\delta\varepsilon)}, \quad \tan\theta = \sqrt{\frac{2\gamma}{2\gamma+\delta\varepsilon}};$$

expressions qui, si l'on fait en outre $\delta=0$, reproduisent.

$$\varepsilon = \frac{p}{2\gamma}, \quad \tan\theta = 1.$$

Ces derniers résultats ont été donnés par Coulomb, dans le Mémoire cité.

87. La discussion précédente avait en même temps pour objet, de prouver que le signe + du radical est le seul qui convienne à la question matérielle.

88. On n'oubliera pas de prendre pour γ et f les valeurs propres à la matière du mortier ou de la pierre; selon que le massif sera bâti en petits moëllons ou en pierres un peu grandes.[6]

figure 21.

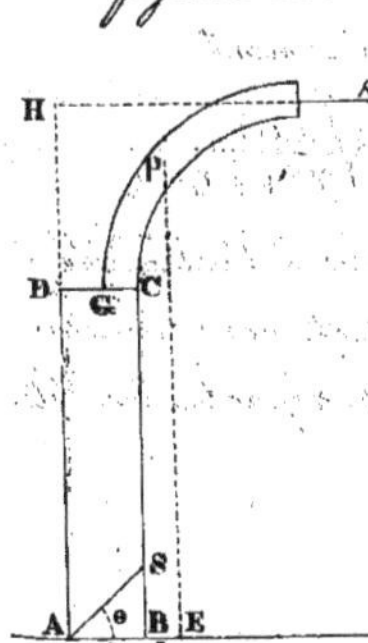

89. Maintenant supposons que le massif ABCD, soit de plus sollicité par une force horizontale λ. Cette force tendra à le rompre par glissement et par rotation; mais l'observation apprend qu'en général, la rupture s'opère de la seconde manière qu'il suffira par conséquent de considérer.

Soient donc L la hauteur AH, b la distance horizontale BE du centre de gravité de p au point B, μ le moment de rotation autour de l'axe A par lequel passe le plan de rupture AS et γ' la cohésion estimée perpendiculairement à AS, on aura

$$\mu = \lambda L - p(b+\varepsilon) - \tfrac{1}{2}\delta\varepsilon^2 h + \tfrac{1}{3}\delta\varepsilon^3 \operatorname{tang}\theta - \tfrac{1}{2}\gamma'\varepsilon^2(1+\operatorname{tang}^2\theta) = 0 \ldots$$

$$\frac{d\mu}{d \operatorname{tang}\theta} = \tfrac{1}{3}\delta\varepsilon^3 - \gamma'\varepsilon^2 \operatorname{tang}\theta = 0 \ldots\ldots (6)$$

et par l'élimination de tang θ;

$$\lambda L - pb - p\varepsilon - \tfrac{1}{2}(\gamma' + \delta h)\varepsilon^2 + \frac{1}{18}\frac{\delta^2}{\gamma'}\varepsilon^4 = 0 \ldots (7)$$

équation qui résolue par rapport à ε donnera la moindre épaisseur dont le massif soit susceptible.

90. On voit par l'équation (6) que la valeur de tang θ est en raison inverse de la cohésion γ': si l'on trouvait $\theta > BAC$, on prendrait $\theta = BAC$, c'est-à-dire,

$$\operatorname{tang}\theta = \frac{h}{\varepsilon} \ldots\ldots (8).$$

et l'équation (5) donnerait

$$\varepsilon^2 + \frac{6p}{3\gamma' + \delta h}\varepsilon - \frac{6(\lambda L - pb - \frac{1}{2}\gamma' h^2)}{3\gamma' + \delta h} = 0 \ldots\ldots (9)$$

ou simplement

$$\varepsilon^2 + \frac{6p}{\delta h}\varepsilon - \frac{6(\lambda L - pb)}{\delta h} = 0 \ldots\ldots (10)$$

si la cohésion était tout-à-fait nulle.

91. Lorsque la cohésion intrinsèque du massif sera très-grande en comparaison de son adhérence γ'' à la base AB, on aura

$$\operatorname{tang}\theta = 0,\ \varepsilon^2 + \frac{2p}{\gamma'' + \delta h}\varepsilon - \frac{2(\lambda L - pb)}{\gamma'' + \delta h} = 0 \ldots (11)$$

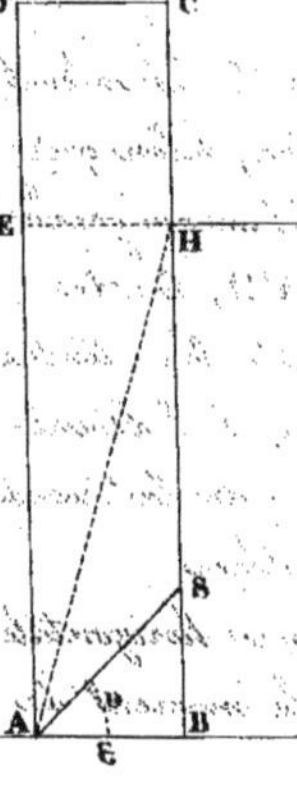

92. Il peut arriver que le poids p ne soit que celui d'une partie CDEH du massif, qui se trouverait au-dessus du point H; alors désignant BC par L et BH par h, on permutera les lettres L, h et l'on fera $p = 0$, dans l'expression (5) de laquelle on déduira, au lieu des équations (9), (10), (11), dans le cas de $\operatorname{tang}\theta = \frac{h}{\varepsilon}$, $\gamma' = 0$ et $\operatorname{tang}\theta = 0$, $\gamma' = \gamma''$ les valeurs

$$\varepsilon = \sqrt{\frac{3h(2\lambda - \gamma' h)}{3\gamma' + \delta(3L - 2h)}},\quad \varepsilon = \sqrt{\frac{6h\lambda}{\delta(3L - 2h)}},\quad \varepsilon = \sqrt{\frac{2h\lambda}{\gamma'' + \delta L}} \ldots (12)$$

qu'il est aisé de trouver directement et qui deviennent

$$\varepsilon = \sqrt{\frac{3L(2\lambda - \gamma' L)}{3\gamma' + \delta L}},\quad \varepsilon = \sqrt{\frac{6\lambda}{\delta}},\quad \varepsilon = \sqrt{\frac{2L\lambda}{\gamma'' + \delta L}} \ldots\ldots (13)$$

quand $h = L$ ou que la force λ est appliquée à l'extrémité C.

93. Ces résultats ne conviennent pas exactement aux murs de revêtement; car la poussée des terres est répartie sur l'étendue

du parement intérieur et ne peut, quant à la manière d'agir pour rompre le massif, être regardée comme concentrée en un même point.

94. L'équation (11) quand on y fait $\gamma''=0$, $\delta=1$ et $\lambda=P$ revient à l'équation d'équilibre des voûtes, $M=PL$, dans laquelle δ serait facteur de tous les termes. Désignons par a la hauteur constante DH, en sorte que $L=a+h$, par e l'épaisseur CG de la voûte et par ε' l'épaisseur du pied-droit, pour $h=0$, cette équation (11) donnera $\varepsilon'=\frac{Pa-pb}{p}$ et ensuite

figure 21.

$$h=\frac{2p(\varepsilon-\varepsilon')}{2P-\varepsilon^2}\;\ldots\ldots\;(14)$$

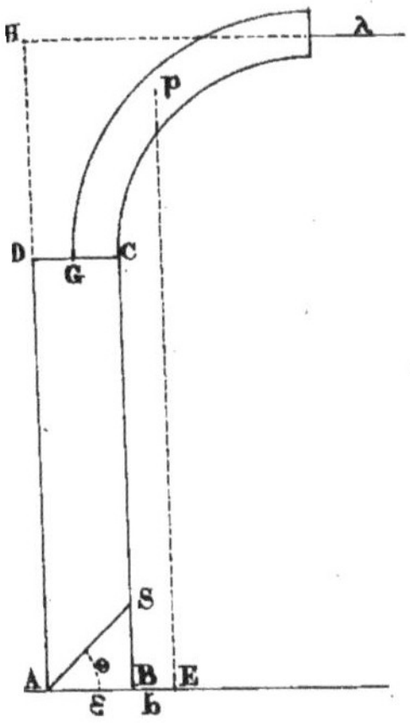

Or, à cause de la stabilité de la voûte sur ses naissances, on a $Pa<p(b+e)$, ou $e>\frac{Pa-pb}{p}$; donc $\varepsilon'<e$. D'ailleurs il résulte du calcul des divers cas particuliers que généralement dans la pratique, e^2 et par conséquent ε^2 est moindre que $2P$; donc si, dans l'expression (14), ε croît depuis ε' jusqu'à $\sqrt{2P}$, la hauteur h croîtra en même temps, depuis zéro jusqu'à l'infini. Delà cette conclusion importante que si l'équilibre est établi pour une hauteur donnée du pied-droit, le système a d'autant moins de tendance à tourner autour d'une horizontale, prise dans la face extérieure AD, que cette horizontale est plus élevée au-dessus de l'arête inférieure A. Même conclusion, à plus forte raison, dans l'hypothèse d'où dérive l'équation (9) qui donne

$$h=\frac{6p(\varepsilon-\varepsilon')}{6P-\varepsilon^2}\;\ldots\ldots\;(15)$$

95. Les hypothèses auxquelles se rapportent ces expressions (14) et (15) sont celles qui doivent être admises le plus fréquemment dans les constructions.

Notes.

I Sur le Numéro 13.

Le glissement vers l'extrados n'est possible que sur les joints des naissances.

1° Nommons α' l'angle du joint mn avec l'horizon, il viendra $\alpha=90°-\alpha'$ et l'équation (a) considérée avec le signe — prendra la forme

$$X=p\,\text{tang}(\alpha'+\varphi).$$

Cela posé, on voit d'abord que si $\alpha'=0$, ou si le joint mn prend la position horizontale, p devient le poids de toute la demi voûte; on voit ensuite que si à partir de là, α' augmente, p diminue, tandis que tang $(\alpha'+\varphi)$ croît, jusqu'à ce que $\alpha'=90°-\varphi$ à ce terme, X est infini de même que tang$(\alpha'+\varphi)$; au-del ces quantités deviennent négatives. Ainsi dans l'intervalle de $\alpha'=0$ à $\alpha'=90°-\varphi$, le facteur tang$(\alpha'+\varphi)$ croît rapidement et à la fin devient infini; tandis que par la forme qu'on a coutume de donner aux voûtes, le facteur p ne décroît que lentement et ne devient nul que quand $\alpha'=90°$; par conséqu X n'admet, en général, qu'un minimum relatif qui répond à la moindre valeur de α'.

D'un autre côté, il est clair que de tous les joints existan dans la hauteur du pied-droit, c'est celui de la naissance, qui se trouve le moins chargé et où par conséquent le frot tement oppose la moindre résistance au glissement.

Mesure de la force capable d'opérer ce mouvement.

2°. Il suit de là que si la voûte est susceptible de céder e glissant dans le sens mn, la séparation doit se faire aux joints mêmes des naissances et que dans le cas où ces joints sont horizontaux la moindre pression à la clef, qui soit capable d'opérer le glissement, a pour mesure le produit du poids de la demi-voûte par la tangente de l'angle du frottement. On pourra donc dans ce cas, se dispense d'employer le signe − dans la formule (a).

3°. En remontant à l'équation immédiate de l'équilibre

$$X(\cos\alpha'-\sin\alpha'\tang\varphi)=p(\sin\alpha'+\cos\alpha'\tang\varphi),$$

on aperçoit que quand les quantités X et tang$(\alpha'+\varphi)$ devienne négatives, alors la composante de X parallèle à mn, est mo dre que la force du frottement provenant de la composan perpendiculaire; car de $\alpha'>90°-\varphi$, on tire, en prenant les tangentes, tang φ sin $\alpha'>\cos\alpha'$; de sorte que la valeur de X résout la question dans laquelle la force p serait dirigée en sens contraire ou de bas en haut, ce que rend tout-à-fa évident l'hypothèse $\alpha'=90°$, quel que soit p, laquelle condui à $-p=X\tang\varphi$.

II. Sur le N°. 17.

C'est sur ces deux derniers modes de rupture exclusivement que Lahire a fondé sa théorie des voûtes, mais en prenant arbitrairement les joints qui s'y rapportent et considérant au lieu de la force G, les composantes suivant la perpendiculaire à l'extrémité intérieure du joint m tant de cette force que du poids du demi-coin compris entre le joint m et le joint vertical cc'.

III. Sur le N.° 19.

On peut ajouter que pour un même joint, la moindre force qui agissant en un point donné de cc', ferait tourner la partie supérieure autour de l'extrados, surpasse celle qui empêcherait la rotation autour de l'intrados. Car soient x, y et x', y' les bras de levier de p et de X, par rapport aux points m et n respectivement, on aura $x' > x$, $y' < y$; d'où à plus forte raison, $\frac{x'}{y'} > \frac{x}{y}$; donc aussi $p\frac{x'}{y'} > p\frac{x}{y}$.

Il suit de là, que F et F' sont respectivement moindres que les plus grandes forces qui appliquées en c et c' seraient nécessaires pour faire tourner autour de l'extrados de tout joint, la partie supérieure à ce joint.

La dernière de ces forces en effet est infinie; car pour en avoir la valeur, il faut exprimer que l'extrados du joint est sur la tangente au sommet du cintre de la voûte, et on a $f(\alpha) = r$, expression qu'on obtient aussi en égalant à zéro le dénominateur de la valeur X.

IV. Sur le N.° 20.

On peut prendre; 1.° $y=0$, $p=0$; cette dernière équation entraîne évidemment $\alpha=0$ et par suite $f(\alpha) = m'c' = 0$, valeur dont la substitution dans la première équation donne $z=0$; la direction de X passe donc par l'intrados du joint trouvé qui est le joint vertical lui-même; 2.° $y=0$, $X=0$; la deuxième, si elle est possible, signifie que la verticale abaissée du centre de gravité de p passe par l'intrados du joint trouvé; l'autre, dont on tire $z = -m'c'$, que la direction de X passe aussi par l'extrados de ce joint. Dans ces deux cas, la valeur de X est indéterminée, puisqu'elle se réduit à $\frac{0}{0}$, en vertu de deux hypothèses. 3.° $px=0$, $\frac{d(px)}{d\alpha}=0$; ces équations auxquelles on parviendrait en exprimant que le maximum de la quantité px doit être nul, établissent une relation entre R et r, indépendamment de z.

Au reste, dans la voûte en plein cintre, extradossée parallèlement, étant donné l'intrados de la voûte et la position d'un joint, on peut toujours déterminer l'épaisseur de manière que la verticale abaissée du centre de gravité de la partie supérieure à ce joint passe par son intrados. Car la verticale menée par cet intrados et la bissectrice de cette partie supérieure déterminent par leur intersectio ce centre de gravité qui lui même déterminera l'épaisse cc'.

V. Sur le N.° 22.

1.° Nous avons déjà examiné dans une note précédente le suppositions $y=0$, $p=0$, $x=0$ et $px=0$, $\frac{d(px)}{d\alpha}=0$. Il reste cell ci; 1.° $h+r+z=0$, $px=0$; dans cette hypothèse, où y a u valeur finie, la force $X=\frac{px}{y}$ est nulle, de même que le produit px; cette force, à cause de $z=-(r+h)$ se trouve a dessous de c', à la distance $r+h$, c'est-à-dire, est dirigée la base du pied-droit; 2.° $h+r+z=0$, $y-(h+r+z)=0$ d'où $f(\alpha)=m'c'=h+r$, résultat absurde, à moins que h n soit nul ou négatif et la question suppose que h n'est au-dessous de zéro. D'ailleurs la valeur du moment serait indéterminée, et la force X ou $\frac{px}{y}$ dirigée à l'intr du joint trouvé serait infinie; 3.° $y\frac{d(px)}{d\alpha}-px\frac{dy}{d\alpha}=0$, $y-(h+r$ d'où $f(\alpha)=h+r$, même résultat que ci-dessus, par lequel joint cherché serait celui de naissance, si h était nul général, ces deux équations résolvent la question: étan donnée $f(\alpha)=r-h$, c'est-à-dire, la position du joint au doit répondre un maximum de la force X, trouver z ou point d'application de cette force. Car soit z' la valeur qui, avec $f(\alpha)=r-h$ satisferait à notre première équa l'expression de X deviendra $\frac{px}{f(\alpha)+z'}$ et la condition du m imum sera cette même équation renfermant z' au lieu et qui donnera réciproquement $f(\alpha)=r-h$. Au reste, valeur du moment se réduit alors à celle de px.

2.° Mais la pression effectivement produite en un quelconque h de cc', ne répondrait pas au joint par ra à l'intrados duquel le moment px, de la partie supé est un maximum, et qui serait le joint du plus grand moment de rupture, dans une demi-voûte abandonnée subitement à elle-même; car la valeur de X, correspondante à ce maximum, serait moindre que le maximum de X, relatif au point h, et avec cette valeur, la force X appliquée en h n'empêcherait pas la partie supérieure au joint qui répond au maximum de X, de tourner autour de l'intrados de ce joint.

VI. Sur le N.° 25.

Reprenons les combinaisons que comportent les dispositions particulières de joints, et, pour chaque disposition, les relations de grandeur entre les limites correspondantes aux deux joints qu'elle concerne. Puisqu'on a toujours $\left(\frac{M'}{M}\right), \left(\frac{N}{N'}\right)$ la disposition générale des quatre joints, pour chacune des trois combinaisons, sera telle que l'indique la figure annexée à cette combinaison, dans le tableau suivant;

1.ère Combinaison.

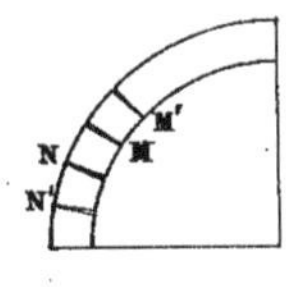

$$\begin{cases} \frac{M}{N}; & F<f, \quad F=f, \quad F>f. \\ \frac{M'}{N'}; & F'<f', \quad F'>f' \ \text{et} < \text{ou} = \underline{f}, \quad F'>\underline{f}'. \end{cases}$$

2.ème Combinaison.

$$\begin{cases} \frac{N}{M}; & F<f, \quad F>f \ \text{et} < \overline{f}, \quad F>f \ \text{et} = \overline{f}, \quad F>\overline{f}. \\ \frac{N'}{M'}; & F'<f', \quad F'=f', \quad F'>f'. \end{cases}$$

3.ème Combinaison.

$$\begin{cases} \frac{N}{M}; & F<f, \quad F>f \ \text{et} < \overline{f}, \quad F>f \ \text{et} = \overline{f}, \quad F>\overline{f}. \\ \frac{M'}{N'}; & F'<f', \quad F'>f' \ \text{et} < \underline{f}', \quad F'>f' \ \text{et} = \underline{f}', \quad F'>\underline{f}'. \end{cases}$$

Maintenant, que, pour chaque combinaison, on compare chacune des relations de grandeur, qui répondent à l'une des deux dispositions qu'elle comprend, avec chacune des relations de grandeur, qui répondent à l'autre disposition, et que l'on range le résultat dans celui des trois cas de stabilité, équilibre et rupture, auquel il appartient, on aura le classement ci-après:

1° Stabilité.

$\left(\frac{M}{N}, \frac{M'}{N'}\right)$; $F<f$ et $F'<f'$, il n'y a rotation autour de l'extrados d'aucun joint, et si l'exécution de l'appareil est exacte, l'arcboutement, à cause de la compressibilité dont les matériaux sont toujours doués, sera intermédiaire à c et c' et quand même, par vice d'exécution, il resterait en c ou se transporterait en c', la stabilité n'en aurait pas moins lieu; la demi-voûte soutenue en c ou en c' subsisterait.

$F<f$, $F'>f$ $\begin{smallmatrix}\text{mais} <\\ \text{ou} =\\ \text{ou} >\end{smallmatrix}$ f; si l'exécution est exacte, l'arcboutement à cause de la compressibilité, devient intermédiaire; si, par défaut de construction, il se trouvait en c', alors il se reporterait vers c, puisque la rotation commencerait toujours par l'extrados de N'; la demi-voûte soutenue en c subsisterait, et en c' se romperait selon le premier mode.

$\left(\frac{N}{M}, \frac{N'}{M'}\right)$; $F<f$ et $F'<f'$; si l'exécution est juste, l'arcboutement, à cause de la compressibilité, sera intermédiaire, sinon en c ou en c' mais avec stabilité.

$F>f$ $\begin{smallmatrix}\text{mais} <\\ \text{ou} =\\ \text{ou} >\end{smallmatrix}$ f et $F'<f'$; l'arcboutement est intermediaire, à moins que par vice d'exécution, il ne se trouve en c'. La demi-voûte soutenue en c se romprait et en c' subsisterait.

$\left(\frac{N}{M}, \frac{M'}{N'}\right)$; $F<f$ et $F'<f'$; si l'exécution est exacte, l'arcboutement, à cause de la compressibilité, est intermédiaire; sinon il reste en c ou se transfère en c' et la stabilité a toujours lieu. La voûte soutenue en c ou en c' subsisterait.

$F<f$ et $F'>f'$ $\begin{smallmatrix}\text{mais} <\\ \text{ou} =\\ \text{ou} >\end{smallmatrix}$ f', l'arcboutement est intermédiaire, quand même un vice d'exécution l'appellerait en c', puisqu'il serait reporté vers c. La demi-voûte soutenue en c subsisterait et en c' se romprait selon le premier mode.

$F>f$ $\begin{smallmatrix}\text{mais} <\\ \text{ou} =\\ \text{ou} >\end{smallmatrix}$ f et $F'<f'$, si l'exécution est exacte, l'arcboutement, à cause de la compressibilité, est intermédiaire, puisque la rotation qui commence par l'extrados de N, le porte vers c'; il n'y aurait pas moins stabilité si, par vice d'exécution, l'arcboutement était fixé en c'. La demi voûte soutenue en c se romprait selon le deuxième mode et en c' subsisterait.

$F > f \overset{\text{mais} \leq}{\underset{\text{ou} >}{\text{ou} =}} \bar{f}$ et $F' > f' \overset{\text{mais} \leq}{\underset{\text{ou} >}{\text{ou} =}} \underline{f}'$, l'arcboutement porté d'abord de c vers c' est reporté ensuite vers c et demeure intermédiaire, indépendamment de l'exécution et de la compressibilité, puisque la rotation commencera toujours par l'extrados soit de N soit de N'. La demi-voûte soutenue en c se romprait suivant le deuxième mode.

Résumé.

1° La combinaison

$$\left(\frac{N}{M}, \frac{M'}{N'}\right)$$

quelles que soient d'ailleurs les relations de grandeur entre les limites $F, f, \bar{f}$ et $F', f', \underline{f}'$.

2° Les deux combinaisons et les relations respectives entre les limites,

$$\left(\frac{M}{N}, \frac{M'}{N'}\right) \text{ avec } F < f \text{ et } \left(\frac{N}{M}, \frac{N'}{M'}\right) \text{ avec } F' < f',$$

quelles que soient d'ailleurs les relations de grandeur entre les limites $F', f', \underline{f}'$ pour la première de ces combinaisons et entre les limites $F, f, \bar{f}$, pour la seconde.

2° Equilibre.

$\left(\frac{M}{N}, \frac{M'}{N'}\right)$; $F = f$ et $F' < f'$, à cause que par défaut d'exécution l'arcboutement peut demeurer en c et alors l'équilibre est à l'extrados. (Il pourrait néanmoins y avoir stabilité, si par défaut d'exécution l'arcboutement se trouvait en c', ou si l'exécution était exacte et alors, à cause de la compressibilité, l'arcboutement serait intermédiaire). La demi voûte soutenue en c ou en c' subsisterait et dans le premier cas à l'état d'équilibre.

$F = f$ et $F' > f' \overset{\text{mais} \leq}{\underset{\text{ou} >}{\text{ou} =}} \underline{f}'$, à cause que, par défaut d'exécution, l'arcboutement peut demeurer en c et que s'il se trouvait en c ou entre c' ou c il serait reporté vers c ; car pour tout point intermédiaire le maximum de X surpassera le minimum. La demi-voûte soutenue en c serait à l'état d'équilibre et en c' se romprait selon le premier mode.

$\left(\frac{N}{M}, \frac{N'}{M'}\right)$; $F < f$ et $F' = f'$, parce que par un vice d'exécution, l'arcboutement peut exister en c'. (Si la voûte est bien exécutée, l'arcboutement à cause de la compressibilité est intermédiaire). La demi-voûte soutenue en c se romprait selon le second mode, et en c' serait à l'état d'équilibre; d'ailleurs, si, par défaut d'exécution, l'arcboutement persévérait en c, il serait reporté vers c'.

Résumé.

Pour ces deux combinaisons de joints et ces égalités respectives

$$\left(\frac{M}{N}, \frac{M'}{N'}\right), F = f \text{ et } \left(\frac{N}{M}, \frac{N'}{M'}\right), F' = f'.$$

quelles que soient d'ailleurs les relations de grandeur entre les limites $F', f', \underline{f}'$, quant à la première combinaison et $F, f, \overline{f}$, quant à la seconde.

3°. Rupture.

$\left(\frac{M}{N}, \frac{M'}{N'}\right)$; $F > f$ et $F' < f'$, à cause que, par vice d'exécution, l'arcboutement peut demeurer en c et alors la rupture a lieu selon le premier mode. (S'il était en c' ou au-dessous du point intermédiaire pour lequel le maximum et le minimum de X sont égaux, la voûte subsisterait). La demi-voûte soutenue en c se romprait et en c' subsisterait.

$F > f$ et $F' > f'$ mais $<$ ou $=$ ou $>$ $\underline{f}'$, l'arcboutement prenant toujours la position c, quelle que soit l'exécution, puisque le maximum de X surpassera toujours le minimum et que la rotation commence par l'extrados du joint auquel répond le minimum; la rupture suit le premier mode. La demi-voûte soutenue en c se romprait selon le premier mode et en c' pareillement selon le premier mode.

$\left(\frac{N}{M}, \frac{N'}{M'}\right)$; $F < f, F' > f'$, à cause que par vice d'exécution, l'arcboutement peut passer en c'; ce cas appartient au second mode. La demi-voûte soutenue en c subsisterait et en c' se romprait selon le second mode.

$F > f$ mais $<$ ou $=$ ou $>$ $\overline{f}$ et $F' > f'$, l'arcboutement se transférant en c', que l'exécution soit exacte ou qu'un défaut d'exécution l'ait d'abord maintenu en c, la rupture se fait selon le second mode. La demi-voûte soutenue en c se romprait suivant second mode et en c' pareillement selon le second mode.

Résumé.

Pour ces deux combinaisons et les inégalités respectives

$$\left(\frac{M}{N}, \frac{M'}{N'}\right), F > f \text{ et } \left(\frac{N}{M}, \frac{N'}{M'}\right), F' > f'$$

quelles que soient d'ailleurs les relations de grandeur entre les limites F', f', $\underline{f}'$ pour la première combinaison et entre les limites F, f, $\overline{f}$ pour la seconde.

VII. Sur le N.° 29.

Raisons pour conserver à la théorie toute sa généralité.

Nous avons vu que le joint n, sur lequel la partie supérieure peut glisser en montant, coïncide, en général, avec celui de naissance; d'un autre côté, le joint m, sur lequel la partie supérieure peut glisser en descendant, se rapporte au cas où la partie moyenne de la voûte agirait comme un coin, et ce cas n'arrive pas ordinairement, à cause du frottement des matériaux, ainsi que Coulomb l'a dit expressément dans la remarque citée. On pourra donc communément mettre à l'écart le glissement sur les joints, pour s'en tenir au seul mouvement de rotation. Mais la connaissance de la limite G n'en est pas moins utile; on conçoit en effet que l'intrados d'une voûte étant donné, l'épaisseur peut augmenter au point que la verticale menée par le centre de gravité de la partie supérieure au joint M ou N passe très-près de l'intrados de ce joint; alors la limite F ou F' qui pourra être très-petite et même tout-à-fait nulle, ne représentera plus la pression réellement exercée à la clef; cette pression proviendra de la tendance des deux parties supérieures aux joints m, à descendre, comme un coin, en glissant le long de ces joints et répondra par conséquent à la limite G. De plus, les joints de naissance d'une voûte ne sont pas toujours horizontaux: ils ne le sont jamais dans les voûtes en arc de cercle ou en plate-bande et cette circonstance exige la considération de la limite g. Enfin presque toujours une voûte est surchargée à l'extrados et souvent elle est exposée à des chocs violens, tels que ceux des bombes, ce qui est analogue à une surcharge. Ainsi, pour ce cas, mais sur-tout pour la discussion complette d'un genre donné de voûtes, la considération des différentes limites est indispensable; c'est pourquoi nous chercherons leurs expressions particulières dans chacune des espèces de voûtes dont nous nous occuperons.

VIII. Sur le N.° 32.

En se fondant sur ces expériences, les Auteurs des nouvelles théories assimilent la voûte à un système de quatre leviers assemblés bout-à-bout, par articulations, et chargés chacun du poids de la partie qui lui répond.

Ils distinguent les deux modes de rupture du système, puis, pour déterminer le joint intermédiaire, qu'ils appellent le joint de rupture, la plupart modifient le principe de Coulomb et considèrent, lorsqu'il s'agit du premier mode, au lieu du joint de la plus grande pression à l'extrados de la clef, non pas le joint du plus grand moment de la pression comme nous l'avons fait, mais celui d'où résulte le maximum du rapport entre le moment des forces qui tendent à renverser le levier inférieur et le moment des forces qui tendent à l'affermir. Quand au second mode de rupture, dans lequel la pression s'exerce à l'intrados de la clef, ils prennent le minimum du rapport entre le moment des forces qui tendent à abattre le levier inférieur et le moment des forces qui tendent à le soutenir. On reconnaît aisément que la modification n'est que dans les termes et que, si m et m' désignent les moments de la demi-voûte par rapport aux arêtes extérieure et intérieure du joint de naissance, cette méthode donne pour la stabilité, respectivement les conditions $m > LF$, $m' < Lf'$, soit que le pied droit existe ou non, et ne donne que ces conditions.

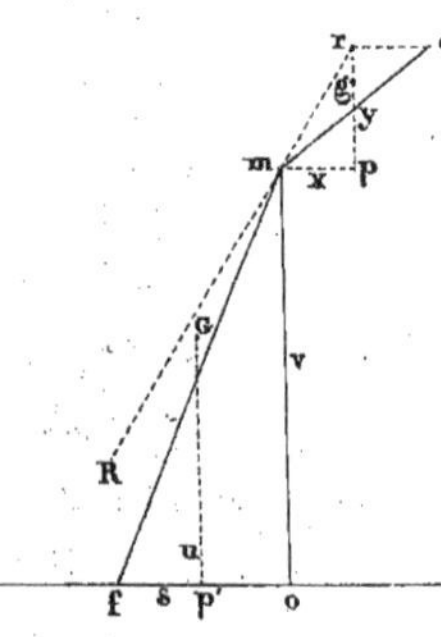

figure 23.

Les mêmes dénominations subsistant, désignons de plus par p' le poids de la partie inférieure, y compris le pied-droit, s'il y a lieu; par s la distance horizontale du centre de gravité G de cette partie, à l'arête extérieure ou intérieure f de sa base, et par u, v les distances horizontale et verticale du point m au point f.

Considérons d'abord l'état de simple équilibre.

Puisque l'équilibre existe dans le système, il doit exister dans chaque partie séparément; mais à cause de celui de la partie supérieure, on aura

$$Xy = px \quad \ldots\ldots\ldots \quad (1)$$

équation qui exprime que la résultante des forces X et p passe par le point m, auquel parconséquent on peut la concevoir appliquée; et comme le moment de cette résultante par rapport au point f est égal à la différence des moments de ses composantes, l'équilibre de la partie inférieure donnera

$$\mathbf{X}v = pu + p's \ldots\ldots\ldots (2)$$

ajoutant ces deux équations membre à membre; et observant qu'on a les relations

$$y + v = B \ldots\ldots (3); \quad p(x+u) + p's = m \ldots\ldots (4)$$

on obtient cette autre équation

$$\mathbf{X}B = m \ldots\ldots\ldots (5)$$

qui résulte tout de suite de ce que l'équilibre permet de considérer le système comme entièrement rigide.

Cela posé, dans l'équation (2) le premier membre désigne le moment des forces qui tendent à renverser la partie inférieure et le second qui, en vertu de (4) et de (1), revient à $m - \mathbf{X}y$, représente le moment des forces qui tendent à retenir cette partie inférieure; or, suivant la théorie dont il s'agit, le rapport $\frac{\mathbf{X}v}{m-\mathbf{X}y}$ des deux moments doit être un maximum dans le premier cas de rupture et un minimum dans le second; donc, en observant que $v = B - y$ et que $\mathbf{X}$ est une fonction implicite de y, on a

$$m(B-y)\,d(\mathbf{X}) - (m - \mathbf{X}B)\,\mathbf{X}\,dy = o,$$

et simplement

$$d(\mathbf{X}) = o$$

à cause de l'équation (5). On tire de là $\mathbf{X} = F$ ou $\mathbf{X} = f'$, valeurs dont la substitution dans cette équation (5), donne $m = BF$ ou $m' = Bf'$, comme on l'a eu par la méthode générale.

Quant à l'état de stabilité, on aura évidemment $m > BF$ ou $m' < Bf'$.

Ajoutons cette remarque: d'une part, le poids p' se décompose en deux autres; $p'\frac{u-s}{u}$ et $p'\frac{s}{u}$, appliqués respectivement en f et en m; d'autre part, la même équation (2), mise sous la forme, $\mathbf{X}v = (p + p'\frac{s}{u})u$ exprime que la résultante des forces $\mathbf{X}$, p et $p'\frac{s}{u}$ appliquées en m, est dirigée selon la droite mf, de sorte que cette résultante peut-être censée appliquée en f, où, par la décomposition elle reproduira ses composantes; d'où il suit que le point f est dans le même état que s'il était poussé horizontalement par la force $\mathbf{X}$ et pressé verticalement par les forces $p'\frac{u-s}{u}$, p et $p'\frac{s}{u}$ dont la somme se réduit à $p + p'$, poids de la demi-voûte; c'est un résultat que nous avons obtenu autrement (N.° 43).

Or, soient c, c' les hauteurs des points c, c' au-dessus de l'arête extérieure ou intérieure du joint de naissance, comme

$\frac{\mathrm{m}}{\mathrm{c}}$, $\frac{\mathrm{m}}{\mathrm{c}'}$ seront, pour ce joint, des forces analogues à $\mathbf{f}$ et $\mathbf{f}'$, on aura nécessairement $\frac{\mathrm{m}}{\mathrm{c}} > \mathbf{f}$, $\frac{\mathrm{m}}{\mathrm{c}'} > \mathbf{f}'$, à moins qu'il n'y ait égalité, ce qui arriverait si c'était le joint **N** ou **N'** lui-même qui fût celui de naissance. Mais si l'on a $\mathrm{F} < \mathrm{f}$, $\mathrm{F}' < \mathrm{f}'$, (N°. 26), on aura, à plus forte raison, $\mathrm{F} < \frac{\mathrm{m}}{\mathrm{c}}$, $\mathrm{F}' < \frac{\mathrm{m}}{\mathrm{c}'}$, c'est-à-dire, en appelant p le moment de la poussée, $\mathrm{m} > p$

De même, comme $\frac{\mathrm{m}'}{\mathrm{c}}$, $\frac{\mathrm{m}'}{\mathrm{c}'}$ sont des forces analogues à F, F', on aura $\frac{\mathrm{m}'}{\mathrm{c}} < \mathrm{F}$, $\frac{\mathrm{m}'}{\mathrm{c}'} < \mathrm{F}'$ et, à plus forte raison $\mathrm{m}' < \mathrm{cf}$, $\mathrm{m}' < \mathrm{c}'\mathrm{f}'$.

Mais puisque les réciproques ne sont pas vraies, il s'en suit que les conditions $\mathrm{m} > \mathrm{BF}$, $\mathrm{m}' < \mathrm{Bf}'$ sont insuffisantes. En outre, l'équilibre de la demi-voûte sans pied-droit, qui est assuré par les conditions (N°. 26) ne l'est nullement par l'équation $\mathrm{m} = \mathrm{BF}$ ou $\mathrm{m}' = \mathrm{Bf}'$, qu'on trouve par les nouvelles théories. De plus, ces théories établissent l'équilibre de la demi-voûte, y compris le pied-droit, en égalant le moment du système, non pas au plus grand moment de pression ni même au moment de la plus grande pression, mais seulement à celui de la pression engendrée soit à l'extrados soit à l'intrados de la clef, selon le cas de rupture, ce qui ne suffit pas non plus. Enfin, ces théories ne montrent pas la liaison entre le premier cas de rupture et le second qu'elles considèrent isolément, sans en donner une explication satisfaisante. De ce que, dans ce second cas, la partie inférieure de la demi-voûte, tourne autour de l'arête d'intrados de sa base, on a conclu que cette partie inférieure l'emportant sur la partie supérieure, forçait celle-ci de se soulever à la clef, en tournant autour d'une arête d'extrados; mais cette rotation et le soulèvement de la clef sont un pur effet de la pression qui se produit à l'intrados de la clef et qui provient toujours de la tendance de la partie supérieure au joint **M'** à tourner autour de l'arête d'intrados de ce joint; en conséquence de cet effet même, la partie inférieure cessant d'être retenue est entraînée par son propre poids et tourne autour de l'arête intérieure de sa base. Ainsi la rotation et le soulèvement dont il s'agit ne sont pas dus à une prépondérance de cette partie sur l'autre, et c'est uniquement la partie supérieure au joint **M'**, laquelle peut devenir toute la demi-voûte, qui produit la pression effective et qui est la partie véritablement agissante. Le soulèvement de la clef n'est l'effet de la rotation autour de l'arête intérieure de la base de la demi-voûte, qu'autant que le joint M' coïncide avec cette base, ce qui ne constitue point un cas distinct et séparé, et ce soulèvement s'opèrera, quelle que soit la position du joint, toutes les fois qu'abstraction faite du glissement, on aura $\left(\frac{N}{M}, \frac{N'}{M'}\right)$ et $F' > f'$; sauf le changement de f', quand le joint M' tombe au-dessus de N'.

IX. Après le N.° 43.

Vérifier si une voûte proposée est capable de supporter une charge donnée.

1.° Vérifier si une voûte proposée est capable ou non de supporter une charge donnée.

Cette question est tout-à-fait analogue à la deuxième et se résout par les mêmes principes : il faudra examiner si les conditions de stabilité sont satisfaites, en observant que les valeurs des quantités G, g ; F, f et F', f' ainsi que les positions des joints respectifs m, n, M, N et M', N' dépendent tant de la grandeur que de la distribution de la charge donnée et varient avec ces circonstances.

Exemples.

Quelques exemples feront concevoir la chose.

figure 24.

Lorsque la voûte est chargée d'une certaine épaisseur de matière, maçonnerie, terre, pavé &c.a, disposée de niveau et occupant toute son étendue, les poids de la partie supérieure mncc' et de la partie inférieure mnfe sont augmentés de ceux des charges respectives npdc, npgf, ce qui change les valeurs des limites soit relatives soit absolues, ainsi que les positions des joints correspondants, et comme l'augmentation est à proportion plus grande pour la première partie que pour l'autre, la poussée de la voûte s'accroîtra nécessairement.

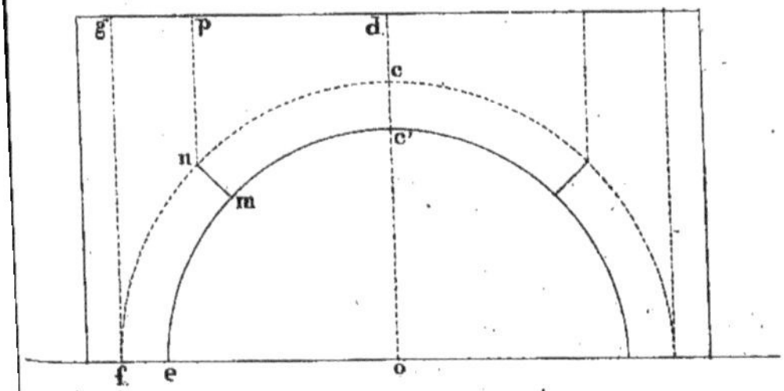

figure 25.

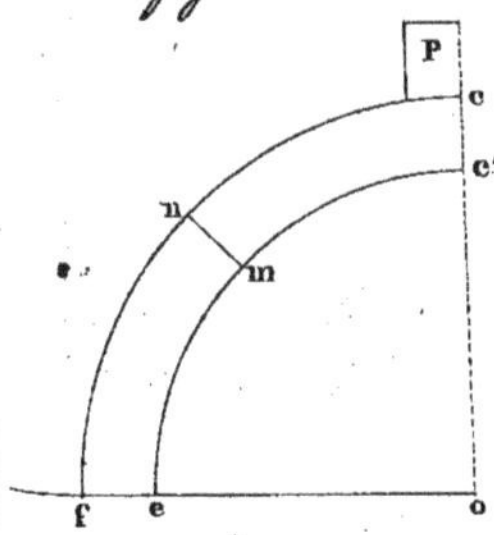

Si la charge au lieu de s'étendre à toute la longueur de la voûte, ne portait que sur le sommet, un de ses effets serait encore d'accroître la poussée, mais elle n'ajouterait rien à la résistance du pied-droit. Le poids de chacune des deux parties supérieures serait augmenté de la moitié du poids de la charge et le centre de gravité serait déplacé en conséquence de la grandeur et de la position de ce poids additionnel.

La plupart des voûtes et particulièrement les arches de pont sont chargées d'un massif de maçonnerie, qui n'excède guère le niveau de la clef; selon que la voûte sera peu ou fort surbaissée, ce massif portant en grande partie sur le pied-droit, augmentera sa résistance dans un plus grand rapport que la poussée, ou, appuyant principalement sur la partie supérieure comme quand la voûte est en arc de cercle, rendra la poussée plus grande sans ajouter beaucoup à la résistance du pied-droit; de sorte que, dans le premier cas, l'épaisseur du pied-droit n'aura pas besoin d'augmentation, mais au contraire pourra être diminuée, si le massif est construit avant le décintrement de la voûte, et, dans le second cas, cette épaisseur devra être augmentée convenablement.

Quand la charge additionnelle porte pleinement sur le pied-droit, elle ne peut évidemment qu'en augmenter la résistance, ce qui permet d'en diminuer l'épaisseur, parce que le décroissement du bras de levier est suppléé par l'accroissement du poids.

La charge posant partie sur le pied-droit partie sur la voûte, de manière que son centre de gravité tombe entre la naissance et le milieu de l'ouverture, pourra être assez grande pour que le premier mode de rupture se change dans le second et alors la rupture sera impossible si la condition $F' < f'$ est satisfaite; sinon, il suffira de rendre la pression F' assez petite en modifiant la charge convenablem.t

Enfin si la voûte était chargée d'un fluide, il faudrait chercher à l'aide des principes de l'hydrostatique, la pression normale, exercée sur la partie supérieure au joint indéterminé mn et composer le poids de cette partie avec la pression relative; on emploierait ensuite la résultante au lieu du simple poids pour déterminer les limites.

Par un semblable procédé, on pourrait avoir égard au choc des bombes, lequel, suivant la théorie physico-mathématique de la percussion, (Architecture hydraulique de Prony première partie, page 208) peut être évalué en poids. C'est à l'expérience de fournir les éléments nécessaires à cette évaluation.

On voit par là qu'en général on pourrait établir l'équilibre dans une voûte où il n'existe pas, sans rien changer aux dimentions et seulement en augmentant par des charges additionnelles, convenables, le poids des parties qui tendent à tourner ou à glisser.

Une voûte étant donnée, déterminer la pression supportée par le cintre, en charpente, aux diverses époques de la construction.

2° Une voûte étant donnée, déterminer la pression supportée par son cintre en charpente, aux diverses époques de la construction.

On conçoit qu'un certain nombre des premières assises d'une voûte ont la propriété de se soutenir d'elles-mêmes et que la suivante commence à presser le cintre, parce que son plan de joint inférieur se trouve incliné sous un angle plus grand que 37 à 38°, qui est également celui du frottement des voussoirs placés sur cales ou posés à sec les uns sur les autres.

Ainsi à partir de cette inclinaison, chaque voussoir successif pressera le cintre, jusqu'à celui dont le joint inférieur aura une inclinaison telle que la rotation autour de l'arête d'intrados soit devenue possible, c'est-à-dire, telle que la perpendiculaire abaissée du centre de gravité passe en dehors de ce joint. La position de ce dernier voussoir dépendra tant du rapport entre la longueur et la largeur des voussoirs que de la courbure de la voûte, et il pourra arriver que l'élément respectif du cintre fasse avec l'horizon un angle plus petit ou plus grand que 38°; dans le premier cas, le voussoir et chacun des suivants chargeront le cintre de tout leur poids; dans le second cas le voussoir et ceux qui succéderont, jusqu'à ce que l'inclinaison ait atteint 38°, presseront les inférieurs et pèseront sur le cintre.

Généralement, la pression due à un voussoir quelconque s'obtiendra par les formules de l'équilibre d'un corps pesant, posé sur un ou sur deux plans inclinés et sujet à la résistance du frottement. Ces formules s'appliqueront directement au dernier voussoir posé. Pour le voussoir qui vient après, il devra être considéré comme soumis non seulement à la pesanteur, mais encore, s'il y a lieu, à la pression qui s'exerce sur son joint supérieur.

Les formules feront connaître la pression supportée soit par le cintre, soit par le joint inférieur, au moyen de quoi on passera au troisième voussoir et ainsi de proche en proche, jusqu'au dernier qui puisse presser le cintre.

Un phénomène qu'on observe souvent dans le progrès de la construction, c'est que, les voussoirs supérieurs poussant les inférieurs obligent la portion de voûte que forment ceux-ci à se soulever vers son milieu en s'ouvrant à l'extrados, de manière

que la partie contiguë du cintre se trouve dégagée; aussi le·
donnerait-il une valeur négative pour la pression exercée
le cintre par chacun de ces derniers voussoirs.

X. Sur les N.os 46, 47 et 48.

figure 26

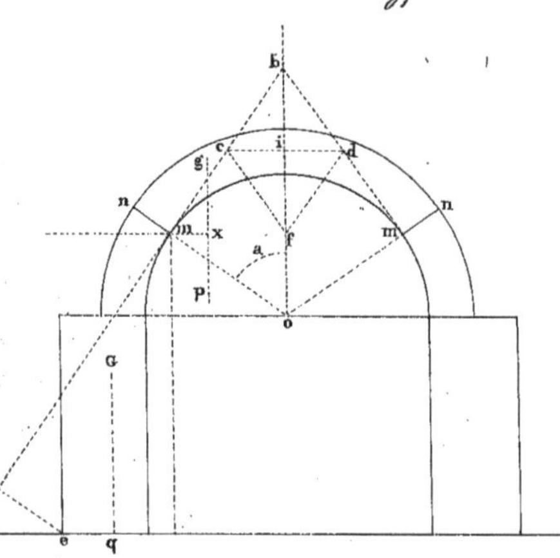

1.° Désignons par $\mathbf{a}$ l'angle que le joint de rupture, da l'hypothèse de Lahire, fait avec la verticale; par $\mathbf{m}, \mathbf{n}$ les distances horizontale et verticale de son intrados à l'arête extérieure de la base du pied-droit; par $\mathbf{p}$ le poids de la demi partie supérieure de la voûte, par $\mathbf{x}$ la distance horizontale du centre de gravi de cette demi-partie à l'intrados du j... de rupture; par $\mathbf{q}$ le poids de la partie inférieure et du pied-droit; enfin par $\mathbf{X}$ la distance horizontale de leur centre de gravité à l'arête extérieure.

On décomposera le poids $2\mathbf{p}$ en deux forces $\frac{\mathbf{p}}{\sin \mathbf{a}}$ perpendiculaires aux joints de rupture et dirigées à leurs intrados; le moment de la force $\frac{\mathbf{p}}{\sin \mathbf{a}}$, appliquée en $\mathbf{m}$, par rapport à l'a te extérieure $\mathbf{e}$, sera égal à la différence des moments de ses composantes horizontale et verticale; écrivant donc $\mathbf{m}+\mathbf{X}-\mathbf{x}$, au lieu de $\mathbf{m}$, et, représentant par $\mathbf{M}$ le moment total.... $\mathbf{p}(\mathbf{m}+\mathbf{x})+\mathbf{q}\mathbf{X}'$, on trouvera cette équation d'équilibre,

$$\mathbf{M}=\mathbf{p}\mathbf{x}+\frac{\mathbf{n}\mathbf{p}}{\tan \mathbf{a}} \ldots\ldots\ldots (\mathrm{H})$$

tandis que selon notre théorie, on a

$$\mathbf{M}=\mathbf{F}\mathbf{B} \ldots\ldots\ldots\ldots (n)$$

$\mathbf{F}$ étant le maximum de $\frac{\mathbf{p}\mathbf{x}}{\mathbf{y}}$.

Pleins cintres à extrados horizontal;

2.° Appliquons ces équations d'abord au plein cintre à ex trados horizontal; pour cela, nous remarquerons que Lahire suppose le joint de rupture prolongé jusqu'à cet extrados; de sorte qu'avec $\mathbf{a}=45°$, et $\mathbf{n}=\mathbf{h}+\mathbf{r}\cos \mathbf{a}$, il a

$$\mathbf{p}=\tfrac{1}{2}\mathbf{R}^2\tan \mathbf{a}-\tfrac{1}{2}\mathbf{r}^2\mathbf{a};\ \mathbf{p}\mathbf{x}=\tfrac{1}{2}\mathbf{r}^3\sin^2\mathbf{a}\left[\frac{\mathbf{K}^2}{\cos \mathbf{a}}\left(1-\frac{\mathbf{K}}{3\cos \mathbf{a}}\right)+\frac{1}{3\cos^2\frac{1}{2}\mathbf{a}}-\frac{\mathbf{a}}{\sin \ldots}\right.$$

Tableau.

Le tableau suivant présente les résultats relatifs à différentes hypothèses.

Hypothèses	Résultats de l'équation (H)	Résultats de l'équation (n)	Rapports des deux sortes de résultats
r=6m; R=7; h=2	72,5782	39,9582	1,8162
" " h=4	93,3042	48,8378	1,9104
r=10; R=11; h=2	227,4942	133,6107	1,7026
" " h=4	269,9542	154,1663	1,7510

On voit que la méthode de Lahire donne un moment de stabilité, pour la même voûte, d'autant plus grand que les pieds-droits sont plus élevés et pour la même hauteur de pieds-droits, d'autant moindre que la voûte est plus grande.

Voûtes surbaissées, à extrados horizontal ;

3.° Considérant ensuite l'anse de panier à trois centres et pour ce genre de voûte, modifiant la règle de Lahire, à la manière des Ingénieurs qui placent le joint de rupture au point de raccordement des arcs du sommet et de la naissance, on a pour la voûte surbaissée au tiers et extradossée horizontalement, les résultats suivants, relatifs à différentes hypothèses.

Hypothèses	Résultats de l'équation (H)	Résultats de l'équation (n)	Rapports des deux sortes de résultats
a=6m; e=1m; h=2	72,4859	40,1933	1,8034
" " h=4	98,0435	51,6771	1,8972
a=10; e=1; h=2	200,6315	126,5250	1,5857
" " h=4	250,3968	152,7026	1,6397

Même conclusion que précédemment et cette autre que le moment de stabilité produit par la méthode de Lahire est moindre pour la voûte surbaissée que pour le plein cintre et d'autant moindre que la voûte a plus d'ouverture, défaut qui eût été plus sensible, sans la modification apportée à la méthode.

Valeur du coefficient de stabilité pour toutes les voûtes en plein cintre et pour les voûtes surbaissées au quart et extradossées horizontalement.

4.° Afin de corriger ces irrégularités, nous avons attribué à toutes les voûtes en plein cintre ou surbaissées au tiers et extradossées horizontalement, le même moment de stabilité et nous avons adopté le rapport 1,9 provenant des voûtes de moyenne grandeur ; en sorte que la valeur de la poussée, tirée de nos formules, doit être multipliée par ce nombre avant d'être introduite dans l'équation d'équilibre.

Le même coefficient 1,9 paraît convenir aussi pour les

voûtes surbaissées au quart et extradossées de niveau.

Pleins cintres extradossés en chape; magasins à poudre; Théorie des contre-forts; valeur du Coefficient de stabilité.

5. Enfin on a déterminé le moment de stabilité des pleins cintres extradossés en chape, en les comparant aux magasins à poudre de Vauban. Cet Ingénieur donne à ses magasins, pour une ouverture de 25^{pi}, des pieds-droits de 8^{pi} d'épaisseur sur 8 de hauteur; il les fortifie par des contre-forts espacés de 12^{pi}, ayant aussi 8^{pi} de hauteur, 6 de largeur et seulement 4 de queue; il élève le sommet extérieur de la chape à 8^{pi} au-dessus de l'intrados, et parce que l'épaisseur aux reins est de 3^{pi}, il en résulte $D = 20^{pi}\frac{1}{2}$, $I = 49° - 7' - 17''$

Soit donc $\varepsilon = 2^m,5987$; le premier membre de notre équation d'équilibre $M = PB$, donnera $M = 49,7484$ pour le moment de la résistance de la demi-chape et du pied-droit sans contre-forts. Maintenant comme le frottement empêche le glissement sur la fondation, il s'en suit que le pied-droit ne pourra céder que par un mouvement de rotation et en entraînant les contre-forts dont il se séparera (fig. 27) selon son parement extérieur, ou bien sans entraîner les contre-forts dont il se séparera alors latéralement (fig. 28).

figure 27.

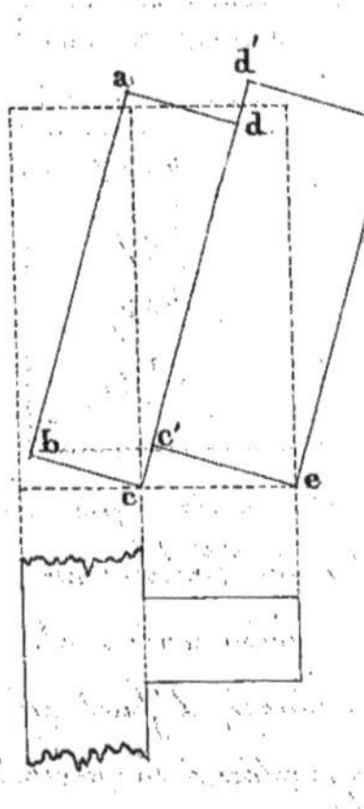

Dans le premier mode de rupture, la résistance des contre-forts proviendra de quatre forces; la cohésion sur la ligne **ce**, la cohésion sur la ligne **cd**, le frottement au point **d** de la même ligne, le poids du contre-fort tournant autour du point **e**. On néglige la cohésion sur **bc** laquelle serait fonction de ε.

Soient **a** la longueur totale du magasin, **n** le nombre des contre-forts; **h**, **l**, **q** leur hauteur, leur largeur et leur queue γ la cohésion sur l'unité de surface de maçonnerie, δ le poids de l'unité de volume: les moments des quatre forces par rapport à **e** seront, pour un seul contre-fort, $\frac{1}{2}lq^2\gamma$, $hlq\gamma$, $\frac{1}{2}lq^3\delta \tang \theta$, $\frac{1}{2}hlq^2\delta$; la somme multipliée par **n** et ajoutée à $a\delta M$, sera le moment total du pied-droit et des contre-forts. Si l'on divise le résultat par **a**, afin de le rapporter à l'unité de longueur et par δ, afin de le rendre comparable à la valeur de **M**, déjà calculée, il viendra

$$M + \frac{lnq}{2a}\left[(q+2h)\frac{\gamma}{\delta} + q(q \tang \theta + h)\right] \dots \quad (1)$$

Or, on a, pour le magasin de Vauban, $M = 49,7484$, ... $h = 2^m,5987$; $l = 1,9490$; $q = 1,2994$; $n = 4$; $a = 19,49$ et si l'on prend $\delta = 200^{kg}$; $\gamma = 6000^{kg}$, $\tang \theta = 0,76$, la valeur de l'expression (1) sera 56,013; mais suivant notre théorie le moment de la poussée est 28,1692 ; on a donc le rapport 1,9884 ; de sorte que l'épaisseur du pied-droit simple de même stabilité que celui de Vauban avec contre-forts serait $\varepsilon = 3^m$ environ.

En effet pour le magasin de Vauban $h = 2^m,5987$; .. $B = 7^m,6337$; $r = 4,0605$; $\frac{R}{r} = K = 1,24$ et $D \sin I = R$; les formules (F), (f), (n) du N°. 58, deviennent donc

$$\frac{r^2 \sin^2 \alpha}{6(K - \cos\alpha)} \left\{ \frac{K^2}{\sin I \sin(I+\alpha)} \left[3 - \frac{K}{\sin(I+\alpha)}\right] - \left[3 \frac{\alpha}{\sin\alpha} - \frac{1}{\cos^2 \frac{1}{2}\alpha}\right] \right\} \ldots\ldots (F)$$

$$\frac{r^2 \sin^2 \alpha}{6K(1 - \cos\alpha)} \left\{ \frac{K^3}{\sin I \sin(I+\alpha)} \left[3 - \frac{1}{\sin(I+\alpha)}\right] - \left[3K \frac{\alpha}{\sin\alpha} - \frac{1}{\cos^2 \frac{1}{2}\alpha}\right] \right\} \ldots (f)$$

$$\frac{1}{2} h \varepsilon^2 + r^2 \left(\frac{K^2}{\sin 2I} - \frac{1}{4}\pi\right) \varepsilon + r^3 \left[\frac{K^2}{\sin 2I}\left(1 - \frac{K}{3\cos I}\right) - \left(\frac{1}{4}\pi - \frac{1}{3}\right)\right] = n PB \ldots (n)$$

les éléments du calcul sont

$\mathcal{L} r = 0,6085795$. $\mathcal{L} K = 0,0934217$. $\mathcal{L} \frac{r^2}{6} = 0,4390077$. $\mathcal{L} 3 = 0,4771213$

$\mathcal{L} r^2 = 1,2171590$. $\mathcal{L} K^2 = 0,1868434$. $\mathcal{L} \frac{K^2}{\sin I} = 0,3082654$. $\mathcal{L} \frac{K}{3\cos I} = \bar{1},8004182$

$\mathcal{L} r^3 = 1,8257385$. $\mathcal{L} K^3 = 0,2802651$. $\mathcal{L} \frac{K^3}{\sin I} = 0,4016871$. $\mathcal{L} \frac{K}{\sin 2I} = 0,1913532$

$\mathcal{L} h = 0,4147561$. $\mathcal{L} B = 0,8827351$.

et l'on trouve

par la formule (F),		par la formule (f),	
pour $\alpha = 45$ ...	$X = 3,6645$	pour $\alpha = 90°$ ...	$X = 4,0519 = f$;
46	3,6901	60	6,7050
47	3,7122	80	5,1815
50	3,7590	81	5,0881
60	3,7264	82	4,9936
55	3,7766	83	4,8922
54	3,7790 = P ; $\mathcal{L} = 0,5773762$.	85	4,6863
53	3,7783	89	4,1941

On conclut de là $PB = 28,8477$; $n = 1,9417$ et alors la formule (n), c'est-à-dire, $\varepsilon^2 + 9,74845 . \varepsilon = 2\left(\frac{1,9417 . PB - 8,05748}{h}\right)$, donne $\varepsilon = 2,915$.

Dans le second mode de rupture, si l'on suppose la cohésion sur la section **abcd** du pied-droit, réunie au centre de figure de cette section, son moment par rapport à **c** sera $\frac{1}{2} h \varepsilon \gamma \sqrt{h^2 + \varepsilon^2}$. En divisant le double de ce moment par δ et par la longueur α' du pied-droit, comprise entre deux contre-forts et ajoutant au résultat la quantité **M**, on aura pour le moment total de la résistance sur l'unité de longueur, l'expression

$$M + \frac{h\varepsilon\gamma}{a\delta}\sqrt{h^2+\varepsilon^2} \ldots\ldots (2)$$

qui appliqué au magasin de Vauban donne une valeur plus grande que la précédente, quoiqu'on ait supposé la cohésion réunie au centre de gravité de la section; c'était donc par la première expression que devait être évaluée la résistance du pied-droit et des contre-forts.

La question est susceptible d'une solution plus exacte: il est clair que les forces élémentaires de la cohésion sont dirigées dans le plan de rupture; or, pour le premier mode de rupture ce plan est parallèle à l'axe de rotation; par conséquent le bras de levier des forces est constant et égal à la longueur de queue du contre-fort; mais pour le second mode, le plan de même que les forces sont perpendiculaires à l'axe de rotation et il faudrait à la rigueur prendre la somme des moments des forces; ce qui conduirait à l'intégrale double

$$\gamma\iint dx\,dy\sqrt{x^2+y^2}.$$

Considérons d'abord la variable y et mettons à part le facteur constant γdx, nous aurons $\int dy\sqrt{x^2+y^2}$ qui intégrée par parties donnera $y\sqrt{x^2+y^2} - \int\frac{y^2dy}{\sqrt{x^2+y^2}}$; pour avoir cette dernière intégrale posons $\sqrt{x^2+y^2} = z - y$; nous trouverons

$$\frac{1}{8}\left[\frac{(z^2+x^2)(z^2-x^2)}{z^2}\right] - \frac{1}{2}x^2\,l\,z = \frac{1}{2}y\sqrt{x^2+y^2} - \frac{1}{2}x^3\,l\left(y+\sqrt{x^2+y^2}\right)$$

Ainsi, après l'intégration par rapport à y et entre les limites $y=0$, $y=h$, on a

$$\frac{1}{2}\gamma\left[h\int dx\sqrt{h^2+x^2} + \int x^2dx\,l\,\frac{h+\sqrt{h^2+x^2}}{x}\right].$$

Le premier de ces termes produira semblablement, ... $\frac{1}{2}hx\sqrt{h^2+x^2} + \frac{1}{2}h^3\,l\left(x+\sqrt{h^2+x^2}\right)$; en intégrant le second par parties on obtiendra $\frac{1}{3}x^3\,l\,\frac{h+\sqrt{h^2+x^2}}{x} - \int\frac{1}{3}x^3d.l\,\frac{h+\sqrt{h^2+x^2}}{x}$; or, l'intégrale indiquée revient à celle-ci $+\frac{1}{3}h\int\frac{x^2dx}{\sqrt{h^2+x^2}}$ déjà traitée et donne $\frac{1}{6}hx\sqrt{h^2+x^2} - \frac{1}{6}h^3\,l\left(x+\sqrt{h^2+x^2}\right)$; donc parce que x a pour limites 0 et ε, l'intégrale définie multipliée par 2 et divisée par $a'\delta$ sera

$$\frac{1}{3}\frac{\gamma}{a'\delta}\left[2h\varepsilon\sqrt{h^2+\varepsilon^2} + h^3\,l\,\frac{\varepsilon+\sqrt{h^2+\varepsilon^2}}{h} + \varepsilon^3\,l\,\frac{h+\sqrt{h^2+\varepsilon^2}}{\varepsilon}\right]$$

la caractéristique l désignant un logarithme népérien. En appliquant aux magasins de Vauban cette formule et la formule approximative que nous lui avons substituée, on trouve respectivement 20,6700 ; 19,1008 ; tandis que par rapport au premier mode de rupture, on a seulement 6,2646.

Comparaison du pied-droit simple, avec le pied-droit muni de contre-forts.

6.° Il est remarquable que l'excès d'épaisseur du pied-droit simple de même stabilité que le pied-droit muni de contre-forts, n'étant que de 1.pi ce qui produit sur les 60.pi de longueur du magasin 480 pieds cubes de maçonnerie, tandis que le volume des quatre contre-forts est de 768 pieds cubes, il y aurait une économie réelle à supprimer les contre-forts.

Détermination de l'épaisseur d'un pied-droit muni de contre-forts.

7.° Au moyen des expressions (1) et (2) on résout cette question : connaissant l'espacement et les dimensions des contre-forts qu'on se propose d'ajouter à un mur, déterminer l'épaisseur que ce mur doit avoir pour résister, conjointement avec les contre-forts, à la poussée qui agit contre lui.

Soient toujours **P** la poussée horizontale et **B** son bras de levier : on peut regarder cette poussée comme composée de deux parties ; l'une **C** opposée à la résistance des contre-forts, l'autre **P-C** opposée à la résistance du mur. Or, si **m** et **M** représentent les moments de ces résistances, on aura $C=\frac{m}{B}$, $P-C=\frac{M}{B}$ et par conséquent

$$M+m=PB \ldots\ldots (3)$$

équation dont le premier membre n'est autre chose que l'expression (1) ou (2) et qui donnera la valeur cherchée, soit que les contre-forts se renversent soit qu'ils demeurent immobiles ; dans l'un de ces cas **m** sera donné immédiatement, dans l'autre il sera fonction de l'épaisseur demandée.

Du coefficient de stabilité pour les autres genres de voûtes.

8.° Quant aux voûtes des autres genres on en déterminerait le coefficient de stabilité par le même procédé ; mais comme la plupart n'ont qu'une stabilité factice, obtenue par des artifices particuliers, il est difficile d'en trouver qui puissent servir de termes de comparaison (*).

XI. Sur le N.° 53.

La condition du maximum de la fonction (G) est indépendamment de **R** et **r**, $\sin 2(\alpha+\varphi)=2\alpha$, équation qui rend négatif le coefficient différentiel du second ordre, et qui, si l'on

(*) Cette discussion, à quelques changemens près, est extraite du Mémorial (N.° 4, pag. 75 et suiv.)

fait tang $\varphi = 0{,}76$ ou $\varphi = 37°$, prendra la forme $\sin(106° - 2\delta) = 2\delta$ or, en se rappelant que dans le second membre δ doit être exprimé en parties du rayon et que l'arc égal au rayon est à peu près $57°$, on verra d'abord que δ tombe entre $8°$ et $29°$, mais plus près de 29; ensuite, par les fausses positions, on trouvera sans peine $\delta = 24°$.

La fonction (g) donne pareillement l'équation $\sin(\delta - \varphi) = 2\delta$, à laquelle répondrait aussi un maximum, puisqu'elle rend négatif le coefficient différentiel du second ordre; mais cette équation est absurde; car d'une part, 2δ ne peut excéder $58°$; d'autre part, un arc surpasse toujours son sinus et, à plus forte raison, le sinus d'un arc moindre que lui, s'il s'agit du premier quart de la circonférence. La quantité $\frac{\delta}{\tang(\delta - \varphi)}$ n'est donc susceptible ni de maximum ni de minimum absolu, et comme sa valeur qui est $\frac{1}{2}\pi \tang \varphi$, quand $\delta = \frac{\pi}{2}$, augmente à mesure que δ diminue et devient infinie, lorsque $\delta = \varphi$, et négative au-delà, il s'en suit que cette valeur est le minimum relatif ou que le joint $\mathbf{n}$ se confond avec celui de naissance, ce que nous avons précédemment établi en général.

Avant d'aller plus loin nous remarquerons qu'en égalant à zéro, une des fonctions (F) et (F') au lieu des deux (f) et (f'), on exprime que $\mathbf{gg'} = \mathbf{mm'}$ ou $\mathbf{nn'}$, c'est-à-dire que la verticale menée par le centre de gravité de $\mathbf{p}$, passe par le point $\mathbf{m}$ ou $\mathbf{n}$.

Le dénominateur de la fonction (F) ne sort pas des limites $6\mathbf{R}$ et $6(\mathbf{R}^2 - \mathbf{r}^2)$; son numérateur qui peut se mettre sous la forme $2\left[3\mathbf{r}(\mathbf{R}^2 - \mathbf{r}^2)\frac{\delta}{\tang\frac{1}{2}\delta} - 2(\mathbf{R}^3 - \mathbf{r}^3)\right]\sin^2\frac{1}{2}\delta$, s'anéantit non seulement quand $\delta = 0$, mais encore lorsque $\frac{\delta}{\tang\frac{1}{2}\delta} = \frac{2(\mathbf{R}^3 - \mathbf{r}^3)}{3\mathbf{r}(\mathbf{R}^2 - \mathbf{r}^2)} = \frac{2(\mathbf{R}^2 + \mathbf{R}\mathbf{r} + \mathbf{r}^2)}{3\mathbf{r}(\mathbf{R} + \mathbf{r})}$, valeur comprise entre 1 et 1,5555; puisqu'on peut admettre sans contredit que $\mathbf{R}$ qui surpasse toujours $\mathbf{r}$ soit moindre que $2\mathbf{r}$. Or, la quantité $\frac{\delta}{\tang\frac{1}{2}\delta}$, qui devient $\frac{\pi}{2}$ ou 1,5708 en même temps que δ, prend la valeur 2, pour $\delta = 0$; et comme à mesure que δ croît depuis zéro, elle diminue, jusqu'à devenir nulle pour $\delta = \pi$; il en résulte que des deux valeurs de δ qui réduisent la fonction (F) à zéro, la seconde surpasse $\frac{\pi}{2}$; que cette fonction reste toujours positive depuis l'une de ces valeurs jusqu'à l'autre, et, par conséquent que dans l'intervalle elle comporte un maximum, lequel dépendra du rapport $\frac{\mathbf{R}}{\mathbf{r}}$.

Les fonctions (f) et (F') suivent la même marche que la

quantité $\frac{\partial}{\tang \frac{1}{2}\partial}$ qu'elles renferment; or, cette quantité n'est susceptible ni de maximum ni de minimum absolu; sa valeur augmente depuis $\partial = \frac{\pi}{2}$, d'où résulte le minimum relatif $\frac{\pi}{2}$, jusqu'à $\partial = 0$, qui donne le maximum relatif 2. La valeur de X, qui répond à ce maximum est en effet une limite de laquelle les valeurs de X approchent de plus en plus à mesure que ∂ diminue.

Enfin, le numérateur de la fonction (f') est nul quand $\partial = 0$, et, en sortant du quart de cercle, quand $\frac{\partial}{\tang \frac{1}{2}\partial} = \frac{2(R^2+Rr+r^2)}{3R(R+r)}$, quantité comprise entre 0,7777 et 1, et il demeure positif depuis l'une de ces valeurs de ∂ jusqu'à l'autre; mais le dénominateur est nul pour $\cos\partial = \frac{r}{R}$, valeur dont les limites sont $\frac{1}{2}$ et 1, et qui signifie que le point n est sur l'horizontale passant par le point c'; il est positif ou négatif pour les valeurs de $\cos\partial$ plus petites ou plus grandes que celle-là. Ainsi la fonction est négative entre $\partial = 0$ et $\cos\partial = \frac{r}{R}$, terme où elle devient infinie; à partir de ce terme elle est positive et tend vers zéro; elle n'est donc pas susceptible de minimum absolu, et son minimum relatif répond à $\partial = \frac{\pi}{2}$, ce qui montre que quand le point d'application de la force X est placé en c', le joint N' ne se trouve pas au-dessus du joint M'; de sorte que si, par rapport à ce dernier joint, on avait $\cos\partial < \frac{r}{R}$, on devrait le prendre pour le joint N' et la force capable de faire tourner autour de son extrados, pour la force f'; mais on vient de voir qu'on a $\partial = 0$ ou $\cos\partial = 1$ et par conséquent $\cos\partial > \frac{r}{R}$; ainsi, dans ce cas, les formules (F') et (f') doivent être rejetées.

XII. Sur le N.° 34.

Exemples: 1.° Soient $R = 11^m,5$; $r = 10^m$; $h = 2^m$, on trouvera d'abord $G = 3,7442$; $g = 19,0868$. Ensuite, la première équation (F) reviendra à

$$0,1615 = 1,15\left(1 + \frac{\partial}{\sin\partial}\cos\partial\right) - \left(\cos\partial + \frac{\partial}{\sin\partial}\right),$$

et si l'on considère les valeurs extrêmes $\partial = 0$, $\partial = \frac{\pi}{\sin\partial}$, puis la valeur moyenne $\partial = \frac{\pi}{4}$, on apercevra dans quelle moitié du quadrant tombe la vraie valeur de ∂; alors il suffira de deux suppositions pour trouver cette valeur à moins de $\frac{1}{2}$ degré près: on parvient ainsi à $\partial = 57°$, valeur dont la substit.^{on}

dans la seconde équation (F), donne $F = 9,1801$, et par la formule (f) qui implique $\alpha = \frac{\pi}{2}$ (Note XI), on aura $f = 10,348$[illegible] ce qui montre que les conditions $\left(\frac{M}{N}, \frac{M'}{N'}\right)$, $F < f$ sont satisfaite[illegible] Résolvant donc l'équation (p), on en tirera $\varepsilon = 1,6414$. Lor[illegible] que dans le premier membre de cette équation (p) on fait $h = 0$ et qu'on y remplace ε par $R - r$, il se réduit à . . . $\frac{1}{4}\pi R(R^2 - r^2) - \frac{1}{3}(R^3 - r^3) = 117,6595$ et exprime le moment de la demi-voûte, sans pied-droit, par rapport à l'arête exté[illegible] rieure de son joint de naissance ; le second membre qui devie[illegible] $FR = 105,5710$, dans l'hypothèse de $h = 0$, est alors le momen[illegible] de la poussée par rapport à la même arête ; d'où résu[illegible] $M > FR$, comme cela devoit être ; car, en général, la [illegible] se soutenant d'elle-même sur les joints N, N, se soutiendr[illegible] à plus forte raison, sur deux joints quelconques correspon-dans et, dans le cas actuel, ces joints N, N, se confonde[illegible] avec ceux de naissance.

Il en est autrement pour $R = 11^m$; alors la première équa[illegible] tion (F) donne $\alpha = 53°$ environ et l'on trouve $G = 2,4381$; . . . $g = 12,4277$; $F = 6,7858$; $f = 6,4631$; d'où $\left(\frac{M}{N}, \frac{M'}{N'}\right)$ et $F > f$; ainsi la voûte ne pourrait se soutenir d'elle-même. En eff[illegible] si l'on calcule fR et M on a également $71,0941$, tandis qu[illegible] $PB = FR = 74,6438$; d'où $M < FR$. On conclut de là que la moindre épaisseur de la voûte qui suffise à l'équilibre est comprise entre 1^m et $1^m,5$.

Supposons encore $R - r = \frac{r}{8}$ ou $\frac{R}{r} = \frac{9}{8}$; la première équation (F) donnera $\alpha = 55°, 23'$; c'est-à-dire que quand l'épaisseur est $\frac{1}{16}$ de l'ouverture de la voûte, le joint M fait un angle de $55°$ $23'$ avec la verticale. En substituant cette valeur de α dans la seconde équation (F), on en déduit $F = 5,1515\left(\frac{r}{8}\right)^2$.

XIII Sur le N°. 56.

1°. Il y a quelques remarques à faire sur ces formule[illegible] 1° la première (G) et les deux des systèmes (F) et (f') donnen[illegible] $X = 0$ pour $\alpha = 0$, la dernière donnant en outre X infini pour $1 - K\cos\alpha = 0$, ou $\cos\alpha = \frac{1}{K}$; 2° les équations des systèmes (f) et (F') sont généralement satisfaites par $\alpha = 0$; 3° (et cela s'applig[illegible] aux formules du cas précédent) les valeurs de α auxquelles répon[illegible] dent les maximum et minimum ne dépendent que du rapport K ; [illegible] n'en est pas de même des valeurs des limites F, f, F', f' ; mais cel[illegible] valeurs ont r^2 pour facteur; donc si les voûtes sont semblables les joints relatifs aux limites sont semblablement placés et les valeurs des limites sont proportionnelles aux carrés des rayons des voûtes; 4° nous n'avons point cherché la condition du maximum de l'expression (G), qui est susceptible d'une opération plus simple, indiquée précédemment: si par exemple, $\varphi = 37°$, il est clair que la valeur de α à laquelle répondra le maximum de X sera comprise entre $\alpha = 0$ et $\alpha = 90° - 37° = 53°$; de sorte que la considération de ces valeurs extrêmes et de quelques valeurs intermédiaires fera bientôt découvrir ce maximum et la valeur respective de α.

2°. Exemples: soit $\varphi = 37$, $r = 10$, $R = 11$; la formule (G) devient $X = \frac{100 \sin \alpha}{2 \tang(\alpha + 37)}\left[2{,}42 - 1{,}21 . \cos \alpha - \frac{\alpha}{\sin \alpha}\right]$; or, α est compris entre 0 et 53, valeurs à chacune desquelles répond $X = 0$; on considérera donc d'abord la valeur moyenne 26, dont on déduira $X = 3{,}32027$; ensuite la valeur 25, à laquelle répondra $X = 3{,}26862$; on conclura delà que la vraie valeur de α tombe entre 26 et 53; on essaiera 40, d'où résultera $X = 3{,}0268$; puis 30; 31; 32; 33 qui donneront $X = 3{,}4478$; $X = 3{,}3518$; $X = 3{,}4572$; $X = 3{,}4463$ et montreront que les valeurs cherchées sont $G = 3{,}4572$, $\alpha = 32$.

Par un semblable procédé on trouve que $\alpha = 65°$ satisfait à l'équation de condition (F); cette valeur de α se rapporte à un maximum de X, puisque, pour $\alpha = 64$, $\alpha = 65$, $\alpha = 66$, la formule (F) donne $X = 10{,}271486$; $X = 10{,}277512$; $X = 10{,}277006$ et comme X diminue continuellement pour les valeurs de α, plus grandes ou plus petites que celle-là, il s'en suit qu'on a à peuprès $F = 10{,}2773$; $\alpha = 65°$.

L'équation (f) est satisfaite par $\alpha = 62$, $\alpha = 0$; valeurs qui répondent respectivement à un maximum et à un minimum; en effet, pour $\alpha = 61$; $\alpha = 62$; $\alpha = 63$ la formule (f) donne $X = 15{,}2462$; $X = 15{,}2474$; $X = 15{,}2418$; mais au-delà et en-deçà de ce maximum, X décroît continuellement jusqu'à $X = 12{,}2630$, résultant de $\alpha = 90°$, et $X = 10{,}9697$ donné par $\alpha = 0$; de plus une même valeur soit positive soit négative de α donne la même valeur de X; il n'existe donc qu'un minimum absolu et l'on a $f = 10{,}9697$; $\alpha = 0$.

La racine de l'équation (F') est $\alpha = 56$ et si l'on fait $\alpha = 0$, $\alpha = 55$, $\alpha = 56$, $\alpha = 57$, $\alpha = 90$, dans la formule (F') on en tire

$X = 9,9667$; $X = 12,2522$; $X = 12,2548$; $X = 12,2534$; $X = 9,2435$. Cette racine appartient donc réellement à un maximum et il s'en suit $F' = 12,2548$; $\alpha = 56$.

Enfin l'équation (f') étant mise en nombres, le second membre devient 6,5613; mais la plus grande valeur que prenne le premier membre est 6,4983 qui résulte de $\alpha =$ il n'existe par conséquent ni maximum ni minimum absol Effectivement, la formule (f') donne d'abord X infini pou $\alpha = 24° 37' 2''$; ensuite X de plus en plus petit à mesure que α approche de 90°, valeur pour laquelle $X = 13,4894$ à la vérité il vient $X = 0$, quand $\alpha = 0$; mais cette valeu de X appartenant à la série des valeurs négatives est étrang à la question. Ainsi il n'existe qu'un minimum relatif $f' = 13,4894$, provenant de $\alpha = 90$.

On voit donc que la condition $\left(\frac{N}{M}, \frac{M'}{N'}\right)$, outre les relation $F < f$, $F' < f'$ qui sont indifférentes est remplie et qu'abstraction faite du glissement sur les joints de naissance, la voûte se soutiendrait d'elle-même; mais que le moment de la force par rapport au plan des naissances (ce qui pourrait n'avoi pas lieu par rapport à un plan supérieur) surpassant celui de la force F, c'est la première qui doit être substituée au lieu de P dans l'équation (p). Fesant cette substitution et pr nant $h = 0$, $B = r = 10$, on trouvera $E = 0^m,6972$. S'il falla que la voûte fût élevée sur des pieds droits de 10^m de haut on aurait $h = 10$, $B = 20$, le reste demeurant le même dan cette équation dont on tirerait $E = 2^m,5343$.

Soient toujours $\varphi = 37$, $h = 0$, $r = 10$ et prenons successiv ment $R = 10^m,5$; $R = 10^m,3$; $R = 10^m,25$ ou, en appelant e l paisseur à la clef, $e = 0^m,5$; $e = 0^m,3$; $e = 0,25$; nous obti drons les résultats classés avec les premiers, dans le table ci-après, selon les formules (G), (F), (f), (F'), (f') et les épaisseurs $0^m,5$; $0^m,3$; $0^m,25$ auxquelles ils se rapportent.

Tableau.

Tableau des Résultats obtenus.

Formules	e = 1m		e = 0,5		e = 0,3		e = 0,25	
	α	X	α	X	α	X	α	X
(G)	0°	0	0	0	0	0	0	0
	31	3,3518	33	2,2085	34	1,7433	35	1,6365
	32	3,4572	34	2,2123	35	1,7495	36	1,6382
	33	3,4463	35	2,2073	36	1,7481	37	1,6320
	53	0	53	0	53	0	53	0
(F)	0	0	0	0	0	0	0	0
	64	10,2749	67	8,1707	69	7,1874	69	6,9245
	65	10,2775	68	8,1737	69½	7,1885	70	6,9295
	66	10,2702	69	8,1703	70	7,1878	71	6,9267
	90	8,4035	90	6,8227	90	6,0655	90	5,8652
(f)	0	10,9697	0	5,2460	0	3,8092	0	2,5621
	61	15,2462	65	10,0827	68	8,1966	68	7,7365
	62	15,2474	66	10,0889	69	8,1981	69	7,7415
	63	15,2418	67	10,0887	70	8,1934	70	7,7410
	90	12,2630	90	8,3315	90	6,8680	90	6,5120
(F′)	0	9,9667	0	4,9958	0	2,9942	0	2,4929
	55	12,2522	64	8,8520	67	7,5017	68	7,1951
	56	12,2548	65	8,8537	68	7,5263	69	7,1968
	57	12,2534	66	8,8503	69	7,4999	70	7,1929
	90	9,2435	90	7,1623	90	6,2472	90	6,0066
(f′)	0	−0	0	−0	0	−0	0	−0
	24°.37′.2″	∞	17°.45′.16″	∞	13°.51′.45″	∞	12°.44′.55″	∞
	40	22,8317	38	10,4633	27	6,4638	24	5,4292
	55	19,1940	39	10,4595	28	6,4500	25	5,4077
	68	17,6765	40	10,4649	29	6,4546	26	5,4078
	90	13,4894	90	8,7476	90	7,0737	90	6,6745

Ces calculs s'abrègent beaucoup au moyen de la table des valeurs de la fonction $\frac{\alpha}{\sin\alpha}$ et de leurs logarithmes.

Il est remarquable que la formule (f′) qui n'a donné ni maximum ni minimum absolu, pour e = 1, comporte au contraire l'un et l'autre, pour les trois dernières valeurs de e ; nous n'avons indiqué dans le tableau que le minimum.

En ne considérant que les valeurs définitivement nécessaires, et en employant pour les angles une notation analogue à celle des forces, nous aurons ce tableau sommaire.

Tableau des Valeurs finales.

qui fait voir, d'une part, la marche de chaque force et de l'angle respectif, en conséquence de la diminution d'épaisseur ; d'autre part, les changements apportés par cette diminution, soit dans la relation de grandeur des forces, soit dans la relation de position des joints correspondants : 1.° le joint **N** reste confondu avec le joint vertical de la clef, du moins pour les épaisseurs supposées et, ce qui est bien remarquable, le joint **M'** s'abaisse de plus en plus, en s'approchant de la naissance, tandis que le joint **N'** d'abord placé à la naissance et au-dessous du joint **M'** se relève et passe au-dessus, en s'approchant de plus en plus du sommet de la voûte ; 2.° sous l'épaisseur 0.m 5 la voûte est encore dans le cas de stabilité $\left(\frac{N}{M}, \frac{M'}{N'}\right)$, si ce n'est qu'ici les forces ont entre-elles les relations $F > f$, $F' > f'$, qui sont indifférentes ; 3.° sous les épaisseurs 0.m 3 et 0.m 25 la voûte est dans le cas de rupture $\left(\frac{N}{M}, \frac{M'}{N'}\right)$, $F' > f'$, qui appartient au second mode.

On conclut de là que la moindre épaisseur à la clef est comprise entre 0, 5 et 0, 3. Quant à la limite supérieure, si toutefois ce genre de voûte en comportait une, on la déterminerait semblablement en attribuant à **e** des valeurs de plus en plus grandes que 1.m

Le développement de ce cas qui est un des plus usités nous a fourni l'occasion d'expliquer la manière d'employer les formules, et la discussion des différents exemples a eu pour objet de confirmer notre théorie et d'en faire bien saisir l'esprit.

Selon les nouvelles théories dont nous avons fait mention et dans lesquelles on ne tient pas compte des diverses dispositions des joints et on ne considère que la force $\mathbf{F}$ ou la force $\mathbf{f}'$, sans les comparer respectivement aux deux $\mathbf{f}, \mathbf{F}'$, on trouve que pour l'épaisseur de $0^m,3$ la voûte se tiendrait d'elle-même, résultat qui manifeste bien la défectuosité de ces théories. (Voyez N.° 4 du Mémorial, pages 32 et 34).

XIV. Sur le N.° 58.

1.° Exemple : communément on donne aux pans de la chape une inclinaison de 45°; alors, en prenant $\mathbf{r}=5^m$, $\mathbf{R}=6^m$ et en supposant la droite $\mathbf{dl}$ tangente au cercle $\mathbf{cf}$, d'où résulte $\mathbf{D}=\mathbf{R}\sqrt{2}=8,4858$, on trouve par la formule $(\mathbf{F})$

$$\begin{aligned} \text{pour } \alpha &= 45^\circ \ldots\ldots \mathbf{X} = 9,3176, \\ \alpha &= 46 \ldots\ldots \mathbf{X} = 9,3546 = \mathbf{F} \\ \alpha &= 47 \ldots\ldots \mathbf{X} = 9,3471 \\ \alpha &= 48 \ldots\ldots \mathbf{X} = 9,3309; \end{aligned}$$

Soit de plus $\mathbf{h}=2^m$ et substituons ces valeurs dans l'équation (n) nous en déduirons $\varepsilon = 2^m,778$ (*).

2.° nous avons trouvé $\mathbf{F}=3,7790$ et $\mathbf{f}=4,0519$; d'où résulte

$$\mathbf{f}-\mathbf{F}=0,2729 \ldots\ldots (1)$$

On a prolongé (N.° 58) le joint $\mathbf{mn}$ jusqu'au pan $\mathbf{dl}$ de la chape; si on suppose qu'il se replie suivant la verticale $\mathbf{nx}$, alors la partie supérieure $\mathbf{mnxdc}'$ équivaudra au rectangle $\mathbf{nn'x'x}$, plus les triangles $\mathbf{non'}$, $\mathbf{xdx'}$ moins le secteur $\mathbf{noc'}$, dont on aura les bras de levier par rapport aux points $\mathbf{m}$ ou $\mathbf{n}$, en retranchant de $\mathbf{mm'}$ ou $\mathbf{nn'}$, les distances des centres de gravité à la verticale $\mathbf{od}$, et les formules seront

$$\frac{\sin^2\alpha}{6\mathbf{r}(\mathbf{K}-\cos\alpha)}\left\{3\mathbf{DR}(2\mathbf{r}-\mathbf{R})+\mathbf{R}^2(2\mathbf{R}-3\mathbf{r})\frac{\sin(\mathbf{I}+\alpha)}{\sin\mathbf{I}}-\mathbf{r}^3\left(3\frac{\alpha}{\sin\alpha}-\frac{1}{\cos^2\frac{1}{2}\alpha}\right)\right\}\ldots(\mathbf{F})$$

$$\frac{\sin^2\alpha}{6\mathbf{Kr}(1-\cos\alpha)}\left\{\mathbf{R}^2\left(3\mathbf{D}-\mathbf{R}\frac{\sin(\mathbf{I}+\alpha)}{\sin\mathbf{I}}\right)-\mathbf{r}^2\left(3\mathbf{R}\frac{\alpha}{\sin\alpha}-\frac{\mathbf{r}}{\cos^2\frac{1}{2}\alpha}\right)\right\}\ldots\ldots(\mathbf{f})$$

Lorsque le pan $\mathbf{dl}$ de la chape est tangent à l'extrados, ce qui donne $\mathbf{D}=\dfrac{\mathbf{R}}{\sin\mathbf{I}}$ et que l'on fait $\dfrac{\mathbf{R}}{\mathbf{r}}=\mathbf{K}$, ces formules deviennent

$$\frac{\mathbf{r}^2\sin^2\alpha}{6(\mathbf{K}-\cos\alpha)}\left\{\frac{\mathbf{K}^2}{\sin\mathbf{I}}\left[3(2-\mathbf{K})-(3-2\mathbf{K})\sin(\mathbf{I}+\alpha)\right]-\left(3\frac{\alpha}{\sin\alpha}-\frac{1}{\cos^2\frac{1}{2}\alpha}\right)\right\}\ldots(\mathbf{F})$$

$$\frac{\mathbf{r}^2\sin^2\alpha}{6\mathbf{K}(1-\cos\alpha)}\left\{\frac{\mathbf{K}^3}{\sin\mathbf{I}}\left[3-\sin(\mathbf{I}+\alpha)\right]-\left(3\mathbf{K}\frac{\alpha}{\sin\alpha}-\frac{1}{\cos^2\frac{1}{2}\alpha}\right)\right\}\ldots\ldots(\mathbf{f})$$

(*) Ces résultats sont tirés du Mémorial (N.° 4, page 37).

Pour le magasin de Vauban, $3(2-K)=2,28$; $\mathcal{L}.(3-2K)=1,7160$ et l'on trouve

par la formule (F), pour $\lambda=53°\ldots X=3,7804$
54 . . . . . . 3,7820 = F; $\mathcal{L}=0,5777164$
55 . . . . 3,7807.

par la formule (f), pour $\lambda=90°\ldots X=4,5846=$
89 4,6061

On a donc ainsi

$$\mathbf{f}-\mathbf{F}=0,8026\ \ldots\ldots\ (2)$$

et $PB=28,8703$; $n=1,94016$; $\varepsilon=2,913$.

Puisque le choc d'une bombe est comparable à un poids et que le bras de levier de ce poids est proportionnel à l'ouvertu de la voûte, il paraît convenable de déterminer l'épaisseur $R-r$, d'après la condition que la différence $f-F$ soit pareille ment proportionnelle à cette ouverture; soit donc d cette diffé rence pour l'ouverture $2r$; on aura la proportion 25 : $2r$ :: f-F d'où en faisant $\frac{2(f-F)}{25}=n'$;

$$d=n'r\ \ldots\ldots\ldots\ (3)$$

et $n'=0,022$ ou $n'=0,064$, selon qu'on emploiera la valeur (1) ou (

Si l'on faisait croître l'épaisseur $R-r$, proportionnellemen à r, de sorte que les voûtes fussent semblables; les quantités F f et par conséquent leur différence croîtraient en raison du carré r^2 (Note XIII). D'un autre côté les formules (F), (f) propres à la voûte en plein cintre, extradossée horizontaleme sont un cas particulier de celles qui viennent d'être établie et les tableaux de la note citée, montrent que la différenc $f-F$ diminue avec l'épaisseur e. Enfin lorsque l'épaisseur e demeurant constante, le rayon r augmente de plus en plus le rapport $K=1+\frac{e}{r}$ se rapproche de l'unité, valeur qui re les formules ci-dessus (F), (f) identiques et la différence f- nulle. On conclut de là que l'épaisseur déterminée d'apr la condition (3), croîtra avec r, mais en moindre raison q celle du carré r^2.

XV. Sur le N.° 62.

Exemple: Supposons le cintre surbaissé au tiers et formé avec trois arcs de 60° chacun; soit $a=10^m$, $h=4$, $R-r$ ou $R'-r'=1,5$; il s'ensuivra $c=\frac{1}{6}\pi r$; $b=6,6667$; $Co'=x=4^m,55$ $r=14,55342$, $r'=5^m,44658$ et par suite $R=16,05342$,

$R' = 6,94658$. L'équation (3) donnera (*)

pour $\alpha = 45°$ . . . . $X = 12,5248$,

$\alpha = 46$ . . . . $X = 12,5694 = F$

$\alpha = 47$ . . . . $X = 12,5300$,

$\alpha = 48$ . . . . $X = 12,5282$,

$\alpha = 50$ . . . . $X = 11,6895$.

En substituant ces valeurs dans l'équation (n) on en tire $\varepsilon = 2^m,1890$.

XVI. Sur le N.° 63.

1.° Exemple : prenons le même cintre que dans la note précédente et faisons $h = 0$, $R - r$ ou $R' - r' = 1^m$; nous aurons, par la formule (3),

pour $\alpha = 45°$ . . . . $X = 12,9239$,

$\alpha = 46$ . . . . $X = 12,9563$,

$\alpha = 47$ . . . . $X = 13,0888 = F$

$\alpha = 48$ . . . . $X = 13,0031$.

et par l'équation (n), $\varepsilon = 0^m,7416$.

2.° S'il s'agissait d'assigner la moindre épaisseur dont cette voûte est susceptible, on emploierait, depuis $\alpha = 0$, jusqu'à $\alpha = c = 30°$, les formules (F'), (f') de la voûte en plein cintre, et depuis $\alpha = 30°$ jusqu'à $\alpha = 90°$, les formules (5), (6) indiquées N.° 63, pour l'espèce de voûte qui nous occupe : soit $R - r = 0^m,3$; on trouvera $\alpha = 25°$, $F' = 9,4746$ et $\alpha = 23°$, $f' = 9,4855$; on voit donc que même par rapport aux forces F', f' la voûte a encore sous l'épaisseur 0,3, quelque stabilité ; d'où l'on peut inférer qu'à ouverture égale le cintre surbaissé comporte une moindre épaisseur que le plein cintre, abstraction faite néanmoins du surcroît de résistance dont les voussoirs doivent être pourvus, à raison d'une plus grande pression qu'ils ont à supporter.

On achèverait de déterminer la limite inférieure de l'épaisseur de la voûte en essayant, comme on l'a déjà fait ailleurs, des épaisseurs de plus en plus petites.

XVII. Sur le N.° 68.

Exemples : 1.° Soient $h = 1^m,7$; $r = 4^m,45$; $R = 5^m,45$; $a = 2^m,5$; $b = 4^m$, d'où $R - r = 1^m$, $c = 64°$; et $c - \varphi = 27°$, à cause de $\varphi = 37$.

(*) Ces résultats sont extraits du Mémorial (N.° 4, page 43).

On mettra d'abord en nombre, les formules (G), (g), (F), (F') et (μ) des N.os 52, 54 et 68. On aura

$\mathcal{L}K = 0{,}0880365.$ $K = 1{,}2247$ $\mathcal{L}.\frac{\pi}{180} = \bar{2}{,}2418774.$

$\mathcal{L}K^2 = 0{,}1760730.$ $\mathcal{L}r = 0{,}6483600$ $\mathcal{L}.64 = 1{,}8061800.$

$\mathcal{L}K^3 = 0{,}2641095.$ $\mathcal{L}r^2 = 1{,}2967200$ $\text{som.} = \overline{0{,}0480574} = \mathcal{L}c$

$\mathcal{L}(K^2-1) = \bar{1}{,}6989179.$ $\mathcal{L}r^3 = 1{,}9450800.$ $\mathcal{L}.\text{tang}\,27° = \bar{1}{,}7071659$

$\mathcal{L}(K^3-1) = \bar{1}{,}9227255.$ $\text{Differ.}^{ce} = \overline{0{,}3408915} = \mathcal{L}.\frac{c}{\text{tang}(c-\varphi)}$

$h = 1{,}7$ $\mathcal{L}c = 0{,}0480574$

$\cos c = \underline{0{,}43837}.$ $\mathcal{L}(K^2-1) = \bar{1}{,}6989179$

$\underline{2{,}13837}$ $\mathcal{L}r^2 = 1{,}2967200$

$\frac{1}{2}(h+\cos c) = 1{,}06918$ $c.\mathcal{L}2 = \underline{9{,}6989700}$

$\underline{0{,}7426653};\ 5{,}52924$

$\sin c \cos c = 0{,}394$

$\underline{5{,}13524} = \frac{1}{2}r^2(K^2-1)c - \sin c$

$\mathcal{L}.\sin^2 c = 1{,}9073204.$ $\mathcal{L}.\sin^2\frac{1}{2}c = 1{,}4484194.$

$\mathcal{L}.\cos c = 1{,}6418420.$ $\mathcal{L}.(K^3-1) = \bar{1}{,}9227255.$

$C.\mathcal{L}.6 = \underline{9{,}2218487}.$ $\mathcal{L}.r^3 = 1{,}9450800.$

$\mathcal{L}.\frac{1}{6}\sin^2 c \cos c = \bar{2}{,}7710111;$ $n = 0{,}05902$ $\mathcal{L}.2 = 0{,}3010300.$

$\mathcal{L}.c = 0{,}0480574.$ $C.\mathcal{L}.3 = \underline{9{,}5228787}.$

$\mathcal{L}.(K^2-1) = \bar{1}{,}6989179.$ $\mathcal{L}.\frac{2}{3}r^3(K^3-1)\sin^2\frac{1}{2}c = 1{,}1401336;$ $n = 13{,}808.$

$\mathcal{L}.r^2 = 1{,}2967200.$

$\mathcal{L}.b = 0{,}6020600.$

$C.\mathcal{L}.2 = \underline{9{,}6989700}.$

$\mathcal{L}.\frac{1}{2}br^2(K^2-1) = 1{,}3447253;$ $n = 22{,}117.$

en sorte que les formules deviendront

$$X = 0{,}1161.9{,}9 \ldots (G) \qquad X = 4{,}95\frac{c}{\text{tang}(c-\varphi)} \ldots\ldots (g)$$

$$\left.\begin{array}{l} 0{,}9739 = \cos\alpha + 1{,}2247.\frac{\alpha}{\sin\alpha} \\ F = 4{,}95.\left(1 + \frac{\alpha}{\text{tang}\,\alpha} - 5{,}5249\right) \end{array}\right\} \ldots (F), \quad F' = 4{,}95\frac{c}{\text{tang}\frac{1}{2}c} - 4{,}51116 \ldots (F').$$

$$\varepsilon^2 + 4{,}80287 \times \varepsilon = 0{,}9353 \times \mu PB \ldots (\mu).$$

Cela posé, les deux (G) et (g) donnent $G = 1{,}1494$; $g = 10{,}8517$. Après quelques essais, on trouve que pour $\alpha = 60°\frac{1}{2}$, le second membre de la première équation (F) est $0{,}97397$; donc $\alpha = 60°\frac{1}{2}$. Substituant cette valeur dans la seconde équation (F), on obtient $F = 2{,}3830$ (*) et par l'équation (F'), il vient $F' = 4{,}3375$. Ainsi la voûte est stable sur ses naissances.

(*) Il suffirait de faire $\alpha = 60°\frac{1}{2}$ dans la formule (F) du N°. 52, pour avoir F; mais la formule (F) du N°. 54 ne s'accorde avec celle-là que pour la valeur de α, à laquelle répond le maximum de X.

Le coefficient de stabilité, $n=2$; d'ailleurs $P=F=2,383$ et $B=h+R-r\cos c=h+r(K-\cos c)$; on peut donc calculer le second membre de l'équation (n).

$$K=1,2245$$
$$\cos c=0,43837$$
$$K-\cos c=0,78633;\quad \mathcal{L}.=\bar{1},8956048$$
$$\mathcal{L}r=0,6483600$$
$$0,5439648\qquad 3,49917$$
$$\mathcal{L}=1,7$$
$$B=5,19917;\quad \mathcal{L}=0,7159341$$
$$\mathcal{L}\,2F=0,6781540$$
$$1,3940881;\ 24,779.$$

Ce second membre est donc $0,9853.\ 24,779$ et l'on trouve $\varepsilon=2^{m},20$.

En prenant $n=1$, on ne trouverait que $\varepsilon=0^{m},685$; quantité moindre que ef ou $(R-r)\sin c$ ou $0,8988$ (fig. 16). Dans ce cas ε n'est pas bien déterminé, parce que l'équation (n), qui suppose $\varepsilon>(R-r)\sin c$, omet le triangle formé par les lignes fa, fe et le prolongement de la face extérieure du pied-droit.

Si l'on observe que le moment du triangle formé par les lignes af, ai et le prolongement de la face extérieure du pied-droit, est $\frac{1}{6}\varepsilon^3\cot c$, on trouve cette autre équation

$$\tfrac{1}{6}\cot c.\,\varepsilon^3+\tfrac{1}{2}h\varepsilon^2+\tfrac{1}{2}r^2(K^2-1)c\varepsilon+\tfrac{1}{2}r^2(K^2-1)bc-\tfrac{2}{3}r^3(K^3-1)=nPB,$$

qui supposera la face extérieure du pied-droit, prolongée jusqu'à la ligne indéfinie oaf. Or, soit X' la force nécessaire pour empêcher la rotation autour du point a et appelons m le moment $\frac{1}{2}r^2(K^2-1)bc-\frac{2}{3}r^3(K^3-1)\sin^2\frac{1}{2}c$, de la demi-voûte par rapport à ce point a; nous aurons $X'=\dfrac{m}{r(K-\cos c)}$; mais nous avons $F>X'$, c'est-à-dire, $Fr(K-\cos c)>m$ et comme $B=h+r(K-\cos c)$, on voit que pour $n=1$ et à plus forte raison pour $n>1$, le terme indépendant de ε, dans la nouvelle équation, qui est du troisième degré, est négatif et que par conséquent cette équation a une racine réelle positive.

La première équation s'emploiera pour $\varepsilon>(K-1)r\sin c$; la seconde, pour $\varepsilon<(K-1)r\sin c$; l'une et l'autre donnent la même valeur de h, lorsqu'on y fait $\varepsilon=(h-1)r\sin c$. On tire de la dernière

$$h=\frac{\frac{1}{2}r^3\sin c\left[cK(K^2-1)+\frac{1}{3}(K-1)^3\sin c\cos c\right]-\frac{2}{3}r^3(K^3-1)\sin^2\frac{1}{2}c-Fr(K-\cos c)}{F-\frac{1}{2}r^2(K-1)^2\sin^2 c}$$

2° Soient encore $h=5^{m}$; $R-r=1^{m},5$ et $a=10^{m}$; $2c=60°$ d'où $b=2,6795$; $r=20^{m}$; $R=21^{m},5$ et $B=9^{m},1795$: on obtiendra $a=c=30$; $F=15,4801$ et $\varepsilon=2^{m},7$.

XVIII. Sur le N.° 69.

Exemples: prenons le même intrados que d'abord et supposons pour le premier cas $h=5^m$; $R-r=1$, nous aurons $\lambda=c=30°$; $F=9,3258$ et $\varepsilon=3^m,0292$. Soient dans le second cas, $h=6^m$; $R-r=e=1,5$; $I=70°$; d'où $r=20$; $R=21,5$; $D=5,5593$ et $B=9,6795$; il viendra

$$\text{pour } \lambda=20° \ldots\ldots X=19,3034,$$
$$\lambda=30=c \ldots X=24,9405;$$

ce qui fait voir que le joint de rupture est encore comme dans le second cas de la note précédente, celui de naissance. L'équation (n) donnera $\varepsilon=4,2586$.(*).

On reconnaîtra facilement que dans le second cas ci-dessus, comme dans le second de la note précédente, la voute glisserait sur le plan de naissance, s'il s'y trouvait un joint, à moins que les assises supérieures et inférieures ne fussent reliées entre-elles o[u] chargées d'un poids suffisant.

XIX. Sur le N.° 70.

Exemples: l'usage est de placer le centre o au sommet d'un triangle équilatéral, construit sur la longueur de la plate-bande alors $c=30°$ ou $\tang c=\frac{1}{\sqrt{3}}$ et en prenant $a=4$, $e=1$, $h=4$, on trouve $G=1,8277$; $F=7,9444=P$; d'où $\varepsilon=2,851$. Si l'on faisait $e=1,5$ on aurait $G=2,8339$; $F=7,875$; $\varepsilon=2,63$ et avec $e=3,45$ il viendrait $G=F=7,34$. Enfin, que l'on suppose ... $e=\frac{a\sqrt{3}}{\tang c}=12$, on aura $F=0$ et $G=38,173$.

Il y a donc telles épaisseurs, à la vérité hors de pratique, pour lesquelles la force G est supérieure à F et doit être employée à sa place, et l'on conçoit que la même chose peut arriver da[ns] d'autres genres de voûtes.

XX. Sur le N.° 73.

Exemple: supposons $\beta=\frac{\pi}{12}$, $R=34$, $r=32$; d'où $K=\frac{17}{16}$; l'équation (F) deviendra

$$2,125=\frac{2,185}{\cos^2\frac{1}{2}\lambda}-1,119\frac{\lambda}{\sin\lambda}+\cos\lambda;$$

(*) Les résultats de ces exemples ont aussi été pris dans l'ouvrage cité.

Or, la valeur que prend le second membre,

pour $\lambda = 60°$ est........ 2,061,

$\lambda = 65$.......... 2,094.

$\lambda = 67°, 30'$...... 2,117.

$\lambda = 68$.......... 2,122,

d'où l'on conclut, par les parties proportionnelles, $\lambda = 68° 18'$. Cette valeur substituée dans la formule (F), donne $\mathbf{F} = 220$.

Stabilité des murs de revêtement.

Préliminaire.

Division de la Théorie.

1. La théorie de la stabilité des murs destinés à soutenir des terres, comprend deux questions principales: la première a pour objet l'action des terres sur le mur et en général la poussée que peuvent exercer des terres soutenues ou abandonnées à elles-mêmes; la seconde qui n'est qu'une application de l'autre consiste dans la détermination de la forme la plus avantageuse et des dimensions convenables au mur qui doit résister à la poussée.

La question de la poussée des terres est une des plus importantes de la science des constructions, sur-tout par rapport à la fortification; aussi s'en est-on beaucoup occupé dans ce dernier siècle.

Principes de la théorie de Coulomb.

2. Coulomb, dans son mémoire déja cité, a traité la question en ayant égard aux principales circonstances physiques qui la compliquent, et d'après des considérations aussi exactes qu'ingénieuses, qui joignent à l'avantage de bannir tout arbitraire, celui de conduire à des résultats assez simples pour être appliqués facilement à la pratique.

figure 1.

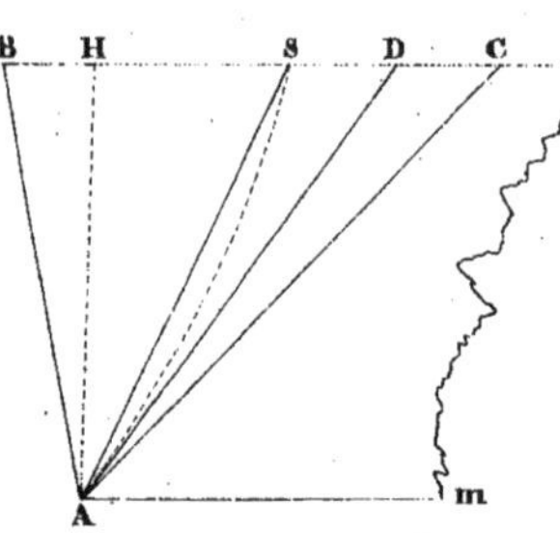

D'abord l'observation prouve que les terres abandonnées à elles-mêmes, qu'elles soient ou non nouvellement remuées, affectent un talus sensiblement rectiligne. Ensuite il est clair que le frottement étant supposé proportionnel à la pression normale, le talus naturel AC d'une même terre privée de la cohésion demeure toujours le même, quelle que soit la hauteur AH; mais il en est autrement du talus naturel AD d'une terre cohérente, lequel dépend, comme on le verra, de la hauteur AH. Le prisme déterminé par la section AC n'a que le frottement à vaincre, tandis que sur l'autre section AD, qui est moins inclinée, le prisme doit surmonter à la fois la cohésion et le frottement.

Supposons les terres appuyées contre un plan AB, inflexible et dont la résistance fasse équilibre à leur action sur lui: d'une part, la masse ABC est, par sa nature, susceptible de se diviser suivant une ligne quelconque AS, droite ou courbe; d'autre part, la pression exercée par le prisme ASB, contre le plan AB, dépend de la forme et de la position de la ligne AS; or, parmi toutes les hypothèses qu'on peut faire sur cette ligne, il en existe nécessairement une à laquelle répond le maximum de pression et ce maximum mesure évidemment la pression effective ou la poussée des terres contre le plan AB, par conséquent la résistance dont ce plan doit être capable; car s'il peut soutenir le prisme de la plus grande pression, il soutiendra à plus forte raison, tout autre prisme, quel qu'il soit.

De la section de la plus grande pression.

3. La détermination de la courbe AS, appartient à la méthode des variations; mais comme en envisageant la question d'une manière aussi rigoureuse, on pourrait être conduit à des expressions analytiques, trop compliquées, et que d'ailleurs la substitution d'une ligne droite à la courbe dont il s'agit, ne peut évidemment causer d'erreur considérable, nous suivrons l'exemple des Géomètres qui ont traité ce sujet, en regardant à priori le profil AS de la section de la plus grande pression, comme rectiligne.

Distinction entre le prisme de la plus grande pression, et le prisme d'éboulem^t.

4. Au reste, il ne faut pas croire que si le plan AB venait à céder, ce serait seulement les terres du prisme de plus grande pression, qui s'écouleraient: l'éboulement s'étendra jusqu'au talus naturel AD ou AC. Nous reviendrons là-dessus en son lieu.

Hypothèses préliminaires.

5. Nous supposerons le mur d'une seule pièce et établi sur une base inébranlable, nous réservant d'examiner ensuite ces hypothèses. Nous supposerons aussi que le frottement soit proportionnel à la pression normale et que la cohésion ainsi que la densité des terres soit uniforme dans toute l'étendue de leur masse; vu que ces quantités n'éprouvent, en général, que de légères variations dans un même terrain, sur les hauteurs que l'on a à considérer dans la pratique. Efin, nous ferons abstraction de l'adhérence et du frottement des terres contre le parement intérieur AB du mur de soutènement, ce qui en favorisant la solidité simplifiera la question.

De la poussée des terres, abstraction faite de l'adhérence et du frottement sur le plan qui les soutient.

De la pression effective ou poussée des terres contre le mur qui les soutient

figure 2.

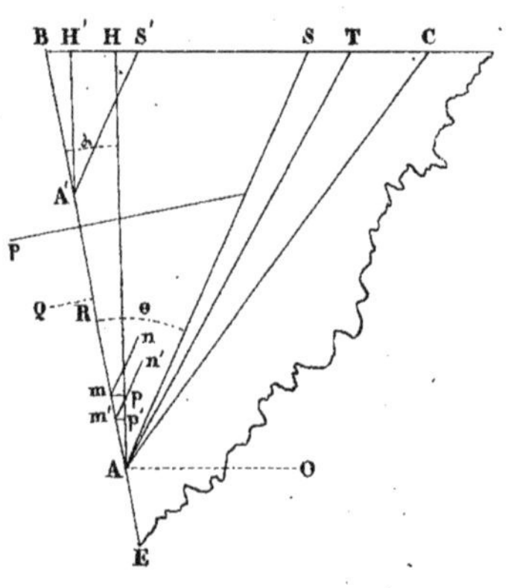

6. Soit **ABC** le profil d'une masse de terre, qui se termine d'un côté, au plan horizontal **BC**, d'un autre côté, au plan incliné **BE**, et qui s'étend indéfiniment dans les autres sens.

Supposons que la masse **ABC** soit retenue au moyen d'un plan inflexible **AB**, par une force **p**, perpendiculaire à ce plan. Imaginons cette masse décomposée en prismes élémentaires par des plans infiniment voisins, conduits suivant la droite projetée en **A**; un système de prismes élémentaires, c'est-à-dire, un prisme total **ABS**, considéré soit isolément soit comme partie d'un autre prisme total **ABT**, plus étendu, exercera évidemment la même pression, dans les deux cas, contre le plan **AB**; seulement, cette pression, dans le second cas, sera augmentée ou diminuée par l'action particulière du prisme additionnel **AST**, ce qui a lieu semblablement pour les voussoirs d'une demi-voûte, par rapport à un point du joint vertical. Par conséquent, la pression effective des terres contre le plan **AB**, répondra à celui de tous les systèmes ou prismes, tels que **ABS**, qui produira la plus grande pression contre ce plan.

Valeur de la pression exercée par un prisme quelconque.

7. Ainsi nous chercherons d'abord la valeur que doit avoir la force **p**, pour faire équilibre à un prisme quelconque **ABS**, eu égard au frottement et à la cohésion sur le plan incliné **AS**. Désignons par **q** le poids du prisme; par δ et θ les angles **BAH**, **BAS**; par **f** le rapport du frottement à la pression et par **c** la cohésion absolue sur le plan **AS**. Cela posé, la force **p** se décompose en deux autres $p \sin\theta$, parallèle, et $p\cos\theta$ perpendiculaire à **AS**; pareillement, le poids **q** du prisme se décompose en deux forces $q\cos(\theta-\delta)$, $q\sin(\theta-\delta)$ respectivement parallèle et perpendiculaire à **AS**, de sorte que la condition d'équilibre est

$$p\sin\theta = q\cos(\theta-\delta) - f\left[p\cos\theta + q\sin(\theta-\delta)\right] - c \; \ldots\ldots \; (1)$$

d'où résulte

$$p = \frac{q\left[\cos(\theta-\delta) - f\sin(\theta-\delta)\right] - c}{\sin\theta + f\cos\theta} \; \ldots\ldots \; (2)$$

valeur de la pression qu'un prisme quelconque ou dont l'angle

BAS est la variable θ, exerce contre le plan opposé AB.

Recherche de l'angle du prisme de la plus grande pression.

8. Ensuite pour déterminer le prisme de la plus grande pression et cette pression elle-même, nous égalerons à zéro la différentielle de cette valeur, considérée comme une fonction de la variable θ; mais auparavant on exprimera les quantités $\mathbf{c}$ et $\mathbf{q}$ aussi en fonctions de θ; or, par la supposition que le massif ait une longueur égale à l'unité linéaire, on n'aura que le simple profil à considérer. Indiquant donc par $\mathbf{h}$ la hauteur AH, par δ le poids de l'unité de volume des terres, par γ la cohésion sur l'unité de surface et observant que $AS = \frac{\mathbf{h}}{\cos(\theta-\alpha)}$ et par conséquent, $BS = \frac{\mathbf{h}\sin\theta}{\cos\alpha\cos(\theta-\alpha)}$, on obtiendra

$$\mathbf{c} = \frac{\gamma\mathbf{h}}{\cos(\theta-\alpha)}, \qquad \mathbf{q} = \frac{\delta\mathbf{h}^2\sin\theta}{2\cos\alpha\cos(\theta-\alpha)} \ldots\ldots (3)$$

D'ailleurs le rapport du frottement à la pression est comme on sait, égal à la tangente de l'inclinaison du plan sur lequel le corps frottant est près de glisser, inclinaison qu'on appelle l'angle du frottement; ainsi, φ étant le complément de l'angle du frottement des terres sur elles-mêmes, c'est-à-dire, le complément de l'angle du talus naturel des terres sans cohésion, on aura encore

$$\mathbf{f} = \cot\varphi \ldots\ldots\ldots (4)$$

Si l'on substitue ces valeurs, l'expression (2) deviendra

$$\mathbf{p} = \frac{\frac{\delta\mathbf{h}^2}{2\cos\alpha}\sin\theta\sin(\varphi+\alpha-\theta) - \gamma\mathbf{h}\sin\varphi}{\cos(\varphi-\theta)\cos(\theta-\alpha)} \ldots\ldots (5)$$

Par le simple changement des produits de sinus et cosinus en cosinus linéaires, cette expression prendra la forme

$$\mathbf{p} = \frac{\frac{\delta\mathbf{h}^2}{2\cos\alpha}\cos(\varphi+\alpha-2\theta) - \left[\frac{\delta\mathbf{h}^2}{2\cos\alpha}\cos(\varphi+\alpha) + 2\gamma\mathbf{h}\sin\varphi\right]}{\cos(\varphi+\alpha-2\theta) + \cos(\varphi-\alpha)} \ldots\ldots (6)$$

Alors la condition $\frac{\mathbf{dp}}{\mathbf{d}\theta} = 0$, donne immédiatement, quel que soit $\mathbf{h}$,

$$\theta = \tfrac{1}{2}(\varphi+\alpha) \ldots\ldots (\mathrm{a})$$

Théorème remarquable concernant la valeur de cet angle.

9. Cette formule apprend que dans toutes les hypothèses sur les valeurs non seulement de $\mathbf{h}$, mais encore de δ, γ et φ, l'angle de la section ou du prisme de la plus grande pression est égal à la moitié de l'angle entre le plan AB et le talus naturel des terres privées de leur cohésion; théorème remarquable dont on doit la première indication à Mr. de Prony (Mécanique philosophique, page 304). La même formule convient

par conséquent à un prisme solide dont le frottement sur le plan incliné serait égal à celui des terres sur elles-mêmes, ce qu'on peut aisément vérifier, et elle fournit la même valeur de θ pour la même terre soit qu'elle ait été ou non nouvellement remuée; car cette valeur ne dépend que du frottement et nullement de la cohésion.

Hauteur sous laquelle la plus grande pression s'anéantirait; valeur générale de cette plus grande pression.

10. Pour avoir la hauteur h' sous laquelle la plus grande pression devient nulle, on égalera à zéro le numérateur de l'expression (5), on y remplacera θ par sa valeur (a) et l'on trouvera tout de suite

$$h' = \frac{2\gamma \sin\varphi \cos\partial}{\delta \sin^2 \frac{1}{2}(\varphi+\partial)} \ldots\ldots\ldots (b)$$

Ayant substitué dans la même expression (5), la valeur de θ et au lieu de $2\gamma \sin\varphi\cos\partial$, sa valeur tirée de (b), on fera, afin d'abréger,

$$\frac{\sin\frac{1}{2}(\varphi+\partial)}{\cos\partial \cos\frac{1}{2}(\varphi-\partial)} = r \ldots\ldots (c)$$

et l'on aura pour la valeur de la plus grande pression P, c'est-à-dire, de la pression effective contre le plan AB, supposé inébranlable,

$$P = \tfrac{1}{2}\delta h(h-h')r^2\cos\partial \ldots . (d)$$

laquelle, comme on le voit, dépend de la cohésion.

Expression du rapport entre la base et la hauteur du prisme de la plus grande pression.

11. Nous avons trouvé en général $BS = \frac{h\sin\theta}{\cos\partial\cos(\theta-\partial)}$; substituons la valeur de θ; il viendra $\frac{BS}{h} = \frac{\sin\frac{1}{2}(\varphi+\partial)}{\cos\partial\cos\frac{1}{2}(\varphi-\partial)}$. Ainsi la quantité représentée par r exprime le rapport de la base à la hauteur du triangle de la plus grande pression.

Formules particulières au cas où le parement intérieur est vertical.

12. Bien entendu que dans ces formules, ∂ est positif ou négatif selon que l'angle BAO des terres à soutenir est obtus ou aigu. Si le parement intérieur du mur était vertical, ∂ serait nul: alors en désignant par h_1 ce que devient h' et observant que $\sin\varphi = 2\sin\frac{1}{2}\varphi\cos\frac{1}{2}\varphi$, on aurait,

$$\theta' = \tfrac{1}{2}\varphi \ldots\ldots\ldots\ldots\ldots (a')$$

$$h_1 = \frac{4\gamma}{\delta \operatorname{tang}\frac{1}{2}\varphi} \ldots\ldots\ldots\ldots (b')$$

$$r = \operatorname{tang}\tfrac{1}{2}\varphi \ldots\ldots\ldots\ldots\ldots (c')$$

$$P = \tfrac{1}{2}\delta h(h-h_1)\operatorname{tang}^2\tfrac{1}{2}\varphi \ldots\ldots (d')$$

Influence de la cohésion des terres sur leur plus grande pression.

13 La formule très-simple (d) qui détermine dans tous les cas la valeur de la plus grande pression, montre, à la seu

inspection, que cette valeur est négative pour toutes les hauteurs moindres que h' et qu'en général elle est plus grande pour la même terre, quand la cohésion est détruite que quand elle existe, de toute la quantité $\frac{1}{2}\delta h h' r^2 \cos\alpha$.

Application de la formule de la pression au cas de fluidité.

14. Si au lieu de terres il s'agissait d'un fluide parfait, on aurait $\varphi = 90^\circ$ et $\gamma = 0$; d'où $h = 0$: alors à cause de $\sin\frac{1}{2}(90^\circ+\alpha) = \cos\frac{1}{2}(90^\circ-\alpha)$, il viendrait $r = \frac{1}{\cos\alpha}$; la formule (d) donnerait en conséquence

$$P = \frac{\delta h^2}{2\cos\alpha} \quad \ldots\ldots\ (7),$$

valeur qui résulte également de l'expression (5) et cela, quel que soit θ, puisque $\sin(90^\circ+\alpha-\theta) = \cos(\theta-\alpha)$ et $\cos(90^\circ-\theta) = \sin\theta$. Lors donc que le plan AB soutient un fluide, tous les prismes tels que ABS exercent contre ce plan la même pression, laquelle est égale au poids d'un volume de fluide, qui aurait pour base le plan AB et pour hauteur la distance du centre de gravité de ce plan au niveau BC, conclusion tout-à-fait conforme aux principes de l'hydrostatique.

Relation entre les hauteurs sous lesquelles la plus grande pression des terres coupées verticalement et suivant une inclinaison donnée, devient nulle.

15. De l'élimination de γ entre (b) et (b') il résulte

$$h' = h_1 \frac{\cos\alpha \sin^2\frac{1}{2}\varphi}{\sin^2\frac{1}{2}(\varphi+\alpha)} \quad \ldots\ldots\ (e)$$

formule qui se prête fort bien au calcul logarithmique et à laquelle nous reviendrons dans la suite.

Recherche du moment de la plus grande pression par rapport au pied du parement intérieur du revêtement.

16. Pour trouver le point d'application de la force P, nous déterminerons d'abord, comme l'a fait Coulomb, le moment de cette force relativement au point A, pied du parement intérieur du revêtement. La pression sur un élément quelconque $m m'$ du plan AB, est évidemment indépendante de la hauteur totale AH des terres, mais dépend de la profondeur Hp à laquelle cet élément se trouve. Donc si l'on substitue dans l'équation (d) à la hauteur h, la hauteur $Hp = z$, comptée depuis le point H et que l'on différencie cette équation par rapport à z, la pression supportée par le rectangle élémentaire $m m'$ répondant à l'accroissement $p p'$ ou dz, de la hauteur z, sera

$$dP = \delta r^2 \cos\alpha \left(z - \tfrac{1}{2} h'\right) dz;$$

car lorsque la hauteur z devient $z + dz$, le prisme Bmn et sa pression augmentent; mais les pressions sur les éléments de Bm, restant les mêmes, l'accroissement de pression est la pression même sur l'élément $m m'$; or, la distance du point d'application de cette pression au point A, est évidemment $\frac{h-z}{\cos\alpha}$; ainsi, en appelant M le moment de la force P, on aura

$$dM = \delta r^2 (h-z)(z - \tfrac{1}{2}h')\,dz;$$

intégrant depuis $z = h'$ jusqu'à $z = h$, on obtiendra

$$M = \tfrac{1}{6}\delta r^2 (h-h')^2 (h + \tfrac{1}{2}h') \ldots\ldots (f)$$

expression du moment de la plus grande pression.

Expression du bras de levier de cette force.

17. Le quotient de M divisé par P, c'est-à-dire,

$$\frac{(h-h')(h+\frac{1}{2}h')}{3h\cos\alpha}, \text{ ou } \frac{1}{3}\,\frac{h-h'}{\cos\alpha} + \frac{1}{6}\,\frac{h'}{h}\,\frac{h-h'}{\cos\alpha} \ldots (g)$$

sera la distance du point A au point cherché. On voit qu'elle est comprise entre le tiers et la moitié de la partie AA' de AB, effectivement soumise à la pression des terres; savoir; entre les deux distances relatives au cas d'un fluide parfait et à celui d'un corps solide.

Connaissant cette distance on pourra évaluer le moment de la plus grande pression P, par rapport à tel autre point que l'on voudra du plan ABC.

Distinction entre le moment de la plus grande pression et le plus grand moment de pression.

18. Supposons que le plan AB, au moyen duquel une puissance normale, appliquée, par exemple, en B, doit faire équilibre à l'action des terres, soit mobile autour de la droite A, comme charnière: s'il existait des prismes dont les pressions particulières, quoique moindres que la plus grande pression eussent néanmoins, par rapport au point A, des moments supérieurs à celui de cette plus grande pression, ce serait évidemment au plus grand de ces moments et non pas au moment de la plus grande pression, que celui de la puissance devrait équivaloir, sans quoi le plan AB serait infailliblement renversé; de sorte que la pression effective contre le plan serait seulement égale à celle du prisme du plus grand moment et n'atteindrait pas jusqu'à la plus grande pression, laquelle ne pourrait point s'engendrer.

Il y a donc lieu de distinguer, dans l'hypothèse présente, le moment de la plus grande pression et le plus grand moment de pression et de s'assurer s'ils diffèrent ou non l'un de l'autre.

Identité de ces moments, par rapport à un point quelconque du plan vertical, passant par la direction de la plus grande pression.

19. De ce que le bras de levier mA d'un élément mm' du plan AB, par rapport au point A est constant, il résulte immédiatement que le moment de la pression sur l'élément devient un maximum en même temps que cette pression; d'où il suit que le plus grand moment de pression sur le plan entier

AB et par rapport au point A, est identique avec le moment de la plus grande pression P sur ce plan. Il en serait de même par rapport à tout autre point que A de AB.

On conclut de là que l'identité des deux moments subsiste pour un point quelconque Q du plan ABC; en effet, soit menée la perpendiculaire QR sur AB: puisque la pression est parallèle à QR, les moments de cette force par rapport aux points R et Q ne diffèrent nullement, non plus que les maximum de ces moments; or le premier maximum est identique avec le moment de la plus grande pression; donc le second l'est pareillement.

Ainsi la plus grande pression constitue la pression effective ou la poussée des terres contre le plan AB qui les soutient.

Identité entre les hauteurs sous lesquelles s'anéantit la plus grande pression estimée perpendiculairement à la face latérale et parallèlement à la face inférieure du prisme de pression.

20. La hauteur h' qui entre dans la formule (b) et sous laquelle la poussée des terres, c'est-à-dire, leur plus grande pression relative ou perpendiculaire au plan AB, s'anéantit, ne diffère pas de la hauteur sous laquelle la plus grande pression estimée parallèlement à la section AS devient pareillement nulle.

figure 3

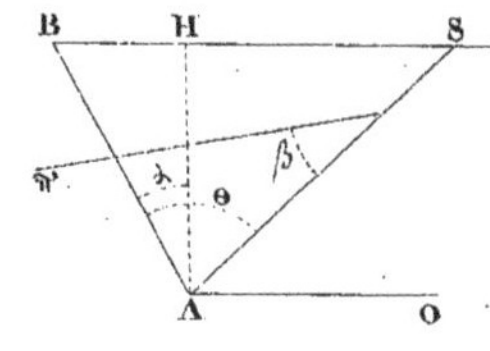

Pour le démontrer, soient, en général π, la force capable de retenir le prisme ABS, sur le plan AS et β l'angle que la direction de cette force fait avec AS, on trouvera facilement

$$\pi = \frac{q[\cos(\theta-\alpha) - f\sin(\theta-\alpha)] - c}{\cos\beta + f\sin\beta} \quad \ldots\ldots (8)$$

Posons successivement $\pi = p$, $\beta = 90° - \theta$ et $\pi = p'$, $\beta = 0$; il viendra, à cause de $f = \cot\varphi$, les relations

$$p'\sin\varphi = p\cos(\varphi-\theta),$$

$$\frac{dp'}{d\theta}\sin\varphi = \frac{dp}{d\theta}\cos(\varphi-\theta) + p\sin(\varphi-\theta);$$

d'où l'on peut conclure 1° que p' sera nul quand θ aura une valeur qui rende p nul; 2° que pour un système de valeurs de θ et de h, qui rendent p et $\frac{dp}{d\theta}$ nuls, on aura aussi p' et $\frac{dp'}{d\theta}$ nuls; c'est-à-dire, que les valeurs de θ et de h qui satisferont aux équations $p=0$, $\frac{dp}{d\theta}=0$, satisferont aussi aux équations $p'=0$, $\frac{dp'}{d\theta}=0$, sans néanmoins que la réciproque soit généralement vraie; car, par exemple, p' peut être encore nul, pour $\cos(\varphi-\theta)=0$, c'est-à-dire, $\theta = 90° + \varphi$, auquel cas p est infini.

De la poussée absolue des terres; hauteur à laquelle on peut les fouiller sous un angle donné sans qu'elles s'éboulent.

21. La plus grande pression estimée dans cette direction particulière mesure l'effort que des terres abandonnées à elles-mêmes, sont capables de faire pour se rompre et constitue

proprement ce qu'on doit entendre par la poussée absolue des terres. Or, puisque cette poussée absolue, qui est un maximum s'anéantit pour $h = h'$ et que par conséquent la pression parallèle à une section plus ou moins inclinée que celle de la poussée absolue doit devenir négative ; il s'en suit que les terres se soutiendront d'elles-mêmes, sur la hauteur h' et sous l'angle donné δ.

Mais nous avons désigné par h' dans la formule (b), la hauteur sous laquelle les terres n'exercent plus de pression perpendiculairement au plan AB, faisant en dehors un angle δ avec la verticale ; le résultat $h = h'$ démontre que cette hauteur h' est aussi celle à laquelle les terres peuvent se soutenir sous l'angle δ, par leur propre cohésion.

Pareillement, la hauteur h_1, qui entre dans la formule (b') est aussi celle sur laquelle on peut fouiller les terres à pic sans qu'elles s'éboulent.

Angle du talus naturel des terres cohérentes.

22. L'équation (e) dans laquelle on écrirait h au lieu de h' pourra donc être regardée comme exprimant la relation entre la hauteur des terres, et l'angle sous lequel ces terres étant coupées, leur poussée absolue devient nulle ; et de même que h' indique la valeur de h qui répond à une valeur donnée de δ, réciproquement nous désignerons par $-\varphi'$ la valeur de δ, relative à une hauteur donnée h. Or, il est clair que cet angle φ' ainsi lié avec la hauteur h, n'est autre que celui du talus naturel des terres cohérentes.

Moyen d'évaluer la cohésion des terres.

23. De la formule (b') on tire réciproquement

$$\gamma = \frac{1}{4}\,\delta\, h_1 \tang \frac{1}{2}\varphi \quad \ldots \quad (h)$$

la force de la cohésion des terres se conclura donc de leur pesanteur spécifique, du talus qu'elles affectent lorsque leur cohésion est détruite et de la plus grande profondeur à laquelle elles peuvent, lorsque leur cohésion subsiste, être coupées à pic, sans s'ébouler ; toutes données dont la connaissance résulte d'expériences fort simples et peu dispendieuses. D'ailleurs h' se déduira de h_1 par la formule (e) ou se déterminera par une expérience immédiate. C'est à Mr. de Prony qu'est due l'idée de ce moyen aussi curieux qu'utile d'évaluer la cohésion des terres (Mécanique philosophique, page 304).

Problèmes relatifs aux hauteurs et talus des excavations et levées de terre.

24. La formule (e), que nous allons reprendre et dans laquelle nous écrirons h au lieu de h', et $-\varphi'$ au lieu de δ s'applique très-utilement à la construction des ouvrages en

terre, tels que fossés, retranchements, digues, chaussées &c.; nous aurons en conséquence

$$h = h_1 \frac{\cos\varphi' \sin^2 \frac{1}{2}\varphi}{\sin^2 \frac{1}{2}(\varphi - \varphi')} \quad \ldots\ldots\ldots\ldots \quad (e')$$

équation qui exprime la relation entre la hauteur et l'angle du talus d'une excavation ou d'une levée de terre, sous la condition que la poussée absolue soit nulle; de sorte qu'on peut déterminer l'une de ces deux choses, la hauteur et le talus quand l'autre est donnée, pourvu que l'on connaisse aussi la qualité des terres, c'est-à-dire, l'angle de leur talus naturel, la cohésion étant détruite, et la hauteur à laquelle elles sont capables de se soutenir à pic, la cohésion subsistant.

La première question, dans laquelle h_1, φ et φ' étant donnés, on cherche la quantité h est immediatement résolue: par exemple, si le talus d'une excavation doit être $0^m,40$ de base sur 1 de hauteur, supposé que le talus naturel des terres soit 1 de base sur 1 de hauteur, on a $\tan\varphi' = \frac{0,40}{1}$, $\tan\varphi = \frac{1}{2}$, ou $\varphi' = 21^\circ\,48'\,5''$, $\varphi = 45^\circ$ et l'on trouve $h = 3,36 . h_1$.

La seconde question, beaucoup plus usuelle et où il s'agit de déterminer φ', connaissant h ainsi que h_1 et φ, n'offre pas la même facilité. C'est comme on l'a vu, celle du talus naturel des terres cohérentes.

Soit $\frac{h_1}{h} = m'$, si l'on substitue pour $\sin^2 \frac{1}{2}(\varphi - \varphi')$ sa valeur $\frac{1}{2}\left[1 - \cos(\varphi - \varphi')\right]$, que l'on développe $\cos(\varphi - \varphi')$ et que l'on divise par $\sin\varphi$, la formule (e') deviendra

$$\left(\cot\varphi + m' \tan \tfrac{1}{2}\varphi\right)\cos\varphi' + \sin\varphi' = \frac{1}{\sin\varphi} \quad \ldots \quad (i)$$

L'équation (i) ne serait que du second degré par rapport à $\tan\varphi'$; mais on parviendra à des résultats plus commodes, au moyen d'angles auxiliaires; je pose d'abord

$$\cot A = m' \tan \tfrac{1}{2}\varphi \quad \ldots\ldots \quad (j)$$

et j'obtiens $(\cot\varphi + \cot A)\cos\varphi' + \sin\varphi' = \frac{1}{\sin\varphi}$; faisant ensuite $\cot B = \cot\varphi + \cot A$, c'est-à-dire,

$$\cot B = \frac{\sin(A + \varphi)}{\sin A \sin\varphi} \quad \ldots\ldots \quad (j')$$

j'ai finalement

$$\cos(B - \varphi') = \frac{\sin B}{\sin\varphi} \quad \ldots\ldots \quad (K)$$

Les angles A et B se calculeront aisément par les formules (j) et (j') et la dernière (K) donnera tout de suite la valeur de $B - \varphi'$; d'où l'on conclura celle de φ'.

Par exemple, si $h = 4^m$; $h_1 = 0^m,9$ et que le talus naturel des terres soit $1^m,2$ de base sur 1^m de hauteur; d'où résulte $\frac{h_1}{h} = \frac{0,9}{4}$, $\tang \varphi = \frac{1,2}{1}$ et $\varphi = 50° \, 11' \, 40''$, on trouve $A = 83° \, 59'$, $B = 46° \, 48' \, 40''$; $B - \varphi' = 18° \, 21' \, 50''$, $\varphi' = 28° \, 26' \, 50''$ et $\tang \varphi' = 0,$ c'est la base du talus demandé, toujours sur 1 de hauteur.

Remarques sur l'application des formules

25. Quoique la valeur de h ou de φ' soit ainsi déduite d'une équation d'équilibre, il ne sera pas à craindre que les terres ne se soutiennent point sur la hauteur ou sous le talus trouvé par le calcul, pourvu que dans les expériences par lesquelles on aura déterminé h_1 on ait eu égard aux causes accidentelles qui peuvent rompre l'équilibre des terres, ce qu'on fait en coupant à pic une même terre sur différentes hauteurs, la laissant exposée assez longtemps aux variations météorologiques et prenant pour h_1 la plus grand hauteur sous laquelle cette terre aura résisté. Une autre observation, c'est que dans la théorie, on suppose la densité et la cohésion uniformes; or, d'un côté, la densité peut bie augmenter avec la profondeur à raison du poids des couc supérieures; d'un autre côté, il peut arriver que la cohésion après avoir paru sensiblement constante jusqu'à une certa profondeur, s'affaiblisse ensuite par l'effet de l'humidité des couches inférieures: il est bon d'avertir que dans ces sortes de cas les formules devront être appliquées avec circons pection. Au surplus, il faudra ici, comme dans les autres genres de constructions, créer un moment de stabilité.

Résultats de l'expérience sur la pesanteur spécifique, le frottement et la cohésion des terres.

26. Nous terminerons la théorie de la poussée des terres, en rapportant ce que l'expérience a appris sur les données nécessaires à l'application des formules;

1° Pesanteur spécifique des terres, le poids de l'eau étan pris pour unité;

Terres				Sables	
Végétale	Franche	Argileuse	Glaise	Terreux	Pur
1,4	1,5	1,6	1,7	1,7	1,9

2° Rapport du frottement à la pression, lequel s'exprime par la tangente de l'angle du talus qu'affectent les terres, quand leur cohésion est détruite.

Suivant les expériences de Mr. Rondelet (Art de bâtir, tome

page 135, 139, 141) l'angle du talus naturel, pour le sable fin, bien sec ou pour le grès pulvérisé, est de 34° 30'; pour la terre ordinaire, bien sèche et pulvérisée, de 46° 50' au moins, et, si elle est légèrement humectée, de 45° au plus; ce qui donne respectivement les valeurs 0,69..... 0,94 ..... 1,38 de f ou les valeurs 55° 30', 43° 10', 36° de φ.

3.° Cohésion des terres.

On manque d'observations précises à ce sujet: tout ce qu'on sait, c'est qu'en fait de terres rassises ou qui ont éprouvé une grande compression, la terre franche et les terres fortement argileuses, peuvent, sans s'ébouler, être coupées à pic, respectivement sur une hauteur de 1 à 2^m et 3 à 4 ou même davantage.

En prenant, pour la terre franche, $\delta = 1500^{kg}$, $h_1 = 1^m$, $\varphi = 40°$ et, pour les terres les plus fortes, $\delta = 1800^{kg}$, $h_1 = 4^m$, $\varphi = 35°$, on trouvera par la formule (h), $\gamma = 136^{kg}$ et $\gamma = 568^{kg}$; résultats qu'on peut regarder comme les deux limites des valeurs du coefficient γ et de la cohésion des terres.

Application de la théorie de la poussée des terres à la détermination de l'épaisseur des murs de revêtement.

Détermination de l'épaisseur des Revêtements.

27. Un mur destiné à soutenir des terres étant regardé comme un corps continu, assis sur une fondation incompressible, peut céder à leur action de deux manières différentes; il peut être renversé en tournant autour de l'arête extérieure de sa base, ou repoussé horizontalement en glissant sur cette base, de sorte qu'il ne résiste, dans le premier cas, que par son propre poids et, dans l'autre que par l'adhérence et le frottement sur sa fondation.

Pour plus de généralité, nous attribuerons au revêtement une hauteur H différente de la hauteur h des terres qu'il est destiné à soutenir; cette dernière sera la hauteur réduite quand le remblai se trouvera surchargé d'une masse de terre ou d'un poids quelconque, c'est-à-dire, qu'on remplacera la surcharge par un trapèze équivalent, dont les deux côtés non horizontaux soient dans le prolongement de ceux du triangle de la poussée, ce qui approchera suffisamment de l'exactitude.

Hypothèse du renversement.

28. Occupons-nous d'abord du premier cas. On sait que le plus grand moment de pression ne diffère pas du moment

de la plus grande pression, quel que soit le point auquel ces moments se rapportent. Or, relativement au point A, le bras de levier de la plus grande pression est (g)

$$AC = \frac{(h-h')(h+\frac{1}{2}h')}{3h\cos\delta};$$

mais en représentant par x l'épaisseur AF du revêtement à la base et abaissant du point F la perpendiculaire FI sur AB, on a

$$AI = x\sin\delta;$$

de plus la différence de ces deux quantités est le bras de levier par rapport au point F; donc si l'on reprend l'expression (d),

$$\tfrac{1}{2}\delta h(h-h')r^2\cos\delta$$

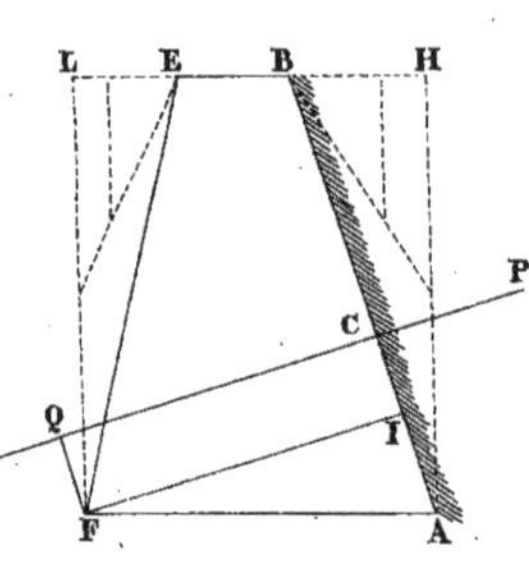

de la plus grande pression et que l'on désigne par m le moment relatif à ce point F, on aura

$$m = \tfrac{1}{2}\delta r^2\left[\tfrac{1}{3}(h-h')^2(h+\tfrac{1}{2}h') - h(h-h')x\sin\delta\cos\delta\right] \ldots (9)$$

D'un autre côté, soient ε l'angle EFL du talus extérieur EF avec la verticale, n le rapport de la densité δ des terres à la densité δ' de la maçonnerie et m' le moment du revêtement ABEF par rapport au même point F; il est clair que le moment du rectangle AFLH sera $\frac{1}{2}\delta' H x^2$, tandis que ceux des triangles EFL, ABH seront respectivement $\frac{1}{2}\delta' H^3 \tan^2\varepsilon$ et .... $\frac{1}{2}\delta' H^2 \tan\delta(x - \frac{1}{3}H\tan\delta)$, lesquels retranchés du premier donneront

$$m' = \tfrac{1}{2}\delta' H\left[x^2 - Hx\tan\delta + \tfrac{1}{3}H^2(\tan^2\delta - \tan^2\varepsilon)\right] \ldots\ldots (10)$$

Maintenant, la condition de l'équilibre entre la poussée des terres et la résistance du revêtement, consiste dans l'équation, m = m', c'est-à-dire,

$$\frac{x^2}{H^2} - \tan\delta\left[1 - nr^2\frac{h(h-h')\cos^2\delta}{H^2}\right]\frac{x}{H} - \tfrac{1}{3}nr^2\frac{(h-h')^2(h+\frac{1}{2}h')}{H^3} + \tfrac{1}{3}(\tan^2\delta - \tan^2\varepsilon) = 0,$$

soient donc

$$A = \tfrac{1}{2}\tan\delta\left[1 - nr^2\frac{h(h-h')\cos^2\delta}{H^2}\right],\ B = \tfrac{1}{3}nr^2\frac{(h-h')^2(h+\frac{1}{2}h')}{H^3},\ C = \tfrac{1}{3}(\tan^2\delta - \tan^2\varepsilon).$$

il viendra

$$x = H(A + \sqrt{A^2 + B - C}), \ldots\ldots (m)$$

le signe + du radical convenant seul à la question, comme on le voit par la supposition de δ = 0 et l'autre signe ne se rapportant qu'à des considérations abstraites d'équilibre.

Ainsi, en général et eu égard tant à la cohésion qu'au frottement des terres, on obtiendrait l'épaisseur d'un revêtement, en calculant trois termes assez simples et en extrayant une racine carrée, à quoi les tables trigonométriques ne seraient même pas nécessaires, si les angles α et ε étaient donnés par leurs tangentes, c'est-à-dire, par les rapports des bases des talus à leurs hauteurs; car $\cos^2\alpha = \frac{1}{1+\tang^2\alpha}$ et la valeur de $\mathbf{r}$ résulte immédiatement d'une construction qui se réduit à diviser en deux parties égales l'angle entre le talus naturel des terres sans cohésion et le parement intérieur du revêtement.

Lorsque le parement intérieur est vertical on a $\alpha=0$, $h'=h_1$, $\mathbf{r}=\tang\frac{1}{2}\varphi$ et simplement.

$$\mathbf{x}=\mathbf{H}\sqrt{\left[\frac{1}{3}\,\frac{\mathbf{n}\tang^2\frac{1}{2}\varphi(h-h_1)^2\left(h+\frac{1}{2}h_1\right)}{\mathbf{H}^3}+\frac{1}{3}\tang^2\varepsilon\right]}\cdots(n).$$

Comme la résistance produite par la cohésion des terres est sujette à trop d'accidents pour qu'il soit prudent de s'y fier dans la pratique, et que d'ailleurs elle devient nulle dans le cas des revêtements remblayés nouvellement, sans que les terres aient été damées, il sera convenable de faire abstraction de cette force; alors on aura $h'=0$, $h_1=0$ et les formules (m) et (n) deviendront

$$\mathbf{x}=\mathbf{H}\left\{\frac{1}{2}\tang\alpha\left(1-\mathbf{n}\mathbf{r}^2\frac{h^2}{\mathbf{H}^2}\cos^2\alpha\right)+\sqrt{\left[\frac{1}{4}\tang^2\alpha\left(1-\mathbf{n}\mathbf{r}^2\frac{h^2}{\mathbf{H}^2}\cos^2\alpha\right)^2+\frac{1}{3}\mathbf{n}\mathbf{r}^2\frac{h^3}{\mathbf{H}^3}-\frac{1}{3}\left(\tang^2\alpha-\tang^2\varepsilon\right)\right]}\right\}\cdots\cdots(o)$$

$$\mathbf{x}=\mathbf{H}\sqrt{\frac{1}{3}\left(\mathbf{n}\tang^2\frac{1}{2}\varphi\frac{h^3}{\mathbf{H}^3}+\tang^2\varepsilon\right)}\cdots\cdots(p)$$

si, de plus on suppose que le parement extérieur soit vertical de même que l'intérieur, ou qu'on ait encore $\varepsilon=0$, la dernière formule se réduira à

$$\mathbf{x}=h\tang\frac{1}{2}\varphi\sqrt{\left(\frac{\mathbf{n}}{3}\cdot\frac{h}{\mathbf{H}}\right)}\cdots\cdots\cdots(q)$$

Telles sont les formules propres à l'hypothèse du renversement; or, le mur est susceptible non seulement de tourner autour de l'arête extérieure de sa base, mais encore de glisser sur cette même base.

De l'hypothèse du glissement.

29. Quant à l'hypothèse du glissement, l'observation et le calcul s'accordent à l'exclure des limites ordinaires de la pratique; c'est pourquoi nous nous en tiendrons à la seule hypothèse de la rotation.

Détermination du moment de stabilité des revêtements.

30. Les formules théoriques (o), (p) et (q) fondées sur la considération de l'équilibre strict entre la poussée des terres et la résistance opposée du mur qui doit les soutenir, ne donneraient que des épaisseurs très-insuffisantes dans l'exécution, malgré qu'on ait négligé le frottement et l'adhérence des molécules terreuses le long du parement intérieur et la cohésion de ces mêmes molécules; car d'abord les deux premières forces sont de peu de valeur et la cohésion

des molécules est effectivement nulle, puisque pour construire un revêtement on enlève les terres sur toute sa hauteur et jusqu'à un talus sous lequel elles se soutiennent d'elles-mêmes, c'est-à-dire, plus incliné que celui de la plus grande pression, après quoi l'on remblaie avec des terres rapportées et qui ont p[erdu] leur cohésion; en second lieu, l'équilibre pourrait être rompu [et] le revêtement renversé, au moindre surcroît occasionné dans la poussée des terres, soit par la présence d'un fardeau posé à la surface, soit par quelqu'autre cause accidentelle, comme l'humidité qui change le poids des terres et leur frottement, ou la pluie qui les délaie et les fait agir à la manière des fluides, ou la gelée qui accroît leur volume et par conséquent leur pression &c^a. Il faut donc de toute nécessité mettre la résistance du mur au-dessus de l'équilibre, en augmentant les épaisseurs déterminées par la théorie, avant de les employer dans la pratique et c'est cette augmentation qu'il s'agit d'assigner.

Pour cela, les Auteurs, notamment Bélidor et Coulomb ont usé d'un expédient qui paraît naturel; ils règlent l'augmentation de la résistance nécessaire à l'équilibre, d'après cette base que le surcroît soit dans un certain rapport avec la poussée même et ce rapport se détermine par l'expérience, comme on l'expliquera bientôt. De cette manière le moment du revêtement excèdera celui de la poussée d'une partie proportionnelle à ce dernier, et qu'on peut appeler le moment de stabilité du revêtement.

Formules pratiques pour trouver leurs Épaisseurs.

31. En conséquence, on égalera le moment m' du revêtement, non pas, comme on l'a fait d'abord, au moment m de la poussée, mais au produit νm de ce moment multiplié par un coefficient constant ν, ce qui reviendra évidemment à écrire νn au lieu de n, dans l'équation (m) et dans celles qui en dérivent, de sorte que les formules (o), (p), (q) deviendront

$$x = H\left\{\frac{1}{2}\,\text{tang}\,\alpha\left(1-\nu n r^2\frac{h^2}{H^2}\cos^2\alpha\right)+\sqrt{\left[\frac{1}{4}\,\text{tang}^2\alpha\left(1-\nu n r^2\frac{h^2}{H^2}\cos^2\alpha\right)^2+\frac{1}{3}\nu n r^2\frac{h^3}{H^3}-\frac{1}{3}\left(\text{tang}^2\alpha-\text{tang}^2\varepsilon\right)\right]}\right\}\ldots(O)$$

$$x = H\sqrt{\left[\frac{1}{3}\left(\nu n\,\text{tang}^2\tfrac{1}{2}\varphi\,\frac{h^3}{H^3}+\text{tang}^2\varepsilon\right)\right]}\;\ldots\ldots(P)$$

$$x = h\,\text{tang}\,\tfrac{1}{2}\varphi\sqrt{\left(\frac{\nu n}{3}\cdot\frac{h}{H}\right)}\;\ldots\ldots\ldots(Q)$$

Détermination du coefficient de stabilité.

32. Le coefficient ν se déterminera par l'application de ces formules à des revêtements d'une solidité à toute épreuve et constatée

par l'expérience. Or, tous les revêtements ne sont pas uniquement destinés, comme les murs ordinaires de terrasse, à soutenir la poussée des terres: en fortification, les escarpes doivent résister non seulement à cette poussée, mais encore aux effets destructeurs de l'artillerie et les contre-escarpes doivent en outre être à l'épreuve des commotions souterraines, produites par le jeu des mines; il convient donc de distinguer le cas des revêtements de fortification, qu'il faut pourvoir d'un excès de résistance, dépendant des considérations militaires et celui des murs ordinaires de soutenement.

Dans le premier cas, les meilleurs termes de comparaison qu'on puisse choisir sans contredit, les revêtements construits par Vauban, lesquels ont été éprouvés dans les sièges et ont résisté depuis un siècle à l'action des terres sous l'influence de toutes les causes accidentelles qui peuvent la modifier. Or, suivant la règle connue des Ingénieurs, sous la dénomination de profil de Vauban, on a

$$\mathbf{x} = 1^{m},624 + 0,2.\mathbf{H} \quad \ldots\ldots (1).$$

Mais ce profil suppose le parement intérieur vertical et comme le talus extérieur est au cinquième, il faut employer la formule (P), en y faisant tang $\varepsilon = 0,2$; ce qui donnera

$$\mathbf{x} = \mathbf{H}\sqrt{\left[\frac{1}{3}\, n\,\mathbf{n}\, \text{tang}^2 \tfrac{1}{2}\varphi \,\frac{\mathbf{h}^3}{\mathbf{H}^3} + 0,0133\right]} \quad \ldots\ldots (2)$$

que l'on égale les deux valeurs de $\mathbf{x}$, il résultera de l'équation,

$$n = \frac{3}{\mathbf{n}\,\text{tang}^2 \frac{1}{2}\varphi}\;\frac{\mathbf{H}\left[(1^{m},624 + 0,2.\mathbf{H})^2 - 0,0133.\mathbf{H}^2\right]}{\mathbf{h}^3} \quad \ldots\ldots (3)$$

Soient maintenant $\varphi = 45^\circ$, $\mathbf{n} = \frac{2}{3}$, termes moyens déjà adoptés du temps de Vauban (Science des Ingénieurs, page 16), il viendra

$$n = 26,228.\mathbf{H}\,\frac{(1^{m},624 + 0,2.\mathbf{H})^2 - 0,0133.\mathbf{H}^2}{\mathbf{h}^3} \quad \ldots\ldots (4).$$

C'est, dans le profil de Vauban, l'expression du rapport entre le moment du revêtement et le moment de la poussée des terres.

Appliquons cette expression aux escarpes: la hauteur moyenne du plus grand nombre est $10^{m} = \mathbf{H}$ et comme on peut supposer moyennement $\mathbf{h} = \mathbf{H} + 2^{m}$, on aura $n = 1,79 = 1 + \frac{4}{5}$, à un centième près; d'où il suit que dans la plupart des escarpes de Vauban, le moment de stabilité est égal à $\frac{4}{5}$ du moment de la poussée des terres. Il paraît convenable de s'en tenir à ce résultat d'expérience et, relativement aux escarpes, d'attribuer au coefficient n, la valeur 1,8 avec d'autant plus de raison que les épaisseurs qui s'en déduisent diffèrent peu de celles qu'on obtient, dans les mêmes circonstances, par la règle pratique de Cormontaingne (Mayniel, page 83).

Il est à observer néanmoins que si parmi les escarpes exécutées selon le profil de Vauban, il s'en trouvait en maçonneries et terres de moyennes qualités, qui eussent 15^{m} de hauteur, il en résulterait $n = 1,47$, c'est-à-dire, un moment de stabilité, égal à environ la moitié du moment de la poussée ; alors il suffirait de prendre $n = 1,5$ et les revêtements construits d'après cette détermination auraient la même stabilité que les escarpes de Vauban, sous 15^{m} de hauteur.

En général, ce profil donne aux revêtements un moment de stabilité d'autant moindre que leur hauteur est plus grande, en sorte que leur résistance ne se trouve pas proportionnée à la force qui tend à les renverser et c'est pour cette raison que nous avons considéré la hauteur moyenne de 10 mètres.

Ce défaut, qui à la vérité est en partie corrigé par la présence des contre-forts dont les dimensions croissent avec la hauteur du mur, provient de l'invariabilité de l'épaisseur au cordon, laquelle épaisseur est constamment de 5^{pi}, quelle que soit la hauteur, ce dont on ne voit d'autre raison que celle de la résistance à la pénétration des boulets. Un autre défaut qu'on reproche au profil de Vauban, c'est que le talus extérieur, fixé au cinquième, est trop fort et c'est afin d'éviter les inconvénients qui s'ensuivent que les Ingénieurs ont réduit ce talus au sixième.

Actuellement, si l'on applique l'expression (4) aux dernières contre-escarpes de Vauban, pour lesquelles on a $\mathbf{h} = \mathbf{H}$, $\mathbf{X} = 0^{m},9745 + 0,2.\mathbf{H}$ et qu'on prenne successivement $\mathbf{H} = 6^{m}$, $\mathbf{H} = 7^{m}$ on obtient $n = 3,79$; $n = 3,02$; donc puisque $n = 1,79$ procure une stabilité suffisante, il s'en suit relativement à ces contre-escarpes, que le moment de stabilité est plus de trois fois et demie trop grand, sous la hauteur de 6^{m} et plus de deux fois et demie, sous la haut de 7^m, ce qui est contraire à l'économie (*).

Quant aux revêtements ordinaires ou des terrasses, murs en aile, ou des quais, Chaussées &c. qui outre la poussée des terres ont encore à supporter le poids des voitures et les secousses qu'elles occasionnent, nous nous en rapporterons à Bélidor qui ne porte le moment de stabilité qu'à $\frac{1}{4}$ et même à $\frac{1}{6}$ du moment de la poussée (Science des Ingénieurs, pages 47, 57, 89, 90). Il est vrai que par sa théorie fondée sur des hypothèses arbitraires, cet Auteur trouvant des épaisseurs déjà très-fortes dans le cas de l'équilibre, n'avait pas besoin d'un grand moment de stabilité pour se rapprocher des usages de son temps; néanmoins en admettant le rapport $\frac{1}{4}$ on s'écartera assez peu de la règle suivie par les Constructeurs (Rondelet, art de bâtir) et vu les circonstances négligées dans le calcul, cet excès de $\frac{1}{4}$ au-dessus de l'équilibre paraît devoir suffire pour mettre un revêtement ordinaire à l'abri de l'influence des causes accidentelles de destruction.

En damant les terres à mesure que le remblai s'effectue, on leur procure une cohésion artificielle, dont on tiendrait compte, si on le voulait, au moyen des formules (m) et (n), dans lesquelles on substituerait $n\,\mathbf{r}$ au lieu de $\mathbf{r}$. Alors il faudrait déterminer les quantités h', h_1 par des expériences immédiates sur les terres damées; mais comme en général les valeurs de ces quantités sont peu considérables et que d'ailleurs elles dépendraient du plus ou du moins de soin apporté à l'opération, on fera bien de négliger absolument la cohésion.

Ainsi pour concilier autant que les diverses circonstances le permettent, l'économie et la solidité sans lesquelles il ne peut exister de bonne construction, non seulement on fera constamment h' ou h_1 nul, mais encore on admettra dans les deux cas qui ont été distingués, les valeurs respectives;

$$n = 1,80; \qquad n = 1,25 \ldots\ldots (R)$$

des considérations particulières fixant dans le premier cas, le talus extérieur au sixième de la hauteur.

...amen de la supposition que la ...se du mur est inébranlable.

33. Nous avons regardé la base des murs de revêtement comme incompressible et inébranlable; cependant il n'en est

---

(*) La discussion précédente est à quelques changements près, tirée du Mémorial (N.° 4, page 172).

pas ainsi, à moins que cette base ne soit une masse de roche et même les murs fondés sur pilotis peuvent être renversés, si les pilotis n'ayant pas assez pénétré dans le terrain solide, cèdent à la poussée des terres et s'inclinent en avant. Il est bien rare que les revêtements viennent à manquer par un défaut d'épaisseur; mais il n'est que trop commun de les voir périr soit parce que la fondation n'a pas été construite assez solidement, soit parce qu'on n'a pas donné un empatement suffisant à cette fondation sur laquelle se reporte tout l'effort de la poussée. C'est donc une question très-importante que de déterminer les dimensions qu'il convient de donner aux fondations, pour en assurer la stabilité (★).

Détermination de la largeur des fondations.

figure 5.

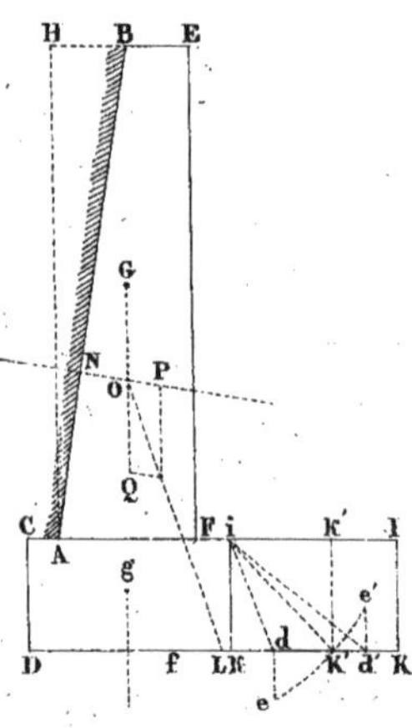

34 Le massif **CDKi** de la fondation, auquel on a coutume de donner la forme d'un parallélipipède rectangle, se trouve soumis à l'action de trois forces; savoir: son propre poids, le poids du revêtement et la poussée des terres: en vertu de cette action, il tend à glisser sur sa base et en même temps à tourner autour d'un axe parallèle aux arêtes extérieure et intérieure de cette base. Le premier mouvement peut et doit toujours être empêché, soit par quelque moyen artificiel, soit simplement par la résistance des terres contiguës au parement extérieur des fondations. La solution de la question se déduira donc uniquement de la considération du moment de rotation.

Si le fond sur lequel on bâtit était absolument incompressible, il suffirait que la résultante des trois forces passât dans l'intérieur de la base du massif et cette condition se trouvera toujours remplie d'elle-même, parce que le moment du poids du revêtement par rapport au point **F**, ayant été rendu supérieur à celui de la poussée des terres, la résultante de ces deux forces passe en deçà du point **F**, par rapport au point **A**, et comme elle doit encore se composer avec le poids du massif, la direction de la résultante finale se rapprochera encore davantage de la verticale, c'est-à-dire fera un plus grand angle avec l'horizon.

Mais s'il arrive que le fond soit compressible et c'est le cas le plus fréquent, il faudra, en supposant la compressibilité uniforme dans toute l'étendue des fondations, que la résultante passe par le centre de figure de la base. Or, à cause

(★) L'analyse de cette question se trouve dans le Mémorial (N°. 4, page 195).

de la forme du massif, la direction de son poids passe déjà par le centre de figure de la base; tout se réduit donc à ce que la résultante du poids du revêtement et de la poussée des terres, soit dirigée à ce même centre.

Cela posé, la profondeur des fondations, en tant qu'elle dépend des circonstances locales est une quantité donnée et l'on a la position DK de la base du massif; en outre le centre de gravité G du revêtement peut se construire graphiquement et la quantité représentative de son poids est facile à calculer; enfin, puisque la cohésion est supposée nulle, le point d'application N de la poussée s'obtiendra par la formule (d) dans laquelle on fera $h'=0$. Ainsi le poids du revêtement et la poussée des terres sont deux forces connues de grandeur et de position. Soient O le point de concours de ces deux forces et OL la direction de leur résultante; cette direction rencontrera la ligne DK en un point L et il est clair que si l'on porte DL en LK, la distance DK sera la largeur des fondations.

Il est aisé de traduire la question en analyse: il n'y a qu'à substituer les valeurs des données, dans l'équation qui exprime l'égalité entre les moments du revêtement et de la poussée, par rapport au point L, milieu de la longueur cherchée DK. L'équation n'est que du premier degré.

Les retraites extérieures ainsi déterminées excèdent beaucoup celles qui sont en usage, et s'il n'arrive pas plus d'accidents aux revêtements, cela doit être attribué soit à la présence des contre-forts, soit à l'attention qu'on a de pénétrer jusqu'au terrain ferme, soit enfin à ce que, à force d'art et de dépense, on rend le fond comme incompressible.

On devra donc comparer la dépense qu'il faudrait faire pour donner au terrain le degré d'incompressibilité nécessaire, avec celle qu'exigeraient des fondations construites d'après les principes précédents, ce qui déterminera le choix entre les deux procédés, sur le dernier desquels il est encore à observer que l'épaisseur CD soit proportionnée à la largeur DK, sans quoi, à cause de l'inégale compressibilité dans les différents points, le massif pourrait s'ouvrir en-dessous en s'affaissant au milieu et entraîner ainsi la chute du revêtement.

Examen de la supposition que le mur est d'une seule pièce.

35. Non seulement nous avons regardé la base du revêtement comme inébranlable, mais encore nous avons

supposé que ce revêtement lui-même était une seule masse continue, dont les parties ne se sépareraient point dans le mouvement qu'il prendrait en cédant à la poussée des terres; il est nécessaire d'examiner aussi cette hypothèse.

D'abord, la partie inférieure du mur est la seule qui fasse difficulté; car suivant l'expérience, la partie supérieure tombe tout d'une pièce, lors même que le mur est construit en pierres sèches. Mayniel rapporte, page 97 de son traité, que des murs de 1^{m},5 de hauteur au-dessus du sol et de 0^{m},5 d'épaisseur, bâtis en briques, non seulement avec du mortier de trass, qui a la propriété de sécher promptement, mais encore avec du mortier ordinaire et même sans aucun mortier, ne se sont rompus que par le bas, et, ce qui est bien remarquable, dans la direction du talus d'éboulem^{t}.

Il ajoute qu'un mur de 20^{m} de hauteur (lequel devait avoir au moins 4^{m} d'épaisseur) et dont on avait laissé consolider la maçonnerie, s'est brisé au niveau du sol, pareillement dans la direction du talus d'éboulement ou à peu près suivant la diagonale du carré construit sur l'épaisseur; mais il fait observer que les terres vierges avaient été déblayées à l'extérieur du mur, tandis qu'à l'intérieur elles étaient restées à leur sol naturel. Quant à la partie inférieure, si le mur a une certaine épaisseur et si les mortiers n'ont pas eu le temps de prendre corps ni de lier suffisamment entre elles toutes les parties de la maçonnerie il est vraisemblable que dans le mouvement de rotation du mur **ABEF** autour de l'arête extérieure **F** de sa base, il restera sur cette base un prisme **AFQ**, qui ne sera point soulevé avec la partie supérieure du mur. La détermination de ce prisme appartiendrait à la théorie de la résistance des supports en maçonnerie. Mais outre qu'on ne connaît pas exactement la valeur de la cohésion des maçonneries, laquelle est sujette à varier par la nature des matériaux, la manière de construire, le temps écoulé depuis l'exécution du travail, la saison et le climat même dans lesquels il est exécuté, cette théorie ne convient pas bien aux murs de revêtement parce qu'on y regarde la pression des terres comme une force simple et, eu égard toutefois au changement de bras de levier, comme appliquée au sommet du revêtement, tandis qu'elle est au contraire

figure 6.

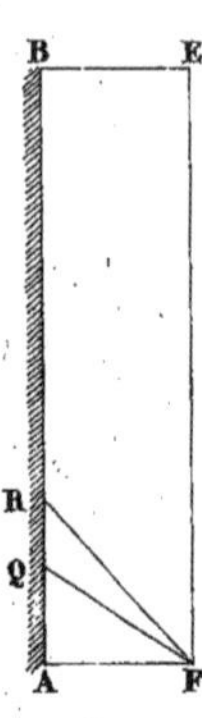

répandue sur tous les points du parement intérieur, de sorte qu'à l'instant de la rupture de l'équilibre, le seul qu'il faille considérer, la pression exercée contre la face A2R est une force qui ne doit pas être omise dans la détermination du prisme. A quoi l'on peut ajouter que cette pression, ainsi déterminée, produit entre les parties du mur, un frottement qui s'oppose à leur disjonction; ce qui explique comment le mur se renverse en masse, quoiqu'il soit bâti sans mortier.

Au reste, comme en établissant les formules définitives, nous avons fait abstraction de la cohésion des terres et que nous avons donné au revêtement un moment de stabilité assez fort, il ne sera pas à craindre que la poussée l'emporte dans les premiers moments sur la résistance du revêtement; à plus forte raison, si l'on dame les terres du remblai à mesure qu'on l'effectue derrière le revêtement ou si on laisse à la maçonnerie le temps d'acquérir quelque degré de cohésion; dès-lors, le moment de stabilité augmentera, en approchant de son terme, à proportion que les terres tasseront et que le mur prendra plus de consistance.

Concluons de là que sur-tout avec les précautions dont on vient de parler, l'hypothèse en question est généralement admissible et qu'il n'y a aucune diminution à faire au volume du revêtement, fut-il construit en pierres sèches.

Les expériences citées prouvent aussi qu'un revêtement ne cède jamais qu'en tournant autour de l'arête extérieure de sa base et non en glissant sur cette base, ce qui peut aussi être démontré par le calcul.

Des contre-forts.

36. Dans la fortification principalement, on construit les revêtements avec des contre-forts intérieurs, distribués sur toute leur longueur et qui ajoutent beaucoup à leur solidité. Or, la liaison de la maçonnerie de ces massifs avec celle du mur ne paraît pas pouvoir être jamais assez forte, vu les dimensions qu'on a coutume de leur donner, pour permettre qu'ils se soulèvent tout entiers avec lui dans son mouvement de rotation autour de l'arête extérieure de la base commune; on ne saurait donc évaluer avec un peu d'exactitude, l'effet produit par ces contre-forts, qu'en faisant entrer en considération la force de la cohésion qui s'oppose à la séparation des parties du système, recherche sujette aux mêmes difficultés que la précédente, et qui fait partie de la théorie des

supports en maçonnerie.

En fortification, on déterminera tout simplement les épaisseurs des revêtements d'escarpe, par les formules établies; les contre-forts ajoutés procureront un surcroît de solidité, très-utile relativement aux considérations militaires dont nous avons parlé et auront encore l'avantage important de diminuer l'étendue des brèches. La figure, les dimensions et la disposition de ces contre-forts seront d'ailleurs conformes aux règles prescrites par Vauban. Ainsi, l'espacement sera de 18^{pi} de milieu en milieu, ou de 15^{pi} si le rempart doit être surchargé; la hauteur d'escarpe étant supposée de 10^{pi}, ils auront 4^{pi} de longueur, autant de largeur, à la racine, et les deux tiers à la queue, proportion constante; ensuite, pour chaque augmentation de 10^{pi} dans la hauteur d'escarpe cette longueur augmentera de 2^{pi} et la largeur à la racine de 1^{pi} seulement. L'excès de largeur à la racine sur la largeur à la queue est motivé par une plus grande adhérence du contre-fort avec le revêtement.

Des revêtements en décharge

37. On a imaginé un genre de construction de revêtement, qui mérite d'être remarqué: on adosse au mur, du côté des terres, un ou plusieurs rangs d'arcades ou d'arceaux auxquels les contre-forts servent de pieds-droits, c'est ce qu'on appelle voûtes en décharge. Les larges retraites que forment ces rangs de voûtes, portent une partie des terres dont ils interrompent ainsi la poussée, et ces arceaux augmentent le bras de levier de la résistance dans un plus grand rapport que la masse de maçonnerie; de sorte que cette disposition qu'on peut varier d'une infinité de manières, se prête à une grande économie de matériaux. D'ailleurs ces voûtes, au moyen d'un mur de masque, opposé aux terres, deviennent des souterrains ou des casemates dont on tire un parti très-avantageux dans une ville de guerre. (Voyez sur ce sujet, le Traité de Mayniel).

Note 50.

Sur le N°. 1.

1°. Les diverses solutions publiées ou inédites, antérieures à celle de Coulomb, ont été recueillies par M.r Maynicl, et insérées dans son traité qui a paru en 1808. Pour peu qu'on examine ces solutions, on s'apperçoit qu'on y a négligé la plupart des circonstances physiques, ou que si l'on y a introduit le frottement, c'est d'une manière tout-à-fait inexacte, et qu'en général elles sont fondées sur des hypothèses arbitraires, quelquefois contradictoires, ou sur des décompositions de forces, mal entendues. (Voyez à ce sujet, recherches sur la poussée des terres &c.a par Prony, N.os 19 et 38).

2°. Coulomb, en analysant le cas où le plan AB est vertical, le seul dont il se soit occupé, a donné comme résultat utile dans l'excavation des terres, la relation entre leur cohésion, leur frottement et la hauteur sous laquelle elles peuvent être fouillées à pic sans qu'elles s'éboulent; il était facile d'inférer que réciproquement la cohésion pouvait être déterminée par le moyen de cette hauteur ainsi que du frottement, et de l'exprimer en fonction de ces deux quantités.

M.r de Prony, dans sa mécanique philosophique, a présenté très-simplement l'analyse de ce même cas: pour y parvenir, il a introduit dans le calcul l'expression de la cohésion déterminée comme on vient de le dire, et sur-tout il a indiqué, suivant l'usage, le rapport du frottement à la pression, par la tangente de ce qu'on appelle l'angle du frottement et qui n'est autre chose ici que l'angle du talus que prennent naturellement les terres, lorsque leur cohésion est détruite; ce qui l'a conduit à une expression très-remarquable de l'angle du prisme de la plus grande poussée.

M.r Maynicl a tenté dans son ouvrage la solution du cas général, où le plan AB a une situation quelconque, et où la direction de la poussée n'est certainement plus horizontale, quoi qu'en aient dit M.rs de Prony et Navier (Recherches sur la poussée des terres, par Prony, N.° 22; Traité de la construction des ponts, par Gauthey, tome 1.er, page 383, note de Navier); mais il n'a pas amené l'expression de l'angle du prisme de la plus grande pression ou de la poussée, sous la forme analogue à celle qu'on avait trouvée, quand le plan AB était vertical; et il s'est d'ailleurs mépris dans l'emploi qu'il a fait de cette expression pour évaluer le moment de la poussée.

Ces défauts ont été corrigés dans le N.° 4 du mémorial de l'Officier du Génie, où l'on a généralité aussi le résultat de Coulomb, concernant l'excavation des terres.

Malgré ces perfectionnements, il manquait encore quelque chose à la théorie de la poussée des terres et à son application, quant à la rigueur des raisonnements et à la simplicité des calculs: on avait formellement confondu le prisme d'éboulement et celui de la plus grande pression, qui sont très-distincts l'un de l'autre; les transformations par lesquelles on arrivait aux formules du cas général, quoique fondées sur les théorêmes élémentaires de la trigonométrie, sont fort longues et deviennent impraticables par leur prolixité, lorsqu'on veut tenir compte du frottement et de l'adhérence sur le parement intérieur du mur, et cependant ces transformations peuvent être évitées; la hauteur à laquelle des terres coupées suivant un plan donné, peuvent se soutenir d'elles-mêmes, était déterminée par la considération de la section de la plus grande pression perpendiculaire à ce plan, tandis qu'il faut considérer la section de la plus grande pression parallèle à cette même section; enfin, on opposait à la résistance du mur, le prisme de la plus grande pression des terres, au lieu du prisme du plus grand moment de pression, qui pourrait différer du premier et dont l'identité avec lui, n'est pas évidente, pas même dans le cas particulier traité par Coulomb.

Nous avons tâché de donner plus de rigueur aux principes de la théorie et plus de simplicité au calcul des formules

II. Sur les N.os 3 et 6.

Les principes sur lesquels la théorie de la poussée des terres est fondée, exigent quelques éclaircissements.

1.° Dans les fluides quelconques, le degré de fluidité dépend tant de la cohésion que du frottement des molécules entre-elles; et comme par rapport à leur nature, les fluides imparfaits participent des corps solides et des fluides propreme dits, il doit en être de même par rapport aux lois de leur équilibre.

figure 7.

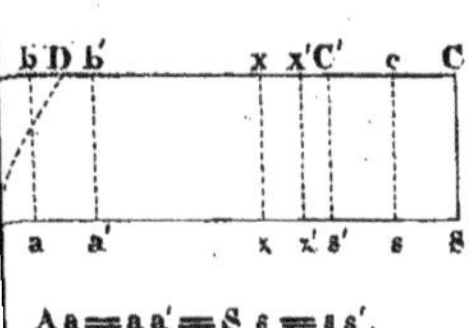

2°. Soit ABCS le profil d'un vase rectangulaire, indéfiniment long et rempli d'un fluide imparfait, qui ait une certaine adhérence avec les parois AB, CS; soit AD la section de la plus grande pression contre le plan AB; le fond AS du vase pourra être mobile ou fixe, en totalité ou en partie et la hauteur AB du fluide surpassera ou non la hauteur h₁, sous laquelle la plus grande pression devient nulle.

3°. Si la hauteur AB n'excède pas h_1, que le fond AS soit fixe ou mobile, il y aura simplement adhérence sur les parois AB, SC et cohésion sur les sections telles que zx. Il en sera de même, si AB surpassant h_1 le fond est mobile, tandis que s'il est fixe, il y aura non seulement adhérence sur AB, SC et cohésion sur zx, mais encore pression et par conséquent frottement sur ces plans, frottement qui, à la vérité, augmentera avec la hauteur du fluide et variera, comme la pression elle-même, d'un point à l'autre de cette hauteur, mais dont on obtiendra évidemment la valeur en multipliant la somme des pressions sur le plan que l'on considère, par le rapport du frottement à la pression. Lorsqu'une partie a's' du fond AS, aussi grande que le double de la base BD du prisme de plus grande pression, sera fixe, il y aura aussi pression et par conséquent frottement sur les plans AB, SC, zx; mais cette pression ou ce frottement diminuera avec a's'.

4°. Supposons donc AB plus grand que h_1 et le fond AS fixe; désignons par q le poids de la masse fluide ABCS; par r la résistance absolue, provenant de la cohésion et du frottement propres de cette masse, sur la section zx, et par r' la résistance absolue, provenant de l'adhérence et du frottement sur AB ou SC: selon que r sera ou ne sera pas moindre que r' le poids q sera retenu par une force contraire, égale à 2r ou 2r' respectivement, de sorte que la pression soufferte par le fond AS sera seulement $q-2r$ ou $q-2r'$.

5°. Pour savoir comment cette pression se répartit sur le fond AS, supposons-le réduit à la partie a's', plus grande que le double de BD et telle que Ab et ab' d'une part, Sc et sc' d'autre part, soient deux tranches égales, soutenues par la résistance r ou r' (selon que r sera moindre que r' o r' moindre que r) appliquée suivant AB et a'b', et suivan SC et s'c', résistance qui entrera alors en exercice; il est clai que la pression sur le fond a's', laquelle sera égale au po de abcs, se répartira uniformément sur a's'. Si le fond av l'étendue as, les tranches extrêmes Ab, Sc seraient encore soutenues par la résistance r sur AB et SC; mais la résista ce r' sur ab et a'b', ainsi que sur sc, s'c' n'entrant point en exercice, la pression sur as, toujours égale au poids d abcs, seroit maintenant répartie uniformément sur tout as et serait moindre qu'auparavant sur une portion quelco que zz'. Or, dans ce dernier cas, rien ne serait changé, s l'on ajoutait au fond les parties Aa, Ss qu'on avait ôté donc ces parties ne souffrent pas de pression et la partie intermédiaire supporte une pression uniforme, égale au poi de abcs, c'est-à-dire, égale à q−2r ou q−2r'.

6.° On parvient au même résultat par la décompositio de la masse ABCS, en tranches élémentaires, verticales, telles que xzz'x'. Le fond du vase venant à céder, la partie xzSC, regardée pour un moment comme non pe- sante, ne sera retenue qu'avec une force r' dirigée suiva SC, et conséquemment ne pourra elle-même retenir l'aut partie ABxz, qu'avec une force égale r' dirigée suivant zx; ainsi cette partie ABxz sera retenue par deux force dirigées respectivement suivant AB et zx; mais elle ne p être retenue suivant zx avec une force r', sans que, en ver de la réaction, la partie contiguë xzSC ne soit tirée suiva xz, avec une force égale r'; d'où il suit que cette partie xzSC, à laquelle nous restituons son poids, sera tirée suivan xz et retenue suivant SC avec des forces égales à r. Il en sera des deux parties ABx'z', x'z'SC comme des deux ABx xzSC, et, par conséquent, de la tranche élémentaire xzz'x comme de la partie xzSC; donc en nommant dp la pressio sur la base zz', on aura dp=dq, et en intégrant, p=q La constante A se déterminera d'après la considération que soit nul quand q=q', poids de la tranche extrême AB ou Sc équivalent à r ou à r'; d'où résulte p=q−2r ou p=q−2r'.

7.° Remarquons d'abord que c'est par le moyen de la forc intérieur r, que la force extérieure r' appliquée suivant SC, transmet de proche en proche aux tranches élémentaires, et quantité égale à r' même, si r n'est pas moindre que r'; mais seulement à r, si r est moindre que r'. Pareille remarque dans le cas où les parois AB, SC étant inclinées, les tranches seraient parallèles à l'une de ces parois.

figure 8

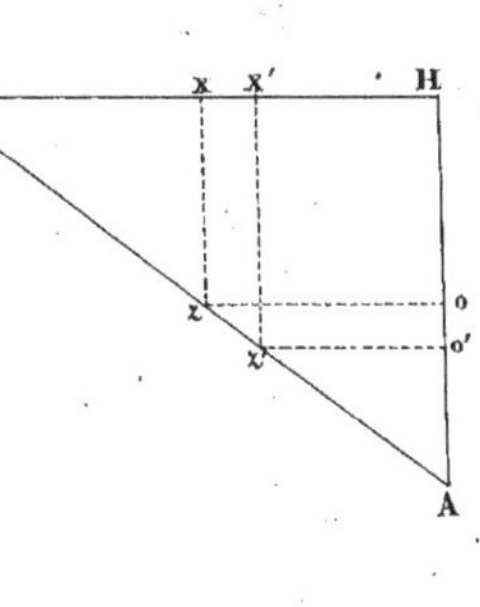

Que le profil du vase ait la figure d'un triangle rectangle ABH, dont le côté AH soit vertical et que l'on considère encore une tranche élémentaire verticale, xzz'x'; on mènera les horizontales zo, z'o' et le raisonnement du N°. 6 s'appliquera à chacune des parties BHoz, BHo'z' du fluide, c'est-à-dire, que les deux forces dues tant à l'adhérence qu'au frottement, sur Ho et sur Ho', se transmettront respectivement aux prismes Bxz, Bx'z', par le moyen de la force interne, supposée au moins égale à la force extérieure; d'où il suit que la tranche xzz'x' sera tirée suivant xz par la force relative à Ho'. Cette remarque susceptible de la même extension que la précédente est très-essentielle.

figure 9.

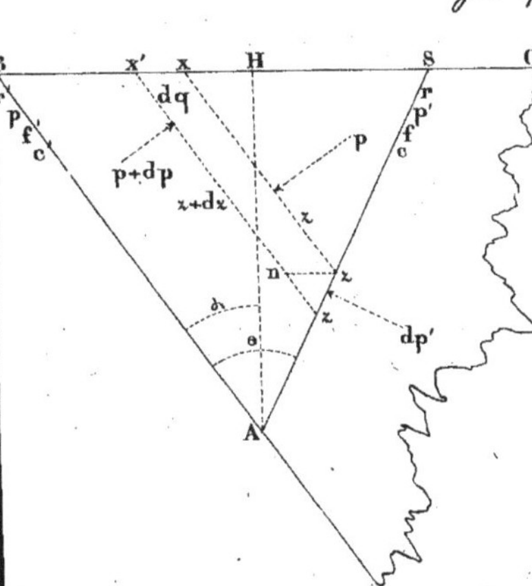

8°. Donnons enfin au profil du vase la figure d'un triangle quelconque ABS et cherchons les pressions que le fluide exerce sur les parois AB, AS, en supposant que l'adhérence et le frottement sur la dernière AS, soient les mêmes que dans le fluide.

9°. Nous résoudrons d'abord la question en regardant ABS comme un solide qui éprouverait sur les plans inclinés AB, AS, les mêmes résistances que le fluide imparfait.

On pourrait décomposer le poids du prisme en deux forces faisant avec la verticale des angles arbitraires, et chacune de celles-ci en deux nouvelles forces; la première, normale, la seconde parallèle à l'un des plans AB, AS: l'indétermination des angles permettrait d'égaler la composante parallèle à chaque plan avec la résistance totale, suivant ce même plan; on aurait ainsi deux équations au moyen desquelles on éliminerait ces angles de la valeur de la pression cherchée. Cette méthode est très-propre à faire concevoir comment s'engendrent les pressions normales, supportées par les plans AB, AS; mais il sera plus simple de ramener le système à l'état d'un corps libre.

Désignons par q le poids du prisme; par δ et par θ

les angles **BAH**, **BAS** ; par $\mathbf{p}'$, $\mathbf{p}$ les pressions normales aux plans **AS**, **AB** ; par $\mathbf{f}$, $\mathbf{f}'$ les rapports des frottements aux pressions ; par $\mathbf{c}$, $\mathbf{c}'$ la cohésion et l'adhérence sur ces plans ; enfin par $\mathbf{r}$, $\mathbf{r}'$ les résistances totales suivant ces mêmes plans, de sorte que $\mathbf{r}=\mathbf{f}\mathbf{p}'+\mathbf{c}$, $\mathbf{r}'=\mathbf{f}'\mathbf{p}+\mathbf{c}'$.

Il y aura équilibre entre les forces $\mathbf{p}$, $\mathbf{p}'$, $\mathbf{q}$, $\mathbf{r}$, $\mathbf{r}'$, appliquées, si l'on veut, au centre de gravité du prisme, pourvu que la somme de leurs composantes horizontales et celle de leurs composantes verticales soient nulles chacune en particulier, ce qui donne

$$\left.\begin{aligned} &\mathbf{p}\cos\alpha-\mathbf{p}'\cos(\theta-\alpha)+\mathbf{r}\sin(\theta-\alpha)-\mathbf{r}'\sin\alpha=0,\\ &\mathbf{p}\sin\alpha+\mathbf{p}'\sin(\theta-\alpha)+\mathbf{r}\cos(\theta-\alpha)+\mathbf{r}'\cos\alpha-\mathbf{q}=0. \end{aligned}\right\}\ \ldots\ldots (1)$$

d'où l'on tire en mettant pour $\mathbf{r}$ et $\mathbf{r}'$ leurs valeurs

$$\left.\begin{aligned} \mathbf{p}&=\frac{\mathbf{q}[\cos(\theta-\alpha)-\mathbf{f}\sin(\theta-\alpha)]-\mathbf{c}-\mathbf{c}'(\cos\theta-\mathbf{f}\sin\theta)}{\sin\theta+\mathbf{f}\cos\theta+\mathbf{f}'(\cos\theta-\mathbf{f}\sin\theta)}\\ \mathbf{p}'&=\frac{\mathbf{q}(\cos\alpha-\mathbf{f}\sin\alpha)-\mathbf{c}'-\mathbf{c}(\cos\theta-\mathbf{f}\sin\theta)}{\sin\theta+\mathbf{f}\cos\theta+\mathbf{f}'(\cos\theta-\mathbf{f}\sin\theta)} \end{aligned}\right\}\ \ldots\ldots (2)$$

10°. Maintenant, pour avoir égard à la fluidité du prisme décomposons-le en tranches par des plans parallèles à **AB** : en vertu du principe (N°. 7), chaque tranche élémentaire ... $\mathbf{x}zz'\mathbf{x}'$ sera retenue dans le sens $z\mathbf{x}$ et tirée dans le sens contraire $\mathbf{x}'z'$, avec des forces respectivement proportionnelles à $\mathbf{x}z$, $\mathbf{x}'z'$ et non pas à la cohésion et au frottement internes du fluide, mais à l'adhérence et au frottement sur **AB**.

Ainsi, appliquant au prisme quelconque $\mathbf{S}\mathbf{x}z$, la notation précédente et observant qu'alors le poids de l'élément $\mathbf{x}zz'\mathbf{x}'$ est exprimé par $\mathrm{d}\mathbf{q}$; la pression et la cohésion sur la base zz', par $\mathrm{d}\mathbf{p}'$ et $\mathrm{d}\mathbf{c}$; les pressions sur les faces $z\mathbf{x}$ et $\mathbf{x}'z'$, par $\mathbf{p}$ et $\mathbf{p}+\mathrm{d}\mathbf{p}$; les résistances suivant ces mêmes faces, par $\mathbf{f}'\mathbf{p}+\mathbf{c}'$ et $\mathbf{f}'(\mathbf{p}+\mathrm{d}\mathbf{p})+\mathbf{c}'+\mathrm{d}\mathbf{c}'$; en sorte que les composantes horizontales et verticales des forces appliquées à l'élément dont il s'agit seront.

horizontales ; + dans le sens **BS**. $\left\{ -\mathbf{p}\cos\alpha,\ +(\mathbf{p}+\mathrm{d}\mathbf{p})\cos\alpha,\ -\mathrm{d}\mathbf{p}'\cos(\theta-\alpha),\ +(\mathbf{f}\mathrm{d}\mathbf{p}'+\mathrm{d}\mathbf{c})\sin(\theta-\alpha),\ +(\mathbf{f}'\mathbf{p}+\mathbf{c}')\sin\alpha,\ -[\mathbf{f}'(\mathbf{p}+\mathrm{d}\mathbf{p})+\mathbf{c}'+\mathrm{d}\right.$

verticales ; + dans le sens **HA**. $\left\{ +\mathbf{p}\sin\alpha,\ -(\mathbf{p}+\mathrm{d}\mathbf{p})\sin\alpha,\ -\mathrm{d}\mathbf{p}'\sin(\theta-\alpha),\ -(\mathbf{f}\mathrm{d}\mathbf{p}'+\mathrm{d}\mathbf{c})\cos(\theta-\alpha),\ +(\mathbf{f}'\mathbf{p}+\mathbf{c}')\cos\alpha,\ -[\mathbf{f}'(\mathbf{p}+\mathrm{d}\mathbf{p})+\mathbf{c}'+\mathrm{d}\mathbf{c}']\cos\alpha,\right.$

on trouvera pour les conditions d'équilibre de cet élément, précisément les différentielles des équations (1) et (2), c'est-à-dire,

$$\left.\begin{aligned} &\mathrm{d}\mathbf{p}\cos\alpha-\mathrm{d}\mathbf{p}'\cos(\theta-\alpha)+(\mathbf{f}\mathrm{d}\mathbf{p}'+\mathrm{d}\mathbf{c})\sin(\theta-\alpha)-(\mathbf{f}'\mathrm{d}\mathbf{p}+\mathrm{d}\mathbf{c}')\sin\alpha=0, \ldots\\ &-\mathrm{d}\mathbf{p}\sin\alpha-\mathrm{d}\mathbf{p}'\cos(\theta-\alpha)-(\mathbf{f}\mathrm{d}\mathbf{p}'+\mathrm{d}\mathbf{c})\cos(\theta-\alpha)-(\mathbf{f}'\mathrm{d}\mathbf{p}+\mathrm{d}\mathbf{c}')\cos\alpha+\mathrm{d}\mathbf{q}=0 \end{aligned}\right\}\ldots$$

dont l'intégration reproduira les premières, chacune à une constante près, mais qui sera nulle, parce que $\mathbf{p}=0$, $\mathbf{q}=0$, $\mathbf{r}'=0$ simult.

ce qui s'explique comme au N°. 6.

11.° Supposons que le plan AB soit vertical ou qu'il s'agisse du prisme AHS, nous aurons $\alpha=0$, et les formules (2) deviendront

$$p=\frac{(q-c')(\cos\theta-f\sin\theta)-c}{\sin\theta+f\cos\theta+f'(\cos\theta-f\sin\theta)},\quad p'=\frac{q-c'-c(\cos\theta-f\sin\theta)}{\sin\theta+f\cos\theta+f'(\cos\theta-f\sin\theta)}\dots(3)$$

12.° Si la cohésion, l'adhérence et les frottements étaient nuls ou que la fluidité fût parfaite, les expressions (2) et (3), à cause de $BS=AB\frac{\sin\theta}{\cos(\theta-\alpha)}=AS\frac{\sin\theta}{\cos\alpha}$ et de $HS=AS\sin\theta=AH\,\mathrm{tang}\,\theta$; d'où

$q=\frac{1}{2}AH.AB\frac{\sin\theta}{\cos(\theta-\alpha)}=\frac{1}{2}AH.AS\frac{\sin\theta}{\cos\alpha}$ et $q=\frac{1}{2}AH.AS\sin\theta=\frac{1}{2}\overline{AH}^2\,\mathrm{tang}\,\theta$, se réduiraient respectivement à

$$p=AB.\tfrac{1}{2}AH,\quad \text{et}\quad p=AS.\tfrac{1}{2}AH,$$

$$p'=AS.\tfrac{1}{2}AH;\qquad p'=AH.\tfrac{1}{2}AH.$$

13.° On tire de là les conclusions; 1.° quoique le mode de répartition de la pression sur les plans AB, AS dépende de la nature du fluide; cependant, pour les fluides imparfaits, la grandeur absolue de cette pression est indépendante du degré de fluidité et elle est la même que si, toutes choses d'ailleurs égales, la masse était solide; 2.° pour les fluides proprement dits, la grandeur absolue de la pression sur le plan AB ou AS, ne dépend, toutes choses d'ailleurs égales, que de l'étendue de ce plan et de la distance de son centre de gravité au niveau supérieur; 3.° si les résistances sur AB et AS sont nulles, il faudra toujours, quelle que soit la fluidité du prisme ABS, fût-elle parfaite, la même force perpendiculaire à AB, pour soutenir ce prisme sur le plan incliné AS ou réciproquement; et c'est ce qu'on trouve directement; car l'équation d'équilibre est $p\sin\theta=q\cos(\theta-\alpha)$; or, Δ exprimant la densité du fluide,

$$q=\tfrac{1}{2}\Delta\overline{AH}^2\frac{\sin\theta}{\cos\alpha\cos(\theta-\alpha)};\ \text{donc}\ p=\tfrac{1}{2}\Delta AH\frac{AH}{\cos\alpha}=\tfrac{1}{2}\Delta AH.AB.$$

figure 10

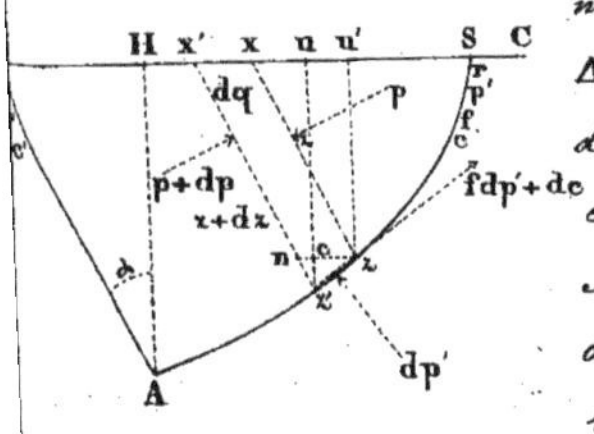

14.° Nous pouvons actuellement déterminer en général la nature de la courbe AS: nous avons $dc=\gamma ds$, $dc'=\gamma' dz$, $dq=\Delta\cos\alpha.z\,dx$ et le triangle différentiel nzz' donne $\cos(\theta-\alpha)=\frac{dz\cos\alpha}{ds}$, d'où $\sin(\theta-\alpha)=\frac{dx-dz\sin\alpha}{ds}$; en substituant ces valeurs dans les équations (a) et éliminant $\frac{dp'}{ds}$ nous trouverions l'expression de dp. Mais nous y parviendrons bien plus simplement en substituant dans la différentielle de l'expression (2) de p, prise par rapport à c, c', q, les valeurs précédentes de dc, dc', $\sin(\theta-\alpha)$, $\cos(\theta-\alpha)$ et celles-ci . . . .

$$\sin\theta=\frac{dx\cos\alpha}{ds},\ \cos\theta=\frac{dz-dx\sin\alpha}{ds},\ ds^2=dx^2+dz^2-2dx\,dz\sin\alpha,$$

données encore par le triangle différentiel nzz'. Il y a plus, c'est que comme on a entre les coordonnées obliques x, z et les coordonnées rectangulaires u, v, les relations, $u = x - z \sin\alpha$, $v = z\cos\alpha$; d'où $du = dx - dz \sin\alpha$, $dv = dz \cos\alpha$ et $dx = \frac{du\cos\alpha + dv\sin\alpha}{\cos\alpha}$, $dz = \frac{dv}{\cos\alpha}$; ce qui produit $dc = \gamma ds$, $dc' = \frac{\gamma' dv}{\cos\alpha}$, $dq = \frac{\Delta v(du\cos\alpha + dv\sin\alpha)}{\cos\alpha}$, $\sin(\theta - \alpha) = \frac{du}{ds}$, $\cos(\theta-\alpha) = \frac{dv}{ds}$, $\sin\theta = \frac{du\cos\alpha + dv\sin\alpha}{ds}$, $\cos\theta = \frac{dv\cos\alpha - du\sin\alpha}{ds}$, $ds^2 = du^2 + dv^2$; on passera immédiatement des unes aux autres coordonnées, par la substitution de ces dernières valeurs, et si remettant x, z au lieu de u, v, on fait dx négatif, afin de changer le sens des x positives et qu'enfin on pose $dz = m\,dx$, on obtiendra

$$p = \int \frac{\gamma + \Delta f z + [\gamma'(f + \tan\alpha) + \Delta z(1 - f\tan\alpha)]\,m + [\gamma + \gamma' - (\gamma' f + \Delta z)\tan\alpha]\,m^2}{\{1 - ff' - (f + f')\tan\alpha - [(1 - ff')\tan\alpha + f + f']\,m\}\cos\alpha}\,dx \ldots (b$$

expression dans laquelle on pourra supposer l'origine en un point quelconque de **BS** et particulièrement en **H**.

Représentons par V le coefficient de dx, la condition du maximum de p sera $\delta\int V dx = 0$; mais on a $\delta\int V dx = \int\delta(V dx) = \int V d\delta x + \int dx\,\delta V = V dx + \int(dx\,\delta V - dV\,\delta x)$, en intégrant par parties; d'ailleurs, si l'on fait, pour abréger, $L = \frac{dV}{dz}$, $M = \frac{dV}{dm}$, il viendra $dV = L\,dz + M\,dm$, $\delta V = L\,\delta z + M\,\delta m$, et parce que $\delta m = \frac{d\delta z - m\,d\delta x}{dx}$, on aura $\delta\int V dx = \ldots\ldots\ldots\ldots$

$V dx + \int(L\,dx\,\delta z - L\,dz\,\delta x - M\,dm\,\delta x + M\,d\delta z - M m\,d\delta x)$; ainsi, en intégrant encore par parties, on obtiendra pour la variation définitive,

$$(V - Mm)\,\delta x + M\,\delta z + \int(L\,dx - dM)\,\delta z - \int(L\,dz - m\,dM)\,\delta x = 0 \ldots (c).$$

Or, 1.° les termes affectés du signe $\int$ donnent l'un comme l'autre

$$L\,dx - dM = 0;$$

c'est donc l'équation de la courbe cherchée : substituant au lieu de L sa valeur tirée de $dV = L\,dz + M\,dm$, on trouvera l'équation équivalente,

$$V - Mm = C \ldots\ldots\ldots (4)$$

2.° La partie délivrée du signe $\int$ fournit l'équation

$$(V - Mm)\,\delta x + M\,\delta z = 0 \ldots\ldots (d)$$

soient x', z', et x'', z'' les coordonnées des deux points extrêmes S et A de la courbe; comme le premier est variable sur l'axe **HC** des x et que le second est fixe sur l'axe **HA** des z, on aura $z' = 0$,

$\delta z' = 0$; $x'' = 0$, $z'' = AH = h$, $\delta x'' = 0$, $\delta z'' = 0$, et par conséquent

$$V' - M'm' = 0 \ldots\ldots\ldots\ldots (5)$$

c'est-à-dire, ce que devient l'équation (4) quand on y fait $C = 0$ et $z = z' = 0$, $m = m' = \frac{dz'}{dx'}$, d'où l'on conclut immédiatement que dans l'équation (4) la constante C demeure nulle.

Cela posé, si l'on représente par P, Q, R et par A, B les coefficients de m, dans le numérateur et dans le dénominateur de V, abstraction faite du facteur constant $\cos\delta$, qui s'efface, on verra facilement que les équations (4) et (5) reviennent aux deux

$$(AR + BQ)\,m^2 + 2BP\,m - AP = 0 \ldots\ldots (6)$$

$$(AR' + BQ')\,m'^2 + 2\gamma B m' - \gamma A = 0 \ldots\ldots (7)$$

dont les developpements, où l'on écrira t pour $\tan\delta$, seront

$$\Big\{\big[f(\gamma f' - \gamma' f) - (\gamma' + \Delta f' z)\big](1+t^2) - (\gamma + \Delta f z)\big[ff't^2 - (f+f')t + 1\big]\Big\}m^2 - 2(\gamma + \Delta f z)\big[(1-ff')t + f + f'\big]m + (\gamma + \Delta f z)\big[1 - ff' - (f+f')t\big] = 0 \quad (e)$$

$$\Big\{\gamma\big[1 - ff' - (f+f')t\big] + \gamma'(1+f^2)(1+t^2)\Big\}m'^2 + 2\gamma\big[(1-ff')t + f + f'\big]m' - \gamma\big[1 - ff' - (f+f')t\big] = 0 \ldots\ldots\ldots\ldots (f)$$

15°. Il s'agit d'intégrer l'équation (e); mais comme sa généralité rend ses coefficients fort compliqués, nous les restreindrons d'abord à l'hypothèse $\delta = 0$, qui simplifiera les calculs sans en changer le procédé. Alors elle deviendra

$$\big[\gamma + \gamma' - f(\gamma f' - \gamma' f) + (f+f')\Delta z\big]m^2 + 2(f+f')(\gamma + \Delta f z)\,m - (1-ff')(\gamma + \Delta f z) = 0 \ldots (g)$$

et donnera

$$\Delta z = -\frac{\big[\gamma + \gamma' - f(\gamma f' - \gamma' f)\big]m^2 + 2\gamma(f+f')\,m - \gamma(1-ff')}{(f+f')m^2 + 2f(f+f')\,m - f(1-ff')}.$$

expression dont le dénominateur résulte du numérateur par la substitution de f, f' au lieu de γ, γ'; en sorte que les racines de celui-ci égalé à zéro, étant

$$\frac{-\gamma(f+f') \pm \sqrt{(1+f^2)\big[\gamma^2(1+f'^2) + \gamma\gamma'(1-ff')\big]}}{\gamma + \gamma' - f(\gamma f' - \gamma' f)} \ldots\ldots (8)$$

celles de l'autre, seront

$$-f \pm \sqrt{\frac{f(1+f^2)}{f+f'}} \ldots\ldots\ldots\ldots (9)$$

Nous désignerons les premières par a, a'; les secondes par b, b'; la quantité $\frac{\gamma + \gamma' - f(\gamma f' - \gamma' f)}{f+f'}$ par F et il viendra

$$\Delta z = -F\,\frac{(m-a)(m-a')}{(m-b)(m-b')} \ldots\ldots\ldots\ldots (10)$$

D'ailleurs, l'équation $\frac{dz}{dx} = m$ ou $\Delta dx = \frac{\Delta dz}{m}$, intégrée par parties, produit

$$\Delta x = C' + \frac{\Delta z}{m} + \int \frac{\Delta z\, dm}{m^2} \ldots\ldots\ldots (11)$$

on a par conséquent

$$\Delta x = C' + \frac{\Delta z}{m} - F\int \frac{m^2-(a+a')m+aa'}{m^2(m-b)(m-b')}dm \quad \ldots\ldots (12)$$

Pour intégrer cette fraction rationnelle, on la décomposera en fractions partielles $\frac{A}{m^2}+\frac{A'}{m}+\frac{B}{m-b}+\frac{B'}{m-b'}$ dont il sera aisé d'évaluer les numérateurs; l'intégrale sera $-\frac{A}{m}+A'l.m+Bl.(m-b)$ $B'l.(m-b')$; on aura donc

$$\Delta x = C' + \frac{\Delta z - AF}{m} - F\left[A'l.m + Bl.(m-b) + B'l.(m-b')\right] \ldots (13)$$

et en éliminant m entre les équations (g) et (13) on obtiendra celle de la courbe cherchée.

16°. Dans l'hypothèse présente, les racines de l'équation (f) se réduisent aux valeurs (8) et l'on a

$$m' = a, \quad m' = a' \ldots\ldots (14)$$

détermination qui, comme on l'a vu (N°. 14), rend la constante C nulle. Quant à la constante C', elle sera déterminée d'après la condition que la courbe passe par le point fixe A.

17.° On obtiendra la valeur maximum P de p, en substituant dans l'expression (b), au lieu de m et de z leurs valeurs tirées de l'équation (f) et de celle de la courbe; ensuite on prendra l'intégrale entre ses limites.

18°. Nous avons supposé le point A fixe sur l'axe HA; s'il eût été variable sur cet axe, de même que le point S, sur HC nous eussions eu semblablement $x''=0$, $\delta x''=0$; et l'équation déterminée (d) fût devenue $M''=0$, c'est-à-dire,

$$BR''m''^2 - 2AR''m'' - (A2''+BP'') = 0 \ldots . (h).$$

Faisant ensuite $x = x'' = 0$, $z = z''$, $m = m''$ dans (e), on aurait une seconde équation entre z'', m'', et l'élimination de m'' entre les deux, déterminerait z''; par conséquent la constante C', qui est donnée en fonction de z'' par l'équation de la courbe.

On trouverait ainsi deux valeurs pour z'', l'une négative et étrangère à la question, l'autre positive et à laquelle répondrait le minimum du maximum de p; de sorte que le maximum relatif, répond à $z''=h$. Ces généralités seront éclaircies dans les cas particuliers que nous allons discuter.

19°. Maintenant, supposons $\mathcal{J}'=0$, $f'=0$, ∂ demeurant quelconque, c'est l'hypothèse admise dans la théorie que nous avons exposée: les équations (e) et (f) dont la première devient divisible par le facteur $\mathcal{J}'+\Delta f z$, se réduisent l'une et l'autre à celle-ci

$$m^2 + 2\,\frac{f+t}{1-ft}\,m - 1 = 0 \;.\;.\;.\;.\;.\;. \;(15)$$

si ce n'est que m' remplace m, pour la seconde. Cette équation appartient évidemment à la ligne droite et son intégrale qui est

$$\left[z - C' - x\,\text{tang}\,\tfrac{1}{2}(\varphi-\alpha)\right]\left[z - C' + x\,\cot\tfrac{1}{2}(\varphi-\alpha)\right] = 0 \;.\;.\;.\;.\;.\; (16)$$

exprime deux droites perpendiculaires entre-elles; la même équation donne

$$m = m' = \text{tang}\,\tfrac{1}{2}(\varphi-\alpha) \text{ et } m' = -\cot\tfrac{1}{2}(\varphi-\alpha) \;.\;.\;.\;.\;.\;. (17)$$

En effet, $-\dfrac{f+t}{1-ft} \pm \sqrt{1+\left(\dfrac{f+t}{1-ft}\right)^2} = -\dfrac{\cos(\varphi-\alpha)}{\sin(\varphi-\alpha)} \pm \dfrac{1}{\sin(\varphi-\alpha)} = \ldots$
$\dfrac{1-\cos(\varphi-\alpha)}{\sin(\varphi-\alpha)}$ et $-\dfrac{1+\cos(\varphi-\alpha)}{\sin(\varphi-\alpha)} = \text{tang}\,\tfrac{1}{2}(\varphi-\alpha)$ et $-\cot\tfrac{1}{2}(\varphi-\alpha)$.

20°. Des deux droites données par l'équation (16) la seconde divise en deux parties égales, l'angle entre le plan AB et le talus que le fluide affecterait, si sa cohésion était détruite; elle seule satisfait à la question.

21°. Ces résultats, indépendants de la cohésion, demeurent par conséquent les mêmes, lorsqu'on fait en outre $\gamma'=0$, ce qui est le cas usuel de la pratique; mais si c'est $\alpha=0$, qu'on suppose en outre, ou le plan AB vertical, ils deviennent

$$m^2 + 2fm - 1 = 0 \;.\;.\;.\;.\;.\;.\;.\;.\; (18)$$

$$(z - C' - x\,\text{tang}\,\tfrac{1}{2}\varphi)(z - C' + x\cot\tfrac{1}{2}\varphi) = 0 \;.\;. (19)$$

$$m' = \text{tang}\,\tfrac{1}{2}\varphi \text{ et } m' = -\cot\tfrac{1}{2}\varphi \;.\;.\;.\;. (20).$$

22°. Dans l'hypothèse $\gamma'=0$, $f'=0$, $\alpha=0$, l'expression (b) se réduit à

$$p = \int \frac{\gamma(1+m^2) + \Delta(f+m)z}{1-fm}\,dx;$$

or, $m = -\cot.\tfrac{1}{2}\varphi$, $z = h - x\cot\tfrac{1}{2}\varphi$; d'où $dx = -dz\,\text{tang}\,\tfrac{1}{2}\varphi$,
$1+m^2 = \dfrac{1}{\sin^2\frac{1}{2}\varphi}$, $f+m = -\dfrac{-1}{2\sin\frac{1}{2}\varphi\cos\frac{1}{2}\varphi}$, $1-fm = \dfrac{1}{2\sin^2\frac{1}{2}\varphi}$;

ainsi, en substituant ces valeurs et intégrant entre les limites $z=0$, $z=h$, on obtiendra

$$P = \tfrac{1}{2}\Delta h\left(h - \frac{4\gamma}{\Delta\,\text{tang}\,\frac{1}{2}\varphi}\right)\text{tang}^2\,\tfrac{1}{2}\varphi;$$

c'est la formule (d') du texte.

23°. En supposant d'avance le point A, fixe sur l'axe HA, nous avons eu immédiatement $z'' = C' = h$; mais s'il était regardé comme variable sur HA, il faudrait employer l'équation déterminée (h), qui devient ici

$$\gamma(fm''^2 - 2m'' - f) - (1+f^2)\Delta z'' = 0 \;.\;.\;.\;.\; (21)$$

or, de son côté, l'équation (15) devient

$$m''^2+2\,f\,m''-1=0 \quad \ldots\ldots\ldots \quad (22)$$

et réduit la précédente à $-(1+f^2)(2\gamma m''+\Delta z'')=0$; d'où ..... $z''=-\frac{2\gamma}{\Delta}m''$, c'est-à-dire

$$z''=-\frac{2\gamma}{\Delta}\,\text{tang}\,\tfrac{1}{2}\varphi,\quad z''=\frac{2\gamma}{\Delta}\cot\tfrac{1}{2}\varphi \ldots\ldots (23)$$

par la substitution des valeurs $m''=\text{tang}\,\frac{1}{2}\varphi$, $m''=-\cot\frac{1}{2}\varphi$ tirées de (22).

On sait qu'en général l'équation indéterminée, telle que (4), donne indifféremment le maximum ou le minimum relatif de l'intégrale que l'on considère, tandis que quand les limites sont variables, l'équation déterminée, telle que (d), fournit soit le maximum ou le minimum absolu, soit le maximum du minimum ou réciproquement: c'est dans ce dernier cas que tombe la valeur $z''=\frac{2\gamma}{\Delta}\cot\varphi$, la seule qui convienne à la question. En effet, que l'on différencie l'expression de P en fonction de z'', par rapport à cette variable, on trouvera $z''=\frac{2\gamma}{\Delta\,\text{tang}\frac{1}{2}\varphi}$ ou la moitié de la valeur de h, laquelle valeur rend P nul, mais non un minimum. On voit d'ailleurs que P augmente avec z''; de sorte que son maximum relatif répond à $z''=HA=h$.

24°. Le cas de $\gamma=\gamma'$, $f'=f$ comporte des réductions pareilles à celles du N°. 19; mais quand on fait séparément $\gamma'=0$, ou $f'=0$, la quantité $\gamma+\Delta f z$ n'en subsiste pas moins dans l'équation (e): ce n'est donc que dans la double hypothèse $\gamma'=0$, $f'=0$ ou $\gamma'=\gamma$, $f'=f$, que la section AS de la plus grande pression devient rectiligne. Mais puisque, dans le second cas, la courbure de cette section ne tient qu'à l'existence de γ' et f', qui lorsqu'il s'agit de la poussée des terres, sont de petites quantités par rapport à γ et f, il est à présumer que la substitution d'une ligne droite à la courbe AS n'écartera pas beaucoup de la vérité.

25°. Les principes établis au commencement de cette note, paraissent renfermer les véritables lois de l'équilibre des fluides imparfaits, et suffire pour déterminer en général les pressions que ces fluides exercent sur les parois des vases qui les contiennent.

Coulomb a aussi recherché la nature de la courbe AS, dans le cas où $\lambda=0$, $\gamma=0$, $f=0$; mais par la méthode que les premiers analystes ont employée pour résoudre les problèmes des isopérimètres et de la brachystochrône.

Faute du principe (N.° 7) il sort de la supposition $f'=0$, et tombe dans l'hypothèse $f'=f$; d'ailleurs, comme il ne s'est pas apperçu que la constante C d'intégration est nulle, la nature de la courbe AS, lui a échappé. Si dans l'équation qu'il a obtenue, on fait $B=0$, $\frac{1}{n}=f$, $dx=-dx$, $y=z$, $dz=mdx$, ou si dans l'équation (e), on pose $\lambda=0$, $\gamma=\gamma'=0$, $f'=f$, on trouve également

$$m^2+2fm-\frac{1-f^2}{2}=0,$$

équation à la ligne droite.

26.° Supposons que la section AS de la plus grande pression soit généralement rectiligne, et substituons dans l'expression (2) de p, les valeurs $c=\frac{\gamma h}{\cos(\theta-\lambda)}$, $f=\cot\varphi$, $q=\frac{\Delta h^2 \sin\theta}{2\cos\lambda\cos(\theta-\lambda)}$, nous aurons

$$p=\frac{\frac{\Delta h^2}{2\cos\lambda}\sin\theta\sin(\varphi+\lambda-\theta)-\gamma h\sin\varphi-c'\sin(\varphi-\theta)\cos(\theta-\lambda)}{\cos(\varphi-\theta)\cos(\theta-\lambda)+f'\sin(\varphi-\theta)\cos(\theta-\lambda)}\ldots\ (24)$$

et en changeant les produits de sinus et cosinus en cosinus linéaires; puis posant, pour abréger, $\varphi+\lambda-2\theta=u$,

$$p=\frac{\frac{\Delta h^2}{2\cos\lambda}\cos u-c'\sin u-\left[\frac{\Delta h^2}{2\cos\lambda}\cos(\varphi+\lambda)+2\gamma h\sin\varphi+c'\sin(\varphi-\lambda)\right]}{\cos u+f'\sin u+\cos(\varphi-\lambda)+f'\sin(\varphi-\lambda)}\ldots\ (25)$$

Pour abréger encore davantage, représentons par A et B respectivement, le terme du numérateur et celui du dénominateur, qui sont indépendants de la variable θ, et sans autre préparation, différencions par rapport à cette variable, nous trouverons tout de suite, pour la condition du maximum de p, l'équation (*).

$$\left(A+B\frac{\Delta h^2}{2\cos\lambda}\right)\sin u-(Af'-Bc')\cos u+c'+\frac{\Delta h^2}{2\cos\lambda}f'=0\ldots\ (26)$$

dans laquelle tang 2θ ne monterait à la vérité qu'au second degré, mais dont le développement serait par trop compliqué.

On en conclut qu'en général la valeur de θ, qui rend p un maximum, varie avec la hauteur h: pour connaître la hauteur h_1 sous laquelle la plus grande pression est un minimum, il faut égaler à zéro le coefficient $\frac{dp}{dh}$ et en se servant de l'expression (24), on obtient tout de suite (**)

(*) Cet artifice de calcul s'applique avec le même succès à l'expression (8), de la note I sur la poussée des terres (Mémorial de l'Officier du Génie, N.° 4, page 212) et dispense de ces transformations si prolixes, par lesquelles l'expression est préparée à la différenciation, qui sont tout-à-fait superflues et deviendraient impraticables dans le cas présent.

(**) Il faudrait différencier l'expression (24), par rapport à h et à θ qui est une fonction de h, déterminée par l'équation (26); mais en vertu de cette équation même, la seconde partie de la différentielle serait nulle.

$$h_1 = \frac{\gamma \sin\varphi \cos\alpha}{\Delta \sin\theta \sin(\varphi+\alpha-\theta)} \quad \ldots\ldots (27)$$

Pour déterminer la hauteur h' sous laquelle la plus grande pression devient nulle, il suffit d'égaler à zéro le numérateur de la même expression (24), ce qui donne,

$$\frac{\Delta h^2}{2\cos\alpha} \sin\theta \sin(\varphi+\alpha-\theta) - \gamma h \sin\varphi - c' \sin(\varphi-\theta)\cos(\theta-\alpha) = 0 \ldots (28)$$

les hauteurs cherchées et les valeurs de θ, qui y répondent résulteront de l'équation (26) combinée successivement avec l'une et l'autre équation (27) et (28).

Si c' est nul sans que γ le soit, on a par l'équation (28)

$$h' = 2h_1 \ldots\ldots (29)$$

il suit de là que dans ce cas la hauteur sous laquelle la plus grande pression devient nulle est double de celle à laquelle répond le minimum de cette plus grande pression. L'équation (28) revient à

$$\frac{\Delta h^2}{2\cos\alpha} \cos u = A,$$

comme on le voit par l'expression (25); substituons cette valeur de A dans l'équation (26), où les termes en c' doivent aussi être effacés, nous trouverons

$$\sin u(\cos u + f' \sin u + B) = 0;$$

Or, le second facteur est précisément le dénominateur de l'expression (25) dont le numérateur égalé à zéro a produit (28); c'est donc le premier facteur qui doit être employé à trouver l'angle θ' et la hauteur h' sous lesquels la plus grande pression devient nulle; de sorte qu'on a uniquement

$$\theta' = \frac{1}{2}(\varphi+\alpha) \ldots\ldots (30)$$

et par la substitution dans (29)

$$h' = \frac{2\gamma \sin\varphi \cos\alpha}{\Delta \sin^2 \frac{1}{2}(\varphi+\alpha)} \ldots\ldots (31)$$

quantité dont la moitié sera la hauteur relative au minimum de la plus grande pression.

Lorsque γ est nul en même temps que c', l'équation (26) devient

$$\frac{\Delta h^2}{2\cos\alpha}\left\{\left[\cos(\varphi+\alpha)+B\right]\sin u - f'\cos(\varphi+\alpha)\cos u + f'\right\} = 0,$$

et la valeur de θ, qui rend p un maximum est indépendante de h; l'anéantissement de ce maximum donne réciproquement

$$h' = 0,$$

indépendamment de θ. On voit donc que dans ce cas non plus que dans le précédent l'équation (26) ne s'abaisse nullement;

ce qui empêche de les appliquer à la pratique.

Il en est autrement dans l'hypthèse $c'=0$, $f'=0$, que γ soit nul ou non : l'équation (26) se réduit à

$$\sin u = 0,$$

et quel que soit h, reproduit la valeur (30) pour l'angle du prisme de la plus grande pression P, dont on trouve alors cette expression,

$$P = \frac{\Delta h(h-h)\sin^2\frac{1}{2}(\varphi+\alpha)}{2\cos\alpha\cos^2\frac{1}{2}(\varphi-\alpha)} \quad \ldots\ldots (32)$$

dans laquelle h' représente la valeur (31), qui est celle de la hauteur à laquelle répond $P=0$; enfin, le minimum P_1 de P prend la valeur,

$$P_1 = -\frac{\gamma h' \sin\varphi}{4\cos^2\frac{1}{2}(\varphi-\alpha)} \quad \ldots\ldots (33)$$

qui est essentiellement négative.

Maintenant, si l'on observe, d'une part, que le frottement f' des terres contre la maçonnerie et leur adhérence c' avec elle, sont beaucoup moindres que le frottement et la cohésion f, c des terres elles-mêmes ; d'autre part, que les forces f', c' tendent non seulement à retenir les terres sur le plan de rupture, quel qu'il soit, mais encore à augmenter le moment du mur par rapport à l'arête extérieure de la base, on ne fera pas difficulté d'admettre que l'hypothèse $c'=0$, $f'=0$, tout à la fois favorable à la simplicité du calcul et avantageuse à la stabilité du revêtement, mérite la préférence dans la théorie comme dans la pratique.

III. Sur le N.° 16.

M.r de Prony (Recherches sur la poussée des terres, 1802) a assigné à l'intégrale (f), (N.° 16), les limites h' et h, qui sont incontestablement les véritables (Note I, N.° 3) ; jusque là il avait pris, à l'exemple de Coulomb, les limites 0 et h, dont la première est évidemment fausse ; car les terres ne seraient pas moins soutenues, quand bien même on supprimerait du plan AB, toute la partie qui répond à la hauteur h'. M.r Navier, dans son nouvel ouvrage (Application de la Mécanique à l'établissement des Constructions et des Machines) admet aussi les limites 0 et h ; et il en donne pour raison que, quoique la somme des pressions sur l'étendue du plan, relative à h', se réduise à zéro, néanmoins la somme des moments de ces pressions peut n'être pas nulle.

IV. Sur le N.º 20 et les Suivants.

Discussion des principaux talus et sections qu'on peut considérer dans les terres.

La pression du prisme ABS déterminé par le plan sécan AS, a des valeurs différentes, selon la situation du plan et la direction suivant laquelle la pression est estimée ; réciproquement, le plan AS a des situations différentes, selon la direction et la valeur qu'on attribue à la pression du prisme déterminé par ce plan.

Néanmoins, la situation du plan AS est indépendant de la direction suivant laquelle la pression est estimée, lorsque cette pression doit être nulle ; car l'équation (8), lorsqu'on y fait $\pi = 0$, se réduit à

$$\mathbf{q} \cos(\theta - \delta) = \mathbf{f}\mathbf{q} \sin(\theta - \delta) + \mathbf{c},$$

quel que soit β, et exprime alors que le prisme est en équilibre de lui-même sur le plan incliné AS ; d'où il suit que la pression est nulle dans toute direction.

Outre la pression perpendiculaire au talus extérieur des terres, on peut considérer entre autres, la pression parallèle à une section quelconque AS, et déterminer l'angle θ de cette section, sous lequel la pression ainsi estimée devient nulle : faisons $\beta = 0$ et substituons pour $\mathbf{e}$, $\mathbf{f}$, $\mathbf{q}$, leurs valeurs dans l'équation (18), il viendra

$$\mathbf{p}' = \frac{\delta \mathbf{h}\left[\mathbf{h} \sin\theta \sin(\varphi + \delta - \theta) - \mathbf{h}' \sin^2 \frac{1}{2}(\varphi + \delta)\right]}{2 \sin\varphi \cos\delta \cos(\theta - \delta)} \quad \ldots \; (9)$$

égalant cette expression à zéro et posant $\frac{\mathbf{h}'}{\mathbf{h}} = \mathbf{m}$, nous aurons

$$\sin\theta \sin(\varphi + \delta - \theta) - \mathbf{m} \sin^2 \tfrac{1}{2}(\varphi + \delta) = 0 \quad \ldots\ldots \; (10)$$

Cette équation, indépendante de la direction attribuée à la pression, étant symétrique par rapport à φ et $\varphi + \delta - \theta$, ou par rapport à φ et δ, il s'en suit que les deux premières quantités et pareillement les deux autres seront racines d'une même équation. Si, par exemple, on développe $\sin(\overline{\varphi + \delta} - \theta)$ et que l'on fasse, pour abréger, $\cos(\varphi + \delta) - \mathbf{m} \sin^2 \frac{1}{2}(\varphi + \delta) = A$, on trouvera

$$\operatorname{tang}^2\theta - \frac{\sin(\varphi + \delta)}{A} \operatorname{tang}\theta + \frac{\mathbf{m} \sin^2 \frac{1}{2}(\varphi + \delta)}{A} = 0 ;$$

résultat analogue à celui auquel M.r de Prony est parvenu, pour le cas particulier de $\delta = 0$ et en estimant la pression perpendiculairement au plan AB (Mécanique philosophique, N.º 359).

Désignons par θ' et θ'' les deux valeurs de θ, les coefficients de l'équation donneront immédiatement la relation,

$$\theta' + \theta'' = \varphi + \delta,$$

ce qui prouve que les deux sections correspondantes, font des angles égaux avec celle de la plus grande pression, estimée perpendiculairement au plan AB et en même temps, indique l'existence d'un maximum de la pression, estimée dans tel sens qu'on voudra.

Changeons donc dans l'équation (10), le produit de sinus en cosinus linéaires, nous obtiendrons,

$$\sin\left(\theta - \frac{\varphi+\alpha}{2}\right) = \pm \sin\frac{\varphi+\alpha}{2}\sqrt{1-m};$$

les valeurs de θ sont imaginaires, quand $m>1$; égales entre elles et à $\frac{\varphi+\alpha}{2}$, quand $m=1$; l'une $\theta' > \frac{\varphi+\alpha}{2}$, l'autre $\theta'' < \frac{\varphi+\alpha}{2}$, quand $m<1$; l'une nulle et l'autre égales à $\varphi+\alpha$, si $m=0$ ou $h_1=0$, cas des terres sans cohésion; enfin toutes deux nulles, si $\alpha=-\varphi$.

Ainsi, les terres étant coupées sous un angle α, il existe deux sections pour chacune desquelles la pression parallèle à cette section est nulle. Maintenant, si l'on coupait ces mêmes terres, sous l'un des angles θ', θ'', il existerait deux nouvelles sections du même genre et ainsi de suite, les deux dernières sections se confondant avec le talus naturel des terres privées de la cohésion. Il y a plus, c'est que l'angle primitif α, peut être regardé comme l'une des valeurs θ', θ'' répondant à une coupe des terres, sous un certain angle x, qu'on trouverait par l'équation (10), en y écrivant x au lieu de α et α au lieu de θ. Il s'en faut donc bien que la section dont il s'agit, soit, comme l'ont pensé M.rs de Prony et Navier, le talus naturel des terres cohérentes.

On peut considérer la section de la p.g. pression parallèle à cette section, et déterminer, en général, tant l'angle t de la section que la valeur P de la plus grande pression et, en particulier, l'angle t', ainsi que la hauteur h', sous lesquels cette plus grande pression devient nulle. La valeur t en tant qu'elle répond au maximum de la pression est comprise entre les deux valeurs ci-dessus θ', θ'' qui répondent à la pression nulle et quoiqu'elle soit unique, dépend d'une équation du 3.e degré, laquelle est satisfaite par $t=t'=\frac{1}{2}(\varphi+\alpha)$ et $h=h'$.

L'expression (9) de la pression parallèle à la section, lorsqu'on y remplace $\frac{h'}{h}$ par m et θ par $\frac{1}{2}(\varphi+\alpha)$, devient

$$\frac{\delta h^2(1-m)\sin^2\frac{1}{2}(\varphi+\alpha)}{2\sin\varphi\cos\alpha\cos\frac{1}{2}(\varphi-\alpha)},$$

fraction dont le dénominateur est essentiellement positif. De là et de ce que $\frac{1}{2}(\varphi+\alpha)=\frac{1}{2}(\theta'+\theta'')$, on conclut que 1°. si l'on a $m<1$, ou si la pression est réductible à zéro par deux valeurs θ', θ'' de θ, elle demeure positive dans l'intervalle de ces valeurs et devient négative au-delà; ce qui signifie qu'alors le prisme ne peut de lui-même surmonter le frottement et la cohésion, et devrait, par cet effet, être tiré par une force équivalente à la pression, abstraction faite du signe; dans ce cas, il existe donc réellement un maximum; 2°. si $m=1$, ou si la pression n'est réductible à zéro, que par une seule valeur de θ, la pression correspondante à cette valeur est en même temps un maximum, puisque pour toute autre valeur de θ, la pression devient négative; 3°. si l'on a $m>1$, ou si la pression n'est pas réductible à zéro, elle n'est pas non plus susceptible de maximum. Donc, t désignant la valeur de θ, à laquelle répond le maximum de p', et θ' la plus grande des deux valeurs qui rendent p' nulle, on aura en général $t<\theta'$, $t>\theta''$.

Quant à la valeur t de θ, relative au maximum de p' on trouvera l'équation dont elle dépend, en développant dans l'expression de p', le produit $\sin(\overline{\theta-\alpha}+\alpha)\sin(\varphi-\overline{\theta-\alpha})$, effectuant autant qu'il sera possible la division par $\cos(\theta-\alpha)$ et égalant ensuite la différentielle à zéro. Soit pour abréger, ... $B=\cos\varphi\cos\alpha+m\sin^2\frac{1}{2}(\varphi+\alpha)$, quantité essentiellement positive, on obtiendra ainsi

$$\text{tang}^3(t-\alpha)+\left[1+\frac{\cos(\varphi-\alpha)}{B}\right]\text{tang}(t-\alpha)-\frac{\sin(\varphi-\alpha)}{B}=0,$$

équation qui n'a qu'une racine réelle, laquelle est positive, nulle ou négative, selon qu'on a $\alpha<\varphi$, $\alpha=\varphi$, $\alpha>\varphi$. Elle se vérifie par $t=t'=\frac{\varphi+\alpha}{2}$ et $h=h'$ ou $m=1$; d'où

$$B=\tfrac{1}{2}+\tfrac{1}{2}\cos(\varphi-\alpha),$$

valeurs qui substituées dans (10) s'admettent uniquement l'une l'autre et ramènent à la formule (e).

On conclut de là, que l'angle t de la section de la plus grande pression parallèle à cette section, varie avec la hauteur h, qu'il est généralement moindre que θ', la plus grande des deux valeurs θ' et θ'', et devient $\frac{\varphi+\alpha}{2}$, lorsque $h=h'$, auquel cas cette plus grande pression s'anéantit.

Mais si l'on change dans l'expression de p', le produit de sinus en cosinus linéaires et $\cos(\varphi+\alpha-2t)$ en $1-2\sin^2\left(t-\frac{\varphi+\alpha}{2}\right)$; que l'on pose $C=(1-m)\sin^2\frac{1}{2}(\varphi+\alpha)$, $z=t-\frac{\varphi+\alpha}{2}$ et que l'on égale à zéro la différentielle du résultat $\frac{\sin^2 z - C}{\cos(t-\alpha)}$, on parviendra à

$$2\sin z\cos z + (\sin^2 z - C)\,\mathrm{tang}\,(t-\alpha)=0,$$

puis, par le développement de $\mathrm{tang}\,(t-\alpha)=\mathrm{tang}\left(z+\frac{\varphi-\alpha}{2}\right)$, à une équation complette du 3e degré en $\mathrm{tang}\, z$, dont le dernier terme sera

$$-\frac{C\,\mathrm{tang}\,\frac{\varphi-\alpha}{2}}{1-C}.$$

Or, quel que soit α, le dénominateur $1-C$ est toujours positif et C l'est aussi tant que m qui est essentiellement positif, n'excède pas l'unité ou que h n'est pas moindre que h'; donc alors la racine réelle est pareillement positive, nulle ou négative, selon qu'on a $\alpha<\varphi$, $\alpha=\varphi$, $\alpha>\varphi$; elle est nulle, non seulement pour $\alpha=\varphi$, mais encore pour $\alpha=-\varphi$ et cela quel que soit m; elle l'est aussi pour $m=1$, quel que soit α; par conséquent, on a $t<\frac{\varphi+\alpha}{2}$, quand $\alpha>\varphi$; $t=\frac{\varphi+\alpha}{2}$, quand $\alpha=\varphi$ ou $-\varphi$, ou quand $m=1$; enfin $t>\frac{\varphi+\alpha}{2}$, depuis $\alpha=\varphi$, jusqu'à $\alpha=-\varphi$.

On peut trouver directement les valeurs particulières t' et h' de θ et de h, pour lesquelles la plus grande pression s'anéantit: en effet, l'expression de p étant de la forme $\frac{N}{R}$, la condition du maximum sera $R\,dN-N\,dR=0$; mais l'anéantissement de ce maximum emporte $N=0$, équation qui réduit la précédente à $dN=0$; par conséquent, les valeurs cherchées sont déterminées par les deux équations

$$\left.\begin{aligned} N&=\delta h\left[h\sin\theta\sin(\varphi+\alpha-\theta)-h'\sin^2\tfrac{1}{2}(\varphi+\alpha)\right]=0,\\ \frac{dN}{d\theta}&=\delta h^2\sin(\varphi+\alpha-2\theta)=0\,; \quad \ldots\ldots \end{aligned}\right\}\ldots(11)$$

d'où l'on tire

$$\theta=\tfrac{1}{2}(\varphi+\alpha),\quad h=h'.$$

ce qui est l'équation (b) du N.° 10.

Il est aisé encore de reconnaître si l'on a ou non $\theta=\frac{1}{2}(\varphi+\alpha)$, quel que soit h; car, puisque cette valeur de θ satisfait indépendamment de h à $dN=0$ et non à $N=0$, elle ne vérifiera l'équation du maximum, qu'elle réduit déjà à $dR=0$, qu'autant qu'elle satisfera de même à cette dernière; or, on a

$$dR=-2\sin\varphi\cos\alpha\sin(\theta-\alpha),$$

résultat qui ne s'évanouit point par la substitution de la valeur $\frac{1}{2}(\varphi+\alpha)$. On conclut de là, que l'angle t de la section de la plus grande pression parallèle à cette section, varie, comme nous l'avons déjà dit, avec la hauteur h et ne devient $\frac{1}{2}(\varphi+\lambda)$ que si $h=h'$, auquel cas cette plus grande pression s'anéantit.

En faisant d'avance $h'=0$, dans les équations (11), ce qui est le cas d'une terre sans cohésion, on a également $\theta=\frac{1}{2}(\varphi+\lambda)$, puis $\sin^2\frac{1}{2}(\varphi+\lambda)=0$; d'où $\lambda=-\varphi$, indépendamment de h ; c'est l'angle du talus naturel des terres sans cohésion.

Dans l'équation (e), qui donne immédiatement h' lorsque λ est connu, écrivons h au lieu de h', m' au lieu de $\frac{h_1}{h}$ et $-\lambda$ au lieu de λ, nous aurons d'abord $1-\cos\varphi\cos\lambda-\sin\varphi\sin\lambda=m'\cos\lambda(1-\cos\lambda)$; d'où en posant $a=m'+(1-m')\cos\varphi$, nous tirerons

$$\tang^2\lambda-\frac{2a\sin\varphi}{\cos^2\varphi}\tang\lambda+\frac{1-a^2}{\cos^2\varphi}=0,$$

et

$$\tang\lambda=\frac{a\sin\varphi\pm\sqrt{a^2-\cos^2\varphi}}{\cos^2\varphi}$$

Or, m' est essentiellement positif et de même a, qui peut se mettre sous la forme $m'(1-\cos\varphi)+\cos\varphi$. On a aussi $m'(1-\cos\lambda)>0$, d'où $m'(1-\cos\varphi)+\cos\varphi>\cos\varphi$, ou $a^2>\cos^2\varphi$; donc les deux racines sont réelles ; mais, le seul cas propre à la question est $m'<1$ ou $1-m'>0$; delà et de $1>\cos\varphi$, on déduit $1-m'>(1-m')\cos\varphi$ ou $1>a^2$; donc les deux racines sont de même signe et toutes deux positives, puisque a est positif. Soient maintenant φ' la plus petite et φ'' la plus grande des deux, je dis qu'on aura $\varphi'<\varphi$ et $\varphi''>\varphi$, ou $\frac{a\sin\varphi-\sqrt{a^2-\cos^2\varphi}}{\cos^2\varphi}<\tang\varphi$, ... $\frac{a\sin\varphi+\sqrt{a^2-\cos^2\varphi}}{\cos^2\varphi}>\tang\varphi$, inégalités qui reviennent à celles-ci

$a\sin\varphi+\sqrt{a^2-\cos^2\varphi}<\sin\varphi\cos\varphi$, $a\sin\varphi+\sqrt{a^2-\cos^2\varphi}>\sin\varphi\cos\varphi$, ou $\sin\varphi\sqrt{a-\cos\varphi}<\sqrt{a+\cos\varphi}$, $\sin\varphi\sqrt{a-\cos\varphi}>-\sqrt{a+\cos\varphi}$, lesquelles sont évidentes.

Lorsque $m'=1$, des deux racines l'une $\tang\varphi'$ est nulle, l'autre $\tang\varphi''=\frac{2}{\cos\varphi}\tang\varphi$, plus grande que $\tang\varphi$.

Lorsque $m'=0$, ou $h_1=0$, cas des terres privées de leur cohésion, on a $\varphi'=\varphi''=\varphi$, quel que soit h.

Il suit de là, que la question de trouver le talus naturel des terres cohérentes, n'est susceptible, pour une hauteur donnée h, que de la seule solution φ', puisque la valeur φ'', qui est l'autre solution de l'équation, surpasse φ, et que l'angle correspondant $t'=\frac{\varphi-\varphi''}{2}$ serait négatif, ou que la section pour laquelle la plus grande pression parallèle à cette section, est réduite à zéro, tomberait dans le vide, c'est-à-dire, en dehors de la masse des terres.

Le résultat $\varphi' < \varphi$ signifie que le talus naturel des terres est plus ou moins roide, selon qu'elles sont ou ne sont pas cohérentes.

En résumant, si des terres sont coupées sous un angle δ et sur une hauteur h; 1° il existe une section de la plus grande pression, parallèle à cette section, dont l'angle t est compris entre θ' et θ''; 2° l'une des quantités δ et h demeurant la même, il existe une valeur h' ou $-\varphi'$ de l'autre, pour laquelle cette plus grande pression devient nulle, et alors l'angle de la section est $\frac{\varphi-\varphi'}{2}$, le même que celui de la section de la plus grande pression perpendiculaire à la face extérieure AB. Donc, les terres se soutiendront d'elles-mêmes, si ayant une hauteur h, elles sont coupées sous l'angle de leur talus naturel, relatif à cette hauteur, ou si étant coupées sous un angle δ, elles ont la hauteur pour laquelle cet angle est celui de leur talus naturel, auxquels cas, on a $\delta = -\varphi'$ et $h = h'$ ou $m = 1$; car, alors les deux valeurs θ', θ'' se réduisent à la seule $\frac{\varphi-\varphi'}{2}$ et l'angle t de la section de la plus grande pression, parallèle à cette section, prend aussi la valeur $\frac{\varphi-\varphi'}{2}$; d'ailleurs, cette plus grande pression devient nulle, puisque la substitution de h' à h, de $-\varphi'$ à δ et de $\frac{\varphi-\varphi'}{2}$ à θ dans l'expression de p', rend le numérateur nul sans que le dénominateur s'évanouisse. Dans cet état, les terres tendront à se rompre suivant la section même dont l'angle est $\frac{\varphi-\varphi'}{2}$, puisque le poids du prisme supérieur y sera en équilibre avec le frottement et la cohésion. Il sera donc nécessaire de créer encore ici un moment de stabilité.

Il résulte aussi de la discussion précédente que si des terres élevées sur une hauteur h, plus grande que h', cessent tout-à-coup d'être soutenues, les molécules composant le prisme déterminé par la section dont l'angle est $\theta''-\delta$ avec la verticale, resteront unies entre-elles, tandis que les molécules comprises entre cette section et celle qui répond à l'angle $\theta'-\delta$, se désuniront nécessairement. Ainsi, lorsqu'un mur de revêtement vient à céder, le prisme qui se détache n'est pas seulement celui de la poussée, c'est-à-dire, de la plus grande pression relative ou perpendiculaire au parement intérieur, savoir: le prisme qui se termine à la section dont l'angle avec la verticale est $\frac{1}{2}(\varphi-\alpha)$; ce n'est pas seulement non plus le prisme de la poussée absolue, lequel est terminé à la section dont l'angle est $t-\alpha > \frac{1}{2}(\varphi-\alpha)$; mais c'est tout le prisme qui s'étend jusqu'au talus naturel dont l'angle est $\varphi' > t-\alpha$.

Par exemple, dans le cas des terres cohérentes, si l'on suppose $\alpha=\varphi$; la section de la plus grande pression relative et celle de la poussée absolue, se confondent en un seul plan qui est vertical, et les valeurs de $\sin(\theta'-\varphi)$, $\sin(\theta''-\varphi)$ se réduisent à $\pm\sin\varphi\sqrt{1-m}$; or, il est évident que l'éboulement ne s'arrêtera pas à ce plan vertical et qu'il s'étendra de l'autre côté, jusqu'à la section qui fait avec lui l'angle φ'.

Par exemple encore, dans le cas des terres meubles ou sans cohésion sensible, l'angle de la section de la plus grande pression relative est toujours $\frac{1}{2}(\varphi-\alpha)$; celui de la section de la poussée absolue est plus grand que $\frac{1}{2}(\varphi-\alpha)$, mais moindre que φ' et l'on a $\varphi'=\varphi$; or, il est bien clair que l'éboulement se portera jusqu'à cette dernière limite.

Il est donc certain que le prisme d'éboulement et celui de la poussée sont tout différents, et c'est une erreur manifeste que de les avoir confondus, comme quelques Auteurs l'ont fait, dans la théorie, sur-tout dans les expériences entreprises pour la vérifier.

V. Sur le N.° 29.

Hypothèse du Glissement.

1.° Nous conserverons les mêmes notations, si ce n'est que nous désignerons par x' l'épaisseur du revêtement dans l'hypothèse de la translation, et, relativement à la maçonnerie, par f' le rapport du frottement à la pression, enfin par γ' la cohésion sur l'unité de surface.

D'abord, la composante horizontale de la pression p d'un prisme quelconque est $p\cos\alpha$, tandis que le frottement dû à la composante verticale est $f'p\sin\alpha$ et il est clair qu'ici l'angle θ du prisme doit être déterminé par la condition que l'excès de la première force sur la seconde soit un maximum mais cet excès exprimé par

$$p(\cos\alpha - f'\sin\alpha)$$

devient un maximum en même temps que p lui-même; ainsi dans l'hypothèse actuelle, c'est encore la plus grande pression P, que l'on a à considérer.

Cela posé, le frottement sur la base AF, provenant du poids du trapèze ABEF est

$$f'\delta'H\left[x' - \tfrac{1}{2}H(\operatorname{tang}\alpha + \operatorname{tang}\varepsilon)\right] \ldots\ldots\ldots (11)$$

et la cohésion du trapèze sur cette même base a pour mesure

$$\gamma' x;$$

Or, la condition de l'équilibre consiste en ce que la première quantité dans laquelle p doit être remplacé par la valeur (d) de P, soit égale à la somme des deux autres; ce qui donne

$$\tfrac{1}{2}\delta h(h-h')r^2\cos\alpha(\cos\alpha - f'\sin\alpha) = f'\delta'H\left[x' - \tfrac{1}{2}H(\operatorname{tang}\alpha + \operatorname{tang}\varepsilon)\right] + \gamma' x;$$

d'où l'on tire

$$x = \frac{\delta r^2 h(h-h')(1 - f'\operatorname{tang}\alpha)\cos^2\alpha + \delta' f' H^2(\operatorname{tang}\alpha + \operatorname{tang}\varepsilon)}{2(\delta' f' H + \gamma')},$$

valeur générale de l'épaisseur du revêtement dans l'hypothèse du glissement et eu égard à la cohésion de la maçonnerie aussi bien qu'à celle des terres. Mais d'une part, les terres avec lesquelles les revêtements sont remblayés, ont perdu, comme nous l'avons déjà dit, toute leur cohésion; d'autre part, la maçonnerie n'acquiert la sienne qu'à la longue; il convient donc de négliger l'une et l'autre résistance ou de faire $h' = 0$, $\gamma' = 0$. Alors on a simplement

$$x' = H\left[\tfrac{1}{2}\operatorname{tang}\alpha\left(1 - nr^2\frac{h}{H^2}\cos^2\alpha\right) + \tfrac{1}{2}\left(\frac{1}{f'}nr^2\frac{h^2}{H^2}\cos^2\alpha + \operatorname{tang}\varepsilon\right)\right] \ldots (r).$$

2°. Maintenant, il est manifeste que pour rendre le revêtement capable de résister à la poussée des terres, il faut lui donner une épaisseur au moins égale à la plus grande des deux valeurs analogues (o) et (r) de x et de x'; en sorte que si dans tous les cas que présente la pratique, la dernière de ces valeurs était moindre que la première, on pourrait s'en tenir à la seule hypothèse de la rotation.

Comme les deux expressions (o) et (r) ont le même premier terme, il suffira de comparer le radical de l'une avec le second terme de l'autre, et l'on sera autorisé à négliger la considération du glissement, pourvu que dans la pratique on ait toujours

$$\sqrt{\left[\tfrac{1}{4}\operatorname{tang}^2\alpha\left(1 - nr^2\frac{h^2}{H^2}\cos^2\alpha\right)^2 + \tfrac{1}{3}nr^2\frac{h^3}{H^3} - \tfrac{1}{3}(\operatorname{tang}^2\alpha - \operatorname{tang}^2\varepsilon)\right]} > \tfrac{1}{2}\left(\frac{1}{f'}nr^2\frac{h^2}{H^2}\cos^2\alpha + \operatorname{tang}\varepsilon\right) \ldots (12).$$

Or, il résulte des expériences de Mr. Boistard (Traité de la construction des ponts, par Gauthey, tome 1, page 344) que la valeur de f' est au moins 0,75; d'ailleurs on a généralement dans la pratique $\frac{h}{H} < \frac{3}{2}$, $n = \frac{2}{3}$ et, si $\alpha = 0$, $r^2 < \frac{1}{2}$; car le talus naturel des terres dont la cohésion est détruite, n'est pas moindre que 30° et son complément φ ne surpasse pas 70°; donc tang $\frac{1}{2}\varphi$ est moindre que $\frac{1}{\sqrt{2}}$ qui est la tangente de 35° 15' 50".

Cela posé, nous distinguerons deux cas, selon que le parement intérieur est vertical ou incliné:

Dans le premier cas, c'est-à-dire, lorsque $\alpha = 0$, l'inégalité devient

$$\frac{1}{3}\left(\mathrm{n r}^2 \frac{\mathrm{h}^3}{\mathrm{H}^3} + \mathrm{tang}^2 \varepsilon\right) > \frac{1}{4}\left(\frac{1}{\mathrm{f}'} \mathrm{n r}^2 \frac{\mathrm{h}^2}{\mathrm{H}^2} + \mathrm{tang}\, \varepsilon\right)^2;$$

d'où l'on tire

$$\frac{1}{3}\mathrm{f}'\frac{\mathrm{h}}{\mathrm{H}} - \frac{1}{2}\,\frac{\mathrm{nr}^2}{\mathrm{f}'}\,\frac{\mathrm{h}^2}{\mathrm{H}^2} > \mathrm{tang}\,\varepsilon - \frac{1}{6}\,\frac{\mathrm{f}'}{\mathrm{nr}^2}\,\frac{\mathrm{H}^2}{\mathrm{h}^2}\,\mathrm{tang}^2\varepsilon,$$

et, en substituant au lieu de f', $\frac{\mathrm{h}}{\mathrm{H}}$, n et r^2, leurs limites numériques,

$$\frac{1}{4} > \mathrm{tang}\,\varepsilon - \frac{1}{6}\mathrm{tang}^2\varepsilon,$$

condition qui est satisfaite non seulement par $\varepsilon = 0$; mais encore par toute valeur de tang ε qui ne surpasse pas $\frac{1}{4}$; d'où l'on conclut que l'hypothèse du glissement peut être négligée dans le cas où le parement intérieur étant vertical, le parement extérieur l'est aussi ou a un talus dont la base n'excède point le quart de la hauteur, ce qui comprend tous les talus usités.

Dans le second cas, savoir: quand le parement intérieur est incliné, la conclusion subsiste encore; mais pour s'en assurer, il est plus simple de calculer immédiatement par les formules (o) et (r), les valeurs de x et de x', entre les limites de la pratique, comme on l'a fait dans le Mémorial de l'Officier du Génie (N.° 4, page 186), que de considérer l'inégalité générale (12) dont la discussion se complique beaucoup, à raison des valeurs de la quantité r ou $\frac{\sin\frac{1}{2}(\varphi+\alpha)}{\cos\alpha\cos\frac{1}{2}(\varphi-\alpha)}$.

Soient donc tang $\alpha = \pm\frac{1}{4}$, limite qu'on ne dépasse pas dans la pratique, et alternativement $\varphi = 30°$, $\varphi = 45°$, $\varphi = 60°$, valeurs qui répondent, la première aux terres fortes pour lesquelles on suppose $\mathrm{n} = \frac{5}{6}$ et les deux autres aux terres légères et moyennes pour lesquelles on prend $\mathrm{n} = \frac{2}{3}$. Ces rapports $\frac{5}{6}$ et $\frac{2}{3}$ sont un peu forcés relativement aux terres des qualités extrêmes, mais la conclusion n'en sera que plus certaine.

Tableau.

Les résultats obtenus sont rangés dans le Tableau suivant,

Tangente de l'angle du talus avec la verticale.		Epaisseur du revêtement en millièmes de sa hauteur H.					
		$\varphi = 30°$, $n = \frac{5}{6}$		$\varphi = 45°$, $n = \frac{2}{3}$		$\varphi = 60°$, $n = \frac{2}{3}$	
tang α	tang ε	X	X'	X	X'	X	X'
$+\frac{1}{4}$	$\frac{1}{4}$	479	396	539	462	630	598
$+\frac{1}{4}$	0	452	271	516	337	613	473
$-\frac{1}{4}$	$\frac{1}{4}$	72	33	187	112	364	284
$-\frac{1}{4}$	0	8	négative	150	négative	340	159

La comparaison des deux genres de résultats montre que dans toute l'étendue des limites de α, ε, φ et n, qui circonscrivent la pratique, l'hypothèse du glissement donne de moindres épaisseurs que l'hypothèse de la rotation; d'où il s'en suit que cette dernière suffit au calcul des dimensions des revêtements.

A la vérité, il n'est pas sans exemple qu'un mur de revêtement ait cédé en glissant, mais on doit remarquer que c'est la masse totale du mur et de sa fondation qui a glissé sur un sol argileux et non pas la maçonnerie sur elle-même: un pareil accident n'infirme donc pas la théorie et ne décèle qu'un vice de construction dans les fondations.

VI. Après N.° 32.

Transformation des profils de Revêtement.

1.° On a vu que le moment m' d'un profil quelconque ABEF de revêtement, par rapport à l'arête extérieure F, est

$$m' = \tfrac{1}{2}H\left[\left(x - \tfrac{1}{2}H \tan\alpha\right)^2 + \tfrac{1}{3}H^2\left(\tfrac{1}{4}\tan^2\alpha - \tan^2\varepsilon\right)\right],$$

et que la surface S' de ce profil a pour expression

$$S' = H\left(x - \tfrac{1}{2}H\tan\alpha - \tfrac{1}{2}H\tan\varepsilon\right).$$

Soient m et S les valeurs de ces quantités, quand $x = b$ et $\varepsilon = e$, il viendra

$$m = \tfrac{1}{2}H\left[\left(b - \tfrac{1}{2}H\tan\alpha\right)^2 + \tfrac{1}{3}H^2\left(\tfrac{1}{4}\tan^2\alpha - \tan^2 e\right)\right]$$

$$S = H\left(b - \tfrac{1}{2}H\tan\alpha - \tfrac{1}{2}H\tan e\right) \quad . \; . \; . \; . \quad (e)$$

Cela posé, si H, b, e, α, ε étant donnés, on veut que le premier profil ait la même stabilité que le second, il n'y a qu'à égaler m' à m, ce qui donne

$$x - \tfrac{1}{2}H\tan\alpha = \sqrt{\left[\left(b - \tfrac{1}{2}H\tan\alpha\right)^2 + \tfrac{1}{3}H^2\left(\tan^2\varepsilon - \tan^2 e\right)\right]} \quad . \; . \; . \; . \quad (S)$$

et par conséquent

$$S' = H\sqrt{\left[\left(b - \tfrac{1}{2}H\tan\alpha^2\right)^2 + \tfrac{1}{3}H^2\left(\tan^2\varepsilon - \tan^2 e\right)\right]} - \tfrac{1}{2}H^2\tan\varepsilon \quad . \; . \; . \; . \quad (6)$$

On peut donc au moyen de la formule (S) transformer un profil donné en un autre d'une stabilité équivalente et dont le talus extérieur soit différent. Mais il est essentiel d'observer que cette formule suppose le même talus intérieur pour les deux profils; autrement, la poussée changerait de l'un à l'autre et alors il faudrait déduire directement de la formule (O), où l'angle δ de ce talus aura telle valeur qu'on voudra, la base x du nouveau profil.

De la forme la plus avantageuse des profils de Revêtement.

2°. La question qu'on vient de résoudre fait naître celle-ci, qui a une très-grande importance dans la pratique: parmi les diverses formes qu'on peut donner au profil d'un revêtement et qui se réduisent aux six A, B, C, a, b, c, quelle est la plus avantageuse principalement sous le rapport de l'économi c'est-à-dire, quelle est celle d'où résulte, à égale stabilité, la moindre surface du profil?

figure 11.

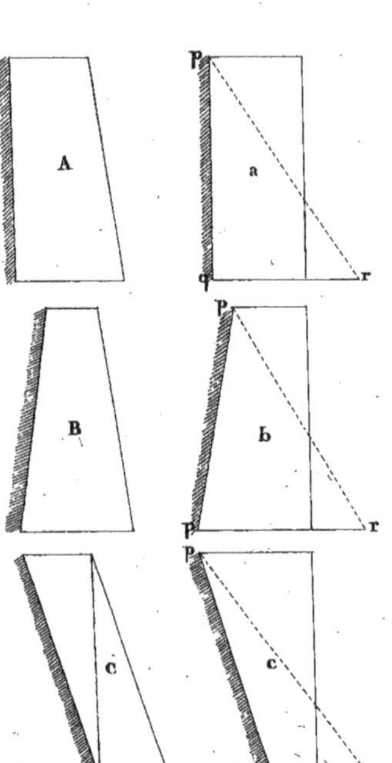

Cette recherche dont Mr. Maynicl s'est occupé, se simplifie par la solution de la question précédente; supposons $e=0$, dans le profil transformé et δ le même dans les deux; les formules (S), (5) et (6) deviendront

$$x-\tfrac{1}{2}H\,\mathrm{tang}\,\delta=\sqrt{\left[\left(b-\tfrac{1}{2}H\,\mathrm{tang}\,\delta\right)^2+\tfrac{1}{3}H^2\,\mathrm{tang}^2\varepsilon\right]}\;\ldots\ldots(7$$

$$S=H\left(b-\tfrac{1}{2}H\,\mathrm{tang}\,\delta\right)\;\ldots\ldots\ldots\ldots(8$$

$$S'=H\sqrt{\left[\left(b-\tfrac{1}{2}H\,\mathrm{tang}\,\delta\right)^2+\tfrac{1}{3}H^2\,\mathrm{tang}^2\varepsilon\right]}-\tfrac{1}{2}H^2\,\mathrm{tang}\,\varepsilon\;\ldots($$

Or, la condition $S'<S$, qui revient à

$$\mathrm{tang}\,\varepsilon<12\,\frac{b-\tfrac{1}{2}H\,\mathrm{tang}\,\delta}{H}\;\ldots\ldots\ldots(\text{1}$$

est généralement satisfaite dans la pratique; car on a toujours $\mathrm{tang}\,\delta<\frac{1}{4}$ et $\frac{b}{H}>\frac{1}{7}$; d'où $\mathrm{tang}\,\varepsilon<\frac{3}{14}$.

Ainsi les profils A, B, C renferment respectivement moins de surface que leurs analogues a, b, c: le plu avantageux de tous, se trouve donc dans les trois pr miers qu'il suffira par conséquent de comparer entre eux; nous ferons cette comparaison d'après des exemples numér ques, la formule (O) ne se prêtant point à une discussion en t mes généraux, à cause de la complication occasionnée par les différentes valeurs de x.

Ces profils se calculeront, le premier par la formule (p) les deux autres par la formule (O), dans laquelle $\mathrm{tang}\,\delta$ sera pectivement positif et négatif. D'ailleurs, y désignant la bas supérieure du profil, on aura

$$y = x - H(\text{tang}\,\delta + \text{tang}\,\varepsilon),$$

$$S = \tfrac{1}{2}H(x+y).$$

Nous prendrons $H = 10^m$, $h = 12^m$, $n = \frac{2}{3}$, $\varphi = 45°$, supposant successivement $\text{tang}\,\varepsilon = \frac{1}{5}, \frac{1}{6}, \frac{1}{10}$, avec $\text{tang}\,\delta = 0$, pour le profil A et $\text{tang}\,\delta = \pm\,\text{tang}\,\varepsilon$, pour les profils B et C.

Le tableau ci-après renferme les résultats de ce calcul;

Valeurs de tang ε	Valeurs de S pour le Profil.					
	A, où tang δ = 0,		B, où tang δ est positif		C, où tang δ est négatif	
$\frac{1}{5}$	26^m,	32	28^m,	00	20^m,	90
$\frac{1}{6}$	27,	42	29,	15	23,	04
$\frac{1}{10}$	29,	92	31,	34	27,	51

Il prouve que la surface S du profil est moindre sous la forme A que sous la forme B et moindre encore sous la forme C : ainsi, de tous les profils de revêtement, le plus avantageux, c'est-à-dire, celui qui procurerait, à égale surface, la plus grande stabilité, ou, à égale stabilité, la plus petite surface, est le profil C, lequel avec un talus extérieur surplombe vers les terres, l'avantage devenant de plus en plus grand à mesure que le surplomb devient plus considérable; parce que la poussée des terres diminue tandis que le moment du mur augmente; de sorte que si le talus du parement intérieur atteignait le talus naturel des terres, la surface S se réduirait à zéro.

Veut-on compléter la comparaison? on passera des profils A, B, C à leurs analogues a, b, c, moyennant les formules (5) et (6) entre lesquelles on éliminera $b - \frac{1}{2}H\,\text{tang}\,\delta$ et qui, dans l'hypothèse de $\varepsilon = 0$, donneront

$$S' = \sqrt{\left[\left(S + \tfrac{1}{2}H^2\,\text{tang}\,e\right)^2 - \tfrac{1}{3}H^4\,\text{tang}^2 e\right]},$$

tang e désignant alors le talus extérieur des premiers profils.

On obtiendra par là les résultats compris dans cet autre tableau.

Valeurs de tang ε	Valeurs de S' correspondant aux précédentes de tang δ, pour le Profil.					
	a, où tang δ = 0,		b, où tang δ = $\frac{1}{5}, \frac{1}{6}, \frac{1}{10}$,		c, où tang δ = $-\frac{1}{5}, -\frac{1}{6}, -\frac{1}{10}$	
0	34^m,	43	36^m,	20	28,	66
0	34,	43	36,	23	29,	86
0	34,	43	35,	88	32,	00

d'où l'on conclut semblablement que la surface S du profil est moindre sous la forme a que sous la forme b et moindre encore sous la forme c, mais de plus, que cette surface est susceptible d'un maximum, lequel est compris entre tang $\alpha = +\frac{1}{5}$ et tang $\alpha = +\frac{1}{6}$.

On voit aussi, que l'une quelconque des formes A, B, C comporte moins de surface, non seulement que son analogue entre les trois a, b, c, mais même que chacune des deux non analogues. Enfin, toute forme composée de deux autres, participe des propriétés de celles-ci; c'est ainsi que la forme C qui se compose des deux formes avantageuses A et c a la supériorité absolue; pareillement, dans la forme B qui est une combinaison des formes A, b, l'avantage dû à A est détruit en partie par le désavantage attaché à b.

figure 12.

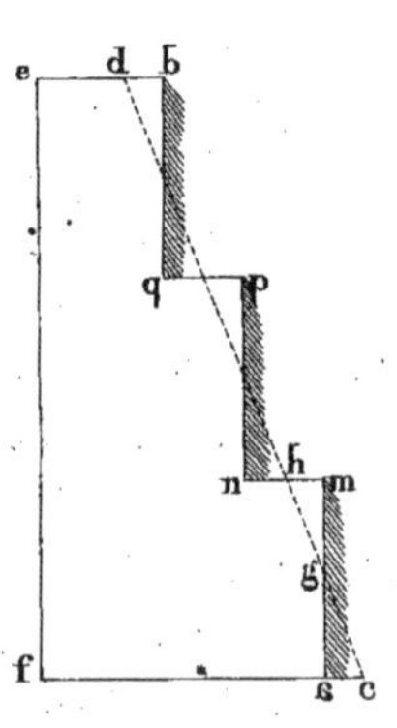

On emploie encore une espèce de profil, disposé par retraites intérieures. En général, la largeur pq est petite relativement à la hauteur qb et les sommets des angles b, p, m se trouvent sur une même droite inclinée tout au plus à $\frac{1}{5}$; et comme les terres pressent les faces horizontales mn, pq, aussi bien que les faces verticales am, np, qb, on peut, sans erreur sensible, substituer à la ligne discontinue amnpqb, la droite cd, passant par les milieux des horizontales mn, pq, vu que la pression sur cette droite, se décomposera en une force horizontale et une autre verticale. Alors, on reconnaît, indépendamment de tout calcul, que le profil discontinu est moins avantageux que le profil rectiligne. En effet, pour transformer le premier dans le second, il suffit de mettre chaque triangle supérieur plein gmh, à la place de l'inférieur vide gac, qui lui est égal; or, dans cette transformation, la quantité de surface est conservée, mais le moment est visiblement augmenté; donc, à égale stabilité, le profil transformé aura moins de surface que le profil primitif.

figure 13.

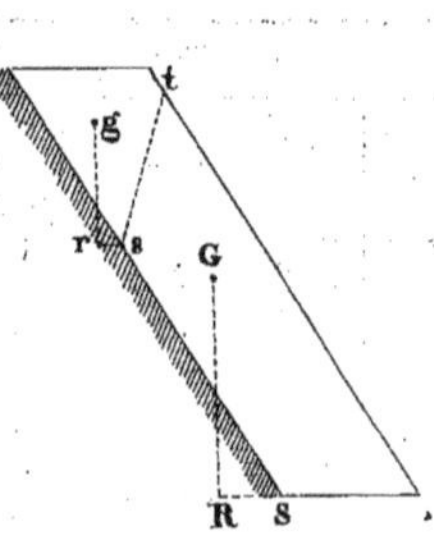

La discussion des formes de revêtements n'a eu pour objet que l'économie de la maçonnerie; aussi son application à la pratique est-elle sujette à restriction. D'abord, le talus extérieur est assez limité: on a observé que les écorchements causés par les pluies et par la végétation des plantes, se forment d'autant plus facilement que ce talus est plus fort, ce qui en a déterminé la réduction de $\frac{1}{5}$ dans la fortification; ensuite, le surplomb intérieur, si favorable à l'économie, ne doit être employé qu'avec mesure: il faut non seulement que le centre de gravité du mur ne tombe point hors de la base, du côté des terres ; il faut encore que le moment de la cohésion de la maçonnerie, suivant une sécante quelconque St, par rapport à l'extrémité S, surpasse le moment du poids du trapèze supérieur, par rapport au même point, sans quoi la maçonnerie s'appuyant en partie sur les terres et celles-ci s'affaissant sous la pression, il arriverait que le mur déverserait de ce côté et tout au moins se lézarderait à son parement extérieur.

VII. Après le N.° 34.

Moyen de diminuer l'excès de cette largeur.

Cette excessive largeur des fondations a fait naître l'idée de chercher à la diminuer, en donnant un talus iK' au parement opposé à la poussée et ne conservant qu'une retraite extérieure, égale à l'intérieure. Comme alors le centre de gravité du massif ne répond plus au centre de figure ou milieu L de la base, le poids de ce massif se combine avec les deux autres forces, ce qui diminue effectivement la grandeur de DL. Il est évident que c'est la différence des moments du profil ABEF et du triangle iK'K, qu'on doit égaler au moment de la poussée. Mais parce que l'équation du second degré qu'on obtient par là, se trouve trop compliquée, vu le grand nombre de données, et que la formule qui en résulte n'est pas d'un usage assez facile, nous nous dispenserons de les rapporter ici (Voyez le N.° cité du Mémorial). Au lieu de se servir de cette formule, il sera beaucoup plus simple et suffisamment exact de déterminer, comme précédemment, les forces OP, OQ en grandeur et en direction et de construire ensuite le point K', au moyen d'une courbe d'erreurs. Ayant pris une distance arbitraire Dd, on cherchera le centre de gravité du trapèze CDdi dont on calculera le poids ; on construira la résultante de ce poids et des forces OP, OQ ; soit f le point où sa direction rencontre DK, on portera la différence Df−fd sur la perpendiculaire de, d'un côté ou de l'autre par rapport à DK, selon que cette différence sera positive ou négative et trois opérations semblables détermineront la petite courbe ee', dont l'intersection avec DK donnera le point cherché K'.

Fin.

www.ingramcontent.com/pod-product-compliance
Ingram Content Group UK Ltd.
Pitfield, Milton Keynes, MK11 3LW, UK
UKHW022044190726
13855UKWH00002B/402

9 782013 491846